Schule für Mathematik, Informatik, Logistik und Erfolg

SMILE ist eine Abkürzung für die Begriffsreihenfolge ‚Schule' Mathematik, Informatik, Logistik und Erfolg'. Diese Begriffsfolge soll den Anwenderkreis von Mathematik-Lernenden, -Studierenden und praktisch arbeitenden Personen verknüpfen, die sich für Mathematik interessieren und diese vertieft verstehen und anwenden wollen.

Der Autor war schon früh von der Frage geleitet, wie sich das ‚Abstraktum' Mathematik ins praktische Leben einfügt. Die Antwort fand er unmittelbar in seiner Berufspraxis. Auf Grund seiner langjährigen Erfahrung fiel es ihm leicht zu erkennen, daß es nur die Mathematik war, die jene Werkzeuge und Strukturen lieferte, einen sonst unmöglichen Transfer zu ermöglichen. In vielen logistischen Arbeitsabläufen zeigten sich Situationen, die er genau dieser Fragestellung zuordnen konnte. Aus diesem Grund hat er die Buchreihe ins Leben gerufen.

Die Buchreihe SMILE spannt in diesem Zusammenhang einen Bogen zwischen praktischer Arbeit und den daraus hervorgehenden theoretischen Erfordernissen. Sie besteht aus einem Kompaktband sowie einem mathematischen Vertiefungsband und einen extra entwickelten Software-Prototyp. Dieser Prototyp ist individuell in Python programmierbar und steht als kostenloser Download bereit. Ergänzt wird diese Software durch eine Bedienungsanleitung sowie eine zweiteilige technische Dokumentation. Die Dokumentation beinhaltet alle notwendigen Kenntnis-Grundlagen, die zur Anwendung der Programmiersprache Python und damit zur Erstellung des Prototyps erforderlich sind. Für alle Bände sind zusätzliche Übungsbücher inkl. Lösungen erhältlich.

SMILE wurde im Rahmen von Projektwochen, AGs und Vorlesungen an Schule und Hochschule erfolgreich vermittelt. Die Buchreihe richtet sich an Lehrer, Lehrende an Hoch- und technischen Fachschulen sowie an Berufseinsteiger der IT-Logistik-Entwicklung und -Beratung. Darüber hinaus sollte die Buchreihe für jene Anwender interessant sein, die das Thema ‚Digitalisierung in der Logistik' für sich vertiefen und in diesem Zusammenhang ‚Mathematik' als nachvollziehbaren Problemlöser verwenden wollen.

Erfolg kennt eine Lösung: **‚SMILE'**!

Sven Wirsing

SMILE Prototyp zur Lagerverwaltung – Command Line Interface (CLI) – Version 1.0

Python-Grundlagen und technische Dokumentation

Sven Wirsing
Logistik IT-Beratung, Brandt & Partner
Eberbach, Baden-Württemberg, Deutschland

ISSN 3004-8478   ISSN 3004-8486   (electronic)
Schule für Mathematik, Informatik, Logistik und Erfolg
ISBN 978-3-662-71437-9   ISBN 978-3-662-71438-6   (eBook)
https://doi.org/10.1007/978-3-662-71438-6

Die Deutsche Nationalbibliothek verzeichnet diese Publikation in der Deutschen Nationalbibliografie; detaillierte bibliografische Daten sind im Internet über https://portal.dnb.de abrufbar.

© Der/die Herausgeber bzw. der/die Autor(en), exklusiv lizenziert an Springer-Verlag GmbH, DE, ein Teil von Springer Nature 2025

Das Werk einschließlich aller seiner Teile ist urheberrechtlich geschützt. Jede Verwertung, die nicht ausdrücklich vom Urheberrechtsgesetz zugelassen ist, bedarf der vorherigen Zustimmung des Verlags. Das gilt insbesondere für Vervielfältigungen, Bearbeitungen, Übersetzungen, Mikroverfilmungen und die Einspeicherung und Verarbeitung in elektronischen Systemen.
Die Wiedergabe von allgemein beschreibenden Bezeichnungen, Marken, Unternehmensnamen etc. in diesem Werk bedeutet nicht, dass diese frei durch jede Person benutzt werden dürfen. Die Berechtigung zur Benutzung unterliegt, auch ohne gesonderten Hinweis hierzu, den Regeln des Markenrechts. Die Rechte des/der jeweiligen Zeicheninhaber*in sind zu beachten.
Der Verlag, die Autor*innen und die Herausgeber*innen gehen davon aus, dass die Angaben und Informationen in diesem Werk zum Zeitpunkt der Veröffentlichung vollständig und korrekt sind. Weder der Verlag noch die Autor*innen oder die Herausgeber*innen übernehmen, ausdrücklich oder implizit, Gewähr für den Inhalt des Werkes, etwaige Fehler oder Äußerungen. Der Verlag bleibt im Hinblick auf geografische Zuordnungen und Gebietsbezeichnungen in veröffentlichten Karten und Institutionsadressen neutral.

Planung/Lektorat: Axel Garbers
Springer Vieweg ist ein Imprint der eingetragenen Gesellschaft Springer-Verlag GmbH, DE und ist ein Teil von Springer Nature.
Die Anschrift der Gesellschaft ist: Heidelberger Platz 3, 14197 Berlin, Germany

Wenn Sie dieses Produkt entsorgen, geben Sie das Papier bitte zum Recycling.

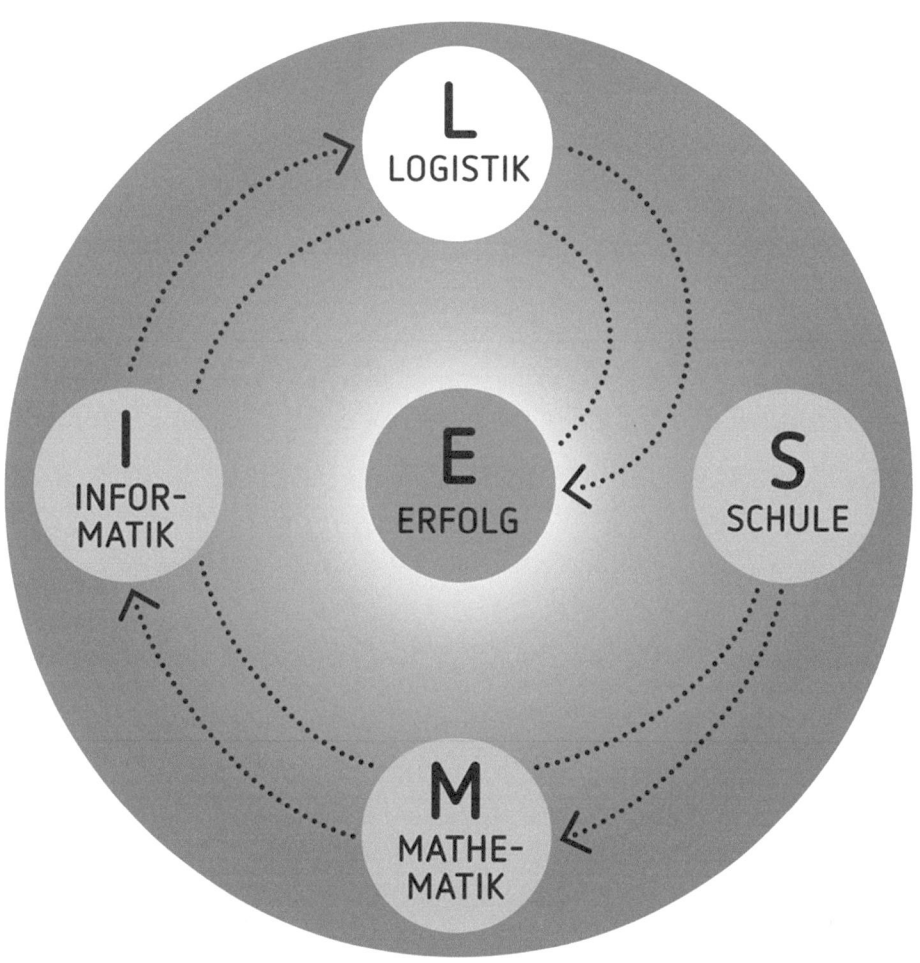

Vorwort

In diesem Band der ‚*SMILE-Reihe*' wird beschreiben und erläutert, wie Sie mithilfe einer Programmiersprache (Python) eine eigene ‚*Software*' erstellen, die es Ihnen ermöglicht, logistische Prozesse in der IT abzubilden und auszuführen.

Damit eine Software überhaupt erstellt werden kann, bedarf es unabdingbarer Bestandteile. Dies sind zunächst die Programmiersprache, auf deren spezifischer Auslegung die umzusetzende Qualität der Anforderungen fußt, die der gewünschten Software später abverlangt werden.

Der Autor hat zu diesem Zweck die oben bereits genannte Programmiersprache ‚*Python*' gewählt und zur Ausgestaltung der Software alle nötigen Grundlagen zusammengetragen, die erforderlich sind, um die Struktur der Software zu konzeptionieren (vorzudenken) und eine Programmierung vollziehen zu können. Erst so ist die Anwendung der Programmsprache zielführend, eine stabile, ausführ- und erweiterbare Software entstehen zu lassen (zu entwickeln). Das Ergebnis der vom Autor vollzogenen

Entwicklung ist ein *„Python-Prototyp zur Lagerverwaltung"* der kostenlos via Springer-Link zur Verfügung steht.

Wozu dient ein solcher Prototyp?

Dieser Python-Prototyp beinhaltet eine sog. *„CLI-Schnittstelle"* (command line interface), die/das dazu dient, Anwendereingaben zeilenweise per Hardware in den Prototyp vorzunehmen. Auf diese Weise können Arbeitsabläufe eingegeben werden und via CLI die Ergebnisse der Prototyp-Berechnung den Anwendern auf den Monitoren ausgegeben werden.

In diesem Band wird ausführlich erklärt, kommentiert und erläutert, wie dieses CLI-Interface via Python konzipiert, programmiert und erstellt wird. Der in der SMILE-Buchreihe sog. SMILE-CLI-Prototyp ist Gegenstand dieser *„technischen Dokumentation"* und Erläuterung.

Der Inhalt orientiert sich im *„Grundlagen-Kapitel"* an genau jenen Themen, die Sie zum Verständnis der CLI-Version des SMILE-Prototypen benötigen. Zu diesen zählen

- Umgang mit dem *„Spyder-Editor"*
- Arbeiten mit *„Paketen"*
- Unterscheidung von *„Hauptprogramm"* und *„Unterprogramm"*
- Befehle zur Eingabe und Ausgabe in der *„User-Kommunikation"*
- Umgang mit und Zuweisen von *„Variablen"*
- Verwendung von **Python-Datentypen"**
- Programmieren *„logischer Ausdrücke"*
- Nutzen von *„Schleifen und Datenstrukturen"*
- Erzeugung von *„Zeitstempeln"* und *Zufallszahlen"*
- Umgang mit *„CSV-Dateien", PDF-Dokumenten"* und *„QR-Barcodes"*
- Umgang mit *„Ausnahmebehandlungen"*
- Klassifikation von *„Bugs", „Debugging"* und *„Bugfixing"*
- Zugriffe auf, *Pfade und Dateien"*
- Umgang mit,*Klassen und Methoden"*.

Der SMILE-CLI-Prototyp soll beispielhaft wie ein Lagerverwaltungsprogramm Verortung und Status von Material und Umsetzungsaufgaben darstellbar machen. Damit dies in der IT überhaupt möglich ist, ist es selbstverständlich nötig, daß alle digitalen Inhalte zur Darstellung auf den Monitoren, zur Integration der Bedienelemente und zur letztlichen Ausführungshandhabbarkeit mittels digitaler Daten eingegeben werden. Zur eigentlichen Ausführung des Programms sind

- *„Unterprogramme"*
- *„Klassen"* zur Zuordnung von Objekten
- *„Methoden"* zur Bearbeitung dieser Objekte und ein
- *„Hauptprogramm"*

vorhanden. Damit diese komplexen Inhalte innerhalb des Prototyps in der richtigen Reihenfolge, der richtigen Zuordnung und dem richtigen Inhalt funktionieren können, ist es nötig, ein stringentes Konzept zur Lösung dieser Funktion so zusammenzustellen, daß alle Abläufe und Zuordnungen den gewünschten Ergebnissen entsprechen. Überdies kann die Konzeption nur realisiert werden, wenn parallel ein umfassender ,***Datenpool***' aufgebaut und in die IT eingegeben wird. In diesem Zusammenhang wird nochmal darauf hingewiesen, daß sie via Springer-Link den kompletten Prototyp inkl. vorerfasstem Datenpool ,*kostenlos*' downloaden können. Sie können den Prototyp nach dem Download sofort in Python nutzen, alles Notwendige ist für Sie bereits umgesetzt.

Sollten Sie sogar an der ,***Programmierung***' des CLI-Prototyps, also an der Umsetzung der Konzeption, interessiert sein, können Sie auch das mithilfe dieser technischen Dokumentation lernen. Der komplette ,***Programmcode***' ist aufgeführt und jede einzelne Programmzeile ist für Sie erläutert. Alle benutzten ,***Python-Befehle***' sind für jedes Unterprogramm, jede Klasse, jede Methode und für das Hauptprogramm aufgelistet. So können Sie in den zugehörigen Python-Grundlagen genau die notwendigen und richtigen Hilfsmittel zum Verständnis des gerade betrachteten kommentierten Python-Codes nachschlagen.

Eberbach   Sven Wirsing
18.09.2024

Historie

(siehe Tab. 1)

Tab. 1 Dokument-Historie

Datum	Name	Thema	Version
30.07.2025	Sven Wirsing	Erstellung von Version 1.0	1.0

Inhaltsverzeichnis

1	SMILE		1
2	Dateien zum Download		3
3	Python-Grundlagen		5
	3.1	Dieses Kapitel	7
	3.2	Literaturempfehlungen	7
	3.3	Spyder	8
		3.3.1 Hello World – Konsole	9
		3.3.2 Hello World – Datei	11
	3.4	Pakete	13
	3.5	Importieren	16
	3.6	Hauptprogramm	18
	3.7	Eingabe und Ausgabe	18
	3.8	Kommentieren	19
	3.9	Variablen und Zuweisungen	20
	3.10	Datentypen	24
		3.10.1 Integer	25
		3.10.2 Float	26
		3.10.3 Bool	26
		3.10.4 Strings	28
		3.10.5 Variable __name__	34
		3.10.6 Variable __file__	35
		3.10.7 Umwandlungsfunktionen	35
	3.11	Unterprogramme/Funktionen	38
		3.11.1 Hintergrund	38
		3.11.2 Definition	38
		3.11.3 Aufruf	39
	3.12	Logische Ausdrücke und Operatoren	40
		3.12.1 einfache logische Ausdrücke und 2-stellige Operatoren	40
		3.12.2 Der if – elif – else – Operator	41

3.13	Datenstrukturen		45
	3.13.1	Mengen	45
	3.13.2	Listen	48
	3.13.3	Tupel	55
	3.13.4	Dictionaries	56
3.14	Schleifen		70
	3.14.1	While	71
	3.14.2	For	73
3.15	Zeitstempel		76
3.16	Zufallszahlen		76
3.17	CSV-Dateien		77
	3.17.1	Lesezugriffe	79
	3.17.2	Schreibzugriffe	81
3.18	QR-Codes und Bilder		84
3.19	PDF-Dateien		85
3.20	Ausnahmebehandlung		88
3.21	Bugs, Debugging und Bugfixing		94
	3.21.1	Fehlerursachen und Fehlerklassifikation	94
	3.21.2	Fehlerbehebung	97
3.22	Pfad- und Dateizugriffe		112
3.23	OOP – Objektorientierte Programmierung		117
	3.23.1	Hintergründe	118
	3.23.2	Beispielimplementierung	120
	3.23.3	Beispielaufruf	129
4	**Konzeption und Ablaufdiagramme des SMILE-CLI-Prototyps**		**137**
4.1	LVS.PY		138
4.2	Datenbasis		140
	4.2.1	benutzer.csv	141
	4.2.2	bewegungen.csv	142
	4.2.3	bewegungsarten.csv	143
	4.2.4	chargstamm.csv	144
	4.2.5	codes.csv	144
	4.2.6	fehlerflag.csv	144
	4.2.7	fehlertabelle.csv	146
	4.2.8	flotte.csv	147
	4.2.9	gebinde.csv	148
	4.2.10	kunde.csv	148
	4.2.11	lhmstamm.csv	149
	4.2.12	matstamm.csv	149
	4.2.13	numernkreise.csv	151
	4.2.14	plaetze.csv	152

		4.2.15	slkopf.csv	152
		4.2.16	slpos.csv	153
		4.2.17	slstati.csv	154
		4.2.18	tourkopf.csv	155
		4.2.19	tourpos.csv	156
		4.2.20	tourstati.csv	157
	4.3	Klassen und Methoden		157
	4.4	Pakete, Module und Importe		158
	4.5	Übersicht der Unterprogramme		164
	4.6	Hauptprogramm		165
	4.7	Unterprogramm init		165
	4.8	Unterprogramm mainloop		165
	4.9	Unterprogramm gebindewe		167
	4.10	Unterprogramm pruefchargeneu		169
	4.11	Unterprogramm gebindeavis		170
	4.12	Unterprogramm lieferantenret		171
	4.13	Unterprogramm verschrotten		171
	4.14	Unterprogramm gebindelabel		171
	4.15	Unterprogramm transportschuppe		175
	4.16	Unterprogramm platzfindung		175
	4.17	Unterprogramm einlagern		177
	4.18	Unterprogramm huweauto		179
	4.19	Unterprogramm bewegungen_schreiben		180
	4.20	Unterprogramm platzaendern		181
	4.21	Unterprogramm stichdialog		181
	4.22	Unterprogramm gebindeinfo		182
	4.23	Unterprogramm matstamminfo		182
	4.24	Unterprogramm chargstamminfo		182
	4.25	Unterprogramm bestplatz		183
	4.26	Unterprogramm bestmat		184
	4.27	Unterprogramm nummernkreise		185
	4.28	Unterprogramm kuehlgut		186
	4.29	Unterprogramm ipunktdialog		187
	4.30	Unterprogramm kpunktdialog		189
	4.31	Unterprogramm badischtozahl		192
	4.32	Unterprogramm zahltobadisch		192
5	**Kommentiertes Coding des SMILE-CLI-Prototyps**			**195**
	5.1	Hauptprogramm		196
	5.2	Unterprogramm init		197
	5.3	Unterprogramm mainloop		198

5.4	Unterprogramm gebindewe	198
5.5	Unterprogramm pruefchargeneu	198
5.6	Unterprogramm gebindeavis	198
5.7	Unterprogramm lieferantenret	220
5.8	Unterprogramm verschrotten	228
5.9	Unterprogramm gebindelabel	231
5.10	Unterprogramm transportschuppe	231
5.11	Unterprogramm platzfindung	237
5.12	Unterprogramm einlagern	238
5.13	Unterprogramm huweauto	247
5.14	Unterprogramm bewegungen_schreiben	251
5.15	Unterprogramm platzaendern	253
5.16	Unterprogramm stichdialog	258
5.17	Unterprogramm gebindeinfo	259
5.18	Unterprogramm matstamminfo	262
5.19	Unterprogramm chargstamminfo	264
5.20	Unterprogramm bestplatz	267
5.21	Unterprogramm bestmat	267
5.22	Unterprogramm nummernkreise	268
5.23	Unterprogramm kuehlgut	268
5.24	Unterprogramm ipunktdialog	272
5.25	Unterprogramm kpunktdialog	273
5.26	Unterprogramm badischtozahl	280
5.27	Unterprogramm zahltobadisch	281
5.28	Klasse Table	284
5.29	Klasse Datenbank	295
5.30	Liste aller benutzten Befehle	297

Literatur 307

Abkürzungs- & Symbolverzeichnis und Glossar

Wert	Bezeichnung/Bedeutung
	Fördertechniktauglich (Fehlerflag), Eingabe = blank = leer
2er	im Kontext der Potenzen der Zahl 2
°C	Grad Celcius
()	leeres Tupel
{ }	leere Menge
A	Gebinde-Status ‚avisiert'
A = append	Modus beim Öffnen von CSV-Dateien
Ablaufdiagramm	Grafik zum Ablauf eines Programms
Abbruch	Abbruch eines Programms, auch Laufzeitfehlern oder Dump genannt
Account	Benutzerkonto (zu einem IT-System, z. B. Hotmail)
Anaconda	Anaconda-Distribution von Python mit Anaconda – Navigator
ANLI	Anlieferung (Nummernkreis)
Anweisung	eine Anweisung in einem Programmcode
Anweisungsblock	ein ganzer Block von Programmanweisungen
APP	Application, Anwendungssoftware (nicht nur für mobile Geräte)
APPLE	Betriebssystem
Attribute	Eigenschaften von Klassen und Objekten
Attributänderungen	Abänderung von Attributen (meist durch Methoden)
Aufräum- oder Beendigungsklausel	Schlüsselwort ‚finally'
Ausgabewerte	Rückgabewerte eines Unterprogramms oder Methode mittels Schlüsselwort return
AUSL	Auslieferung (Nummernkreis)
Ausnahmebehandlung	Try-except-Methodik

Ausnahme	Fehler, der im Rahmen einer Ausnahmebehandlung auftritt und abgefangen wird
automatisierte Tests	Tests, die nicht von einem User durchgeführt werden, sondern nach Start automatisch ablaufen und protokollieren
AVIS	Avis (Ankündigung eines Wareneingangs)
B	Barcodefehler (Fehlerflag)
b-adisch	Zahldarstellung zur Basis b
Bedingung	Befehlszeile, die True oder False ist und nach der weiterer Code ablaufen kann oder nicht; meist bei if und while verwendet
Befehl	Schlüsselwort in Python (wie etwa if, print, while)
Befehlszeile	Programmzeile, in der Befehle codiert sind
BELE	Materialbeleg (Nummernkreis)
BEST	Anzeige aller Gebinde (Menü-Code)
bestmat	Unterprogramm zur Anzeige des Materialbestandes
Bestplatz	Unterprogramm zur Anzeige des Platzbestandes
BEWE	alle Bewegungen abschauen (Menü-Code)
Bewegungsdaten	sich ändernde Daten, wie etwa Bestände
Blank	leere Eingabe
BLOCK	Blocklagertyp, Blocklagerplatz
BME	Basismengeneinheit
BMAT	Bestand zum Material (Menü-Code)
BPLA.	Bestand zum Platz (Menü-Code)
break	Befehl zum Verlassen einer Schleife
Break-Point	Haltepunkt; wird im Rahmen des Debuggens verwendet, um Codedurchläufe anhalten zu können
konditionale Break-Points	Haltepunkte, die unter gewissen Bedingungen aktiv sind
Bug	(englisch: Insekt) logischer Fehler im Software-Programm
Bugfixing	Fehlerbehebung
Bugfixer	Ausführender eines Bugfixings
C	Chargenfehler (Fehlerflag)
CHAR	Chargenstamm anzeigen (Menü-Code)
chargstamminfo	Unterprogramm zur Anzeige des Chargenstamms
clear	eigene Methode aus Klasse ‚Table'
CLI	Command Line Interface (Form des User-Interfaces)
Code	Programmcode
collections	Python-Modul (import)

COM	Commercial, commerce (Dateiformat)
continue	Schlüsselwort, um zum nächsten Schleifendurchlauf zu gelangen
CSV	Comma-separated values (Dateiformat)
csvDictReader	Methode zum Laden und Speichern von CSV-Dateien in Dictionary-Form
csvReader	Methode zum Laden und Speichern von CSV-Dateien
Ctrl	Control
D	Mengenfehler (Fehlerflag)
Datei	Zusammenfassung ähnlicher digitaler Daten
Datenbank	eigene Klasse in SMILE
Datenbank	SMILE-Ordner mit CSV-Dateien
Datenstrukturen	Bezeichnung der Art komplex strukturierter Variablen in Python, wie etwa Dictionary, Tupel, Liste, Menge
Datentypen	Bezeichnung der Art einfach strukturierter Variablen in Python, wie etwa int, float, string, bool
DE	Deutschland
Debugging	Vorgang der Fehleranalyse
Debugging-Modus.	im Debugging verwendete Modi
Debuggen	Vorgang der Fehleranalyse
Default, Defaultwert	Vorbelegung einer Variable
Deklaration	Bekanntmachen eines Namens im Programm, wie etwa eine Funktion, Methode, Variable, Klasse
deklarationsfrei	Namen müssen nicht deklariert werden, sie besitzen keine feste Typisierung
Dekorator	Kennzeichnung einer statischen Methode, die sowohl von Objekten als
@staticmethod	auch von der Klasse selbst gerufen werden kann
delete	eigene Methode aus Klasse ‚Table'
del objekt	Löschen einer Objektinstanz
Delimiter	Trennzeichen (im CSV-Kontext)
Destruktor	Methode, die beim Auflösen eines Objektes durchlaufen wird
deterministischer Algorithmus	Algorithmus, der bei gleichem Input das gleiche Output erzeugt
dict.	Typ Dictionary, Schlüsselwort zum Erzeugen eines Dictionarys
Dictionary	Wörterbuch
Distribution	Softwarepaketierung und Softwareverteilung (z. B. Anaconda)

division by zero	Ausnahme des Teilens durch Null
doppelter Unterstrich	private, Nutzung auch bei Systemvariablen und deren Werten (siehe etwa __name__ und __main__)
Download (-Bereich)	Herunterladen (Ordner mit heruntergeladenen Dateien)
Drag & Drop	Ziehen und Ablegen
Dump	Abbruch, Laufzeitfehler
Editor	Software zum Bearbeiten von Texten
Eingabewerte	Funktionsparameter beim Aufruf
EINLAG	Einlagern (Menü-Code)
einlagern	Unterprogramm zum Einlagern
Elemente	Mengeninhalte
else…finally	Ausnahmebehandlung,
ENDE	Programmende (Menü-Code)
Endlosschleife	eine Schleife, die nie verlassen wird
EPAL	Europalette, auch die zugehörige Firma
EPALG	EPAL-Gitterbox
EPAL7	EPAL-Halbpalette 7
EPAL3	EPAL-Industriepalette 3
EPAL2	EPAL-Industriepalette 2
EPALC	Europalette C
ERP	Enterprise Resource Planning
etc.	et cetera
Excel	Tabellenkalkulationsprogramm
F	Fördertechnikuntauglich (Fehlerflag)
False	boolescher Wert für falsch
FEHLER	Anzeige mögliche Fehler am I-Punkt (Menü-Code)
Fehlercode	am I-Punkt durch Barcode-Scan erzeugter Fehlerwert für Paletten, in SMILE randomisiert ermittelt
Fehlerflag	am WE-Stich für Paletten eingegebener Fehler
Fehlerbehebung	Bufixing
FLAGS	Anzeige mögliche Fehlerflags am WE-Stich (Menü-Code)
fpdf	Python-Paket
FPDF	Python-Paket fpdf als FPDF importiert
fromkeys	erzeugt ein Dictionary aus einer Liste und einem Defaultwert
Funktion	Unterprogramm
GEBE	Gebinde (Menü-Code)
gebindeavischung	Unterprogramm zur avisierten Wareneingangsbuchung

gebindeinfo	Unterprogramm zur Anzeige der Gebindedaten
gebindelabel	Unterprogramm zum Erzeugen eines QR-Codes
gebindewe	Unterprogramm zur manuellen Wareneingangsbuchung
gefixt	Fehler ist durch eine Programmkorrektur = Fix behoben
get_empty	eigene Methode aus Klasse ‚Table'
ggfs.	Gegebenenfalls
GIF	Graphics Interchange Format (Dateiformat)
global	global definierte Variable
GMAIL	Google Mail
gTTS	Python-Paket
GUI	Graphical User Interface Form des User-Interfaces)
Haltepunkt	siehe Break-Point
Handy	Mobiltelefon, Smartphone
HASH	Hashing
Hashcode	siehe Hashwert
Hashwert	Eingabewerte werden mittels Algorithmen (=Hashfunktion) zu einem Hashwert transformiert
Hauptprogramm	Herzstück eines Python-Programms, das bei der Ausführung jedenfalls durchlaufen wird
Hello World	Beispielprogramm, das die Zeile ‚Hello World' ausgibt
Hotmail	Mail-Account
HRL	Hochregallager
HRL_01_01_01	HRL, Gang 1, Säule 1, Platz 1 (Lagerplatz)
HRL_01_01_02	HRL, Gang 1, Säule 1, Platz 2 (Lagerplatz)
HRL_01_01_03	HRL, Gang 1, Säule 1, Platz 3 (Lagerplatz)
HRL_01_01_04	HRL, Gang 1, Säule 1, Platz 4 (Lagerplatz)
HRL_01_01_05	HRL, Gang 1, Säule 1, Platz 5 (Lagerplatz)
HRL_01_01_06	HRL, Gang 1, Säule 1, Platz 6 (Lagerplatz)
HRL_01_02_01	HRL, Gang 1, Säule 2, Platz 1 (Lagerplatz)
HRL_01_02_02	HRL, Gang 1, Säule 2, Platz 2 (Lagerplatz)
HRL_01_02_03	HRL, Gang 1, Säule 2, Platz 3 (Lagerplatz)
HRL_01_02_04	HRL, Gang 1, Säule 2, Platz 4 (Lagerplatz)
HRL_01_02_05	HRL, Gang 1, Säule 2, Platz 5 (Lagerplatz)
HRL_01_02_06	HRL, Gang 1, Säule 2, Platz 6 (Lagerplatz)
HSM	Hochschule Rhein-Main
HU	Handling Unit (Gebinde)
HU_LRET, HU_SCHR HU_TA	spezielle Bewegungsarten in SMILE

huweauto	Unterprogramm zur automatischen Wareneingangsbuchung
ICO	Icon (Dateiformat)
Implementierung	Umsetzung eines Konzeptes in Programmiercode
Importieren	Paket-Import in Python
Index	Position, Stelle, Nummer in einer Liste, einem Tupel etc.
IndexError	Zugriffsversuch auf Element mittels Index ist fehlerhaft (Index nicht Vorhanden etc.)
INFO	Gebindeinfo zu einem Gebinde (Menü-Code)
Init	Unterprogramm zum Initialisieren = Laden der CSV-Dateien
Initialisieren	Zuweisung eines Anfangswerts für ein Datenobjekt oder eine Variable
inkl.	Inklusive
insert	eigene Methode aus Klasse ‚Table'
Installation	Einrichten eines Programms auf einem Computer
Instanziierung	Erzeugen eines Objektes in der Objektorientierung
Instanz	erzeugtes Objekt einer Klasse
instanziiert	Objekt ist erzeugt worden
Interface	Schnittstelle
INTL	Umlagerung (Menü-Code)
IPUNKT	MFS am I-Punkt simulieren (Menü-Code)
I_PUNKT	I-Punkt (Lagerplatz)
ipunktdialog	Unterprogramm zum I-Punktdialog
IT	Informationstechnologie
itemgetter	Funktion im Modul operator
JPEG	Joint Photographic Experts Group (Dateiformat)
K	Kartonage defekt (Fehlerflag)
KeyboardInterrupt	Abbruch der Eingabe auf der Konsole
key-value	Element eines Dictionarys: Schlüssel-Wertepaar
KG	Kilogramm
Kivy	Kivy (Python-Modul)
Klasse	Bauplan für Objekte in der Objektorientierung
Klassifikation	Einteilung von Objekten nach bestimmten Kriterien
Kommentar	Anmerkungen im Code, die nicht ausgeführt werden und zum Verständnis des Programmcodes dienen
Konkatenation	Verkettung von Strings
Konstruktor	Methode, die bei Instanziierung eines Objektes durchlaufen wird

Konsole (Python)	textuelle Eingabeoberfläche zur Ausführung von Python-Befehlen
KPUNKT	Bearbeitung am K-Punkt (Menü-Code)
kpunktdialog	Unterprogramm für den K-Punktdialog zum Richten der Palette
K_PUNKT	K-Punkt (Lagerplatz)
KUEHL_1	Kühlturm, Platz 1 (Lagerplatz)
KUEHL_2	Kühlturm, Platz 2 (Lagerplatz)
KUEHL_3	Kühlturm, Platz 3 (Lagerplatz)
KUEHL_4	Kühlturm, Platz 4 (Lagerplatz)
KUEHL_5	Kühlturm, Platz 5 (Lagerplatz)
kuehlgut	Unterprogramm zur Analyse von Kühlgut im Lager
KUHL	Kühlgut im Lager (Menü-Code)
LABL	Labeldruck (Menü-Code)
Laufzeit	Ausführungszeit eines Programmes, eines Programmteiles etc.
Laufzeitfehler	Programmabbruch, Dump
L	Gebinde-Status ‚im Lager'
laden	eigene Methode aus Klasse ‚Datenbank'
Lambda	anonyme Funktionsdefinition
Länge	Anzahl an Komponenten eines Tupels oder einer Liste, Anzahl der Elemente einer Menge oder eines Dictionarys, Anzahl an Buchstaben eines Strings etc.
Laptop	tragbarer PC
LED	Leuchtdiode
LEERAB	Absteigend nach Kapazität sortieren (Einlagerstrategie)
leere Menge	die Menge ohne Elemente
LEERAUF	Aufsteigend nach Kapazität sortieren (Einlagerstrategie)
LF	Lieferantenretoure
LHM	Ladehilfsmittel
LIEF	Lieferant
lieferantenret	Unterprogramm zur Lieferantenretoure
Link	Verbindung (zu einer Internetseite), auch Hyperlink
Liste	geordnete Zusammenfassung von Elementen
LINUX	Betriebssystem
LKW	Lastkraftwagen
Load	eigene Methode aus Klasse ‚Table'

logische Ausdrücke	Ausdrücke, die logische Operatoren verwenden
logische Operatoren	auch boolesche Operatoren, Operatoren mit booleschem Wertebereich
Logo	Logo
Login	Benutzer öffnet eine Anwendung und meldet sich meist mit einem Passwort und einem Benutzernamen an
lokal	lokal definierte Variablen
LVS	Lagerverwaltungssystem
lvs.py	SMILE-CLI-LVS-Prototyp
Lvs_gui_tkinter.py	SMILE-GUI-LVS-Prototyp
M	Materialfehler (Fehlerflag)
mainloop	Unterprogramm zur Anzeige und Verarbeitung der Menüfunktionen
matplotlib	Python-Paket
matstamminfo	Unterprogramm zur Anzeige des Materialstamms
max.	Maximal
M4a	MPEG-4-Audiodateien (Dateiformat)
MATS	Materialstamm anzeigen (Menü-Code)
Menge	ungeordnete Zusammenfassung von Objekten
Menü-Code	Funktionscodes zum Ausführen von Prozessen im CLI-Prototyp
Methode	Funktion, die auf Instanzen einer konkreten Klasse anwendbar sind
Methodenaufrufe	Nutzung von Methoden in Programmen
mlpy	Python-Paket
modify	eigene Methode aus Klasse ‚Table'
Modul	Python-Module sind Python-Dateien mit der Endung. py. Der Name des Moduls ist der der Datei. Ein Python-Modul beinhaltet spezifizierte, implementierte und damit nutzbare Funktionen, Klassen oder Variablen
Mouse-Over	Verhalten eines GUI-Elementes, wenn man mit der Mouse über ihm schwebt
MP3	Motion Picture Experts Group Audio Layer 3 (Dateiformat)
MP4	Motion Picture Experts Group Audio Layer 4 (Dateiformat)
MPEG	Motion Picture Experts Group (Dateiformat)
Navigator(-APP)	grafische Benutzeroberfläche zum Ausführen und Managen von APPs
Nested	verschachtelt

NIO	Nicht-In-Ordnung
NIO	Lagerplatz NIO
Np	Python-Paket numpy als np importiert
nummernkreise	Unterprogramm zur Anzeige aller Nummernkreise
Numpy	Python-Paket
O	Stretchfolie defekt (Fehlerflag)
Objekt	Element, was nach dem Bauplan der zug. Klasse erzeugt ist
Objektinstanz	Siehe Objekt
Objektmethode	Methode einer Klasse, die auf zug. Objekte anwendbar ist
Objektsequenz	Variable mit mehreren Komponenten, die im Rahmen einer for-Schleife durchlaufen wird
OK	Okay, in Ordnung
Objektorientierung	Softwaresystem zusammenhängender und kooperierender Objekte
OOA	objektorientierte Analyse
OOD	objektorientiertes Design
OOP	objektorientierte Programmierung
opencv-python	Python-Paket
Operator	Python-Modul
Operatoren	Symbole, die Aktionen (wie etwa Berechnungen, Vergleiche) auf Werten und Variablen durchführen
Operationen	Aktionen der Operatoren
os	Python-Modul
P	Palette defekt (Fehlerflag)
Paket	mehrere zusammenhängende Module
pass	Befehl als Platzhalter für zukünftigen Code, der das Programm nicht Abbrechen lässt
PC	Personal Computer
PDF	Portable Document Format (Dateiformat)
PDF-Seite	Seite eines PDF-Dokumentes
performant	schnelle Verarbeitung, hoher Durchsatz, hohe Leistung
Persistenz	Datenspeicherung zur Nutzung auch nach Programmende
Pfad	Bezeichnung von Ressourcen wie etwa Dateien, Verzeichnisse, Gerätedateien auf PCs
PICK	Kommissionierungen (Nummernkreis)
pillow	Paket von Python
pip install …	Paketinstallationsprogramm
PNG	Portable Network Graphics (Dateiformat)

PLAETZE	mögliche Plätze anzeigen (Menü-Code)
PLATZ	Platz von Gebinde ändern (Dateiformat)
platzändern	Unterprogramm zum Umlagern eines Gebindes
platzfindung	Unterprogramm zur Findung eines Zielplatzes zur Einlagerung
playsound	Python-Paket
pop	Methode für Listen zum Entfernen von Elementen
popitem	Methode für Listen zum Entfernen von Elementen
Position	anderes Wort für Index
Potenzieren	mathematischer Ausdruck der Form a^b
PPT	Power Point-Dateiformat
PPTX	Power Point-Dateiformat
Previous	SMILE-Ordner mit bisherigen CSV-Dateien vor Speicherung
print	Befehl in Python zur Textausgabe
private	Eine private Methode ist eine Methode, die nur von anderen Methoden des Objekts verwendet werden kann
Programmabbruch	Abbrüchen, Laufzeitfehlern oder auch Dumps
Programmier-Code	Anweisungen zum Erzeugen von Software
Programmierung	Erstellen von Programm-Code
protected	geschützte Methode Zugriff möglich, Konvention existiert, dies nicht von außerhalb der Klasse durchzuführen
Prototyp	rudimentäres Modell eines Softwareproduktes
pruefchargeneu	Unterprogramm zur Prüfung einer neuen Charge
public	öffentliche Methode, nicht private oder protected
Punktlogik	Methodenaufruf in Python objekt.methode(self, parameter)
PY	Python-Format
PyQt5	Python Cute 5 (GUI-Modul von Python)
PYTHON	Python
QR, QR-Barcode	Quick response (2-dimensionaler-Barcode)
os	Python os-Modul (import)
qrcode	Python-Paket und import des Pakets als qrcode
QT	Cute (englisch: niedlich)
r = Read	Schreib-Modus beim Umgang mit CSV-Dateien
random	Paket in Python zur Nutzung von Zufallszahlen
random.randint	Methode für ganzzahlige Zufallszahlen
Randint	Methode für ganzzahlige Zufallszahlen randomisierter

Algorithmus	zufallsbasierter Algorithmus
RET	Lieferantenretoure für ein Gebinde (Menü-Code)
RETOURE	Retouren-Lagerplatz
Retournieren	Rückgabewerte per return aus Unterprogramm zurückgebe
Return	Return-Taste auf der Tastatur
Save	eigene Methode aus Klasse ‚Table'
Scan	Scannen (hier ein Bild eines QR-Codes inkl. Inhalt)
Schleife	wiederholter Aufruf von Code
Schleifenkopf	enthält die Schleifenbedingung
Schleifendurchlauf	Ausführung der Schleife, falls die Schleifenbedingung wahr ist
Schleifenbedingung	Bedingung, die Schleife zu durchlaufen
Schleifenvariable	Variable im Schleifenkopf einer for-Schleife
Schlüsselwort	Python-Befehl
Schlüssel-Werte-Paar	Element eines Dictionarys
select	eigene Methode aus Klasse ‚Table'
setdefault	Dictionary-Methode
Sichern	eigene Methode aus Klasse ‚Datenbank' Sicherung SMILE-Ordner zur Datensicherung
SMILE	Schule Mathematik Informatik Logistik Erkenntnis
SNRO	Nummernkreise anzeigen (Menü-Code)
sort	Python-Befehl zum Sortieren
Sortieren	Anordnen
Sortiert	angeordnet
Split00	den Split 00 an die ERP-Charge konkatenieren (Ja/Nein)
Springer Link	Plattform des Verlages Springer Nature
Springer Nature	Verlag wissenschaftlicher Literatur
Spyder(-Editor)	Spyder-Editor (in der Anaconda-Distribution enthalten)
ST	Stück
Stammdaten	sich kaum ändernde Daten eines IT-Systems wie etwa Materialdaten
STICH	Fehlerflag am WE-Stich setzen (Menü-Code)
Stichdialog	Fehlerflag-Zuweisungsdialog am WE-Stich für Paletten
Schnittstelle	Interface
SCHR	Verschrotten eines Gebindes (Menü-Code)
SCHROTT	Schrott-Lagerplatz
self	Platzhalter für Objekte in der Objektorientierung

set_header	eigene Methode aus Klasse ‚Table'
Show	eigene Methode aus Klasse ‚Table'
Slicing	Python-Befehl zum Herausschälen eines Objektes aus einer Sequenz
Splitten	Zerteilen eines Wortes bei definierten Trennzeichen
Start-Index	im Rahmen vom Slicing: Start des Herausschälens statische Methoden Klassenmethoden, die auch ohne Instanziierung von Klassenobjekte direkt über die Klasse aufgerufen werden können
Stop-Index	im Rahmen vom Slicing: Stop des Herausschälens
Schrittweite	im Rahmen vom Slicing: Schritt-Durchführung des Herausschälens
Schälung	siehe Slicing
Sourcecode	Programmcode
strg+c	Control und c
String	Zeichenkette, Wort
syntaktisch	im Rahmen von Fehlern: Programmsprache nicht richtig verwendet
sys	Python sys-Modul (import)
SystemExit	Ausnahme bei Nutzung von sys-exit
Tab	Tabulator – Taste auf der Tastatur
Table	eigene Klasse
Testen. Tests	Überprüfung von Software auf Basis der Kundenanforderungen vor der produktiven Nutzung
Testfälle	Inhalte von Tests
Testszenarien	Zusammenhängende Testfälle
TH	Technische Hochschule
TIF	Tagged Image file Format (Dateiformat)
Time	Python time-Modul (import)
TK	Toolkit (siehe TKINTER)
TKINTER	GUI-Toolkit Tk (GUI-Modul von Python)
Tkcalender	Python-Paket
tk-tools	Python-Paket
Traceback	Protokoll der Coding-Ausführung in Python; Besonders zur Fehleraufspürung gedacht
TRAPO	interne Umlagerung (Nummernkreis)
TRANSPORT_HRL	Lagerplatz für Gebinde-Transporte ins HRL
TRANSPORT_I_PUNKT	Lagerplatz für Gebinde-Transporte zum I-Punkt
TRANSPORT_K_PUNKT	Lagerplatz für Gebinde-Transporte zum K-Punkt
TRANSPORT_RETOURE	Lagerplatz für Gebinde-Transporte zum Retourenplatz

transportschuppe	Unterprogramm zur PDF-Erzeugung eines Umlagerungs-Belegs
Trennzeichen	Delimiter
True	boolescher Wert für Wahr
TOUR	Tour (Nummernkreis)
Tour	Gruppierung von Transportaufträgen
Tupel	geordnete nicht-änderbare Liste
tuple	Tupel-Typ in Python
TXT	Textdateiformat
Typ	siehe Datentyp in Python
type	Befehl zur Typ-Ermittlung in Python
TypeError	Ausnahme in Python, Typ-Verletzung
Unterprogramm	mit Namen versehener Anweisungsblock, der mit diesem Namen überall aufgerufen werden kann
Update	Anpassung von Software
User	Benutzer einer Software
ValueError	Ausnahme in Python, Werte-Verletzung
Variable	Platzhalter, Container, Behälter zum Speichern von Werten in Programmen
vergleichend	Operatoren, die Werte miteinander vergleichen (Gleichsein, Ungleichsein, grösser als, etc.)
nested	verschachtelt
verketten	Strings aneinander hängen
verschrotten	Unterprogramm zum Verschrotten
Verzweigung	If-elif-else-Kaskaden
Video	lateinisch für ‚Ich sehe.', heute meint man einen Film
VLC	VLC-Media-Player (VLC = VideoLan Client)
VSD	Visio-Format
VSDX	Visio-Format
w = write	Modus zum Bearbeiten von CSV-Dateien
WA	Warenausgang
Wahrheitswerte	True = wahr und False = falsch
WA	Warenausgang (Nummernkreis)
WAV	WAVE-Dateiformat
WBS	Wiesbaden Business School
WE	Wareneingang
WE	Wareneingang (Nummernkreis)
WE_LIEF	Wareneingangsplatz zum externen Lieferanten
WEMA	manueller Wareneingang
WE_STICH	Wareneingangsstich-Lagerplatz

WIKI	Wikipedia, Projekt zum Aufbau einer Enzyklopädie aus freien Inhalten
WINDOWS	Betriebssystem mit grafischer Oberfläche
www	World Wide Web
Wörterbuch	Dictionary
wohlunterschieden	Eigenschaft von Elementen einer Menge
writeheader, writerow	Befehle im Umgang mit CSV-Dateien
XLSX	Excel-Dateiformat
Youtube	Englisch für ‚Deine Glotze/Röhre', Videoportal im Internet
zahltobadisch	Unterprogramm für Umwandlung Zahl in Binärzahl
z. B.	zum Beispiel
Zeichenkette	String
ZeroDivionsError	Ausnahme, Teilen Durch Null
Zeitstempel	Zeit, Datum etc. in einer Variablen
ZIP	Zipper, Reißverschluss, Format für verlustfrei komprimierte Dateien
Zufallszahlen	Zufallszahlen = random numbers
zugehörend	Operator, der Zugehörigkeit anzeigt (etwa Element einer Menge)
Zugriffe	Art und Weise, auf Datentypen, Datenstrukturen, Variablen etc. zu agieren
zul.	zulässiges
zuweisend	Zuweisungsoperatoren wie etwa =, + = 1,

Abbildungsverzeichnis

Abb. 1.1	SMILE	2
Abb. 3.1	Anaconda-Navigator	9
Abb. 3.2	Spyder aus dem Navigator	9
Abb. 3.3	Spyder-App aufrufen	10
Abb. 3.4	Spyder-App – Kachel auf dem Bildschirm	10
Abb. 3.5	Spyder-Editor	11
Abb. 3.6	Hello World – Konsole	11
Abb. 3.7	Spyder – neue Datei anlegen	12
Abb. 3.8	Spyder – neue Datei speichern	12
Abb. 3.9	Spyder – neue Datei ausführen	13
Abb. 3.10	Spyder – gespeicherte Datei öffnen	13
Abb. 3.11	pip, Fehlermeldung	14
Abb. 3.12	pip install	14
Abb. 3.13	pip install, erneut	15
Abb. 3.14	pip install, erneut II	15
Abb. 3.15	pip list	16
Abb. 3.16	print und input	19
Abb. 3.17	keine sinnvolle Operation	22
Abb. 3.18	Variablen und Zuweisung	23
Abb. 3.19	Variablen und Zuweisen II	23
Abb. 3.20	Datentype mit type	24
Abb. 3.21	Variablen ohne Zuweisung	25
Abb. 3.22	bool-Operator	27
Abb. 3.23	String-Komponenten	29
Abb. 3.24	String-Ausnahme	29
Abb. 3.25	String-Unveränderlichkeit	30
Abb. 3.26	String-Länge	30
Abb. 3.27	String-Konkatenation	31
Abb. 3.28	String-Potenzieren	31
Abb. 3.29	String-Splitten	31

Abb. 3.30	String-Split II		32
Abb. 3.31	String – Teilwortprüfung		32
Abb. 3.32	String-Umkehrung		32
Abb. 3.33	String-Slicing I		33
Abb. 3.34	String-Slicing II		33
Abb. 3.35	String-Slicing III		33
Abb. 3.36	String-rstrip I		34
Abb. 3.37	String-rstrip II		34
Abb. 3.38	Systemvariablen __name__		34
Abb. 3.39	lvs.py ohne __name__		35
Abb. 3.40	Variable __file__		36
Abb. 3.41	Ausgabe Variable __file__		36
Abb. 3.42	Variable __file__ in SMILE		36
Abb. 3.43	Unterprogramm – Definition		38
Abb. 3.44	Unterprogramm: Beispiele & Aufruf		40
Abb. 3.45	Python-Operatoren		42
Abb. 3.46	Operatoren und Mathematik		43
Abb. 3.47	if – elif – else – Operator		44
Abb. 3.48	if-elif-else-Beispiele		44
Abb. 3.49	if-elif-else-Beispiele II		45
Abb. 3.50	Mengenoperationen I		46
Abb. 3.51	Mengenoperationen II		47
Abb. 3.52	list-Befehl		49
Abb. 3.53	dir-Befehl		51
Abb. 3.54	dir-Befehl II		52
Abb. 3.55	sort-Fehler		53
Abb. 3.56	sorted in SMILE		54
Abb. 3.57	Dictionary – Definition, Zugriff, mehrdimensional		58
Abb. 3.58	dictionary.py – Definition		58
Abb. 3.59	dictionary.py – Definition – Ergebnisse		59
Abb. 3.60	Dictionary-Operatoren		59
Abb. 3.61	dictionary.py – Operatoren		60
Abb. 3.62	dictionary.py – Operatoren – Ergebnisse		61
Abb. 3.63	Dictionary – Methoden I		61
Abb. 3.64	dictionary.py – Methoden I		63
Abb. 3.65	dictionary.py – Methoden I – Ergebnisse		64
Abb. 3.66	dictionary.py – copy		64
Abb. 3.67	dictionary.py – copy – Ergebnis		64
Abb. 3.68	Dictionary – Methoden II		65
Abb. 3.69	dictionary.py – Methoden II		67
Abb. 3.70	dictinary.py – Methoden II, Teil 2		68
Abb. 3.71	dictionary.py – Methoden II – Ergebnisse		69

Abb. 3.72	dictionary.py – Methoden II, Teil 2 – Ergebnisse	69
Abb. 3.73	Dictionary – Sortieren	70
Abb. 3.74	dictionary.py – Sortieren	70
Abb. 3.75	dictionary.py – Sortieren – Ergebnis	71
Abb. 3.76	Dictionary vs. Tabelle	71
Abb. 3.77	while-Schleife	72
Abb. 3.78	Schleifenwerte – while	73
Abb. 3.79	for-Schleife	73
Abb. 3.80	Schleifenwerte – for I	74
Abb. 3.81	Schleifenwerte – for II	74
Abb. 3.82	for und Listen – Beispiel I	75
Abb. 3.83	for und Listen – Beispiel II	75
Abb. 3.84	for und Listen – SMILE-Beispiel	75
Abb. 3.85	Zeitstempel	76
Abb. 3.86	Zufallszahlen randint	77
Abb. 3.87	Zufallszahlen – Hilfe für randint	77
Abb. 3.88	csv-Beispiele	78
Abb. 3.89	Inhalt csv-Dateien	78
Abb. 3.90	csv – delimiter	78
Abb. 3.91	Hauptprogramm csv.py	79
Abb. 3.92	csv-Lesezugriffe	80
Abb. 3.93	csv-Lesezugriff-Funktion 1	80
Abb. 3.94	csv-Lesezugriff-Funktion 2	81
Abb. 3.95	csv-Lesezugriff-Funktion 3	81
Abb. 3.96	csv-Lesezugriff-Funktion 4	81
Abb. 3.97	csv-Schreibzugriffe	82
Abb. 3.98	Schreibzugriff Version 1	83
Abb. 3.99	Schreibzugriff Version 2	83
Abb. 3.100	Schreibzugriff – Dictwriter	83
Abb. 3.101	QR-Code als Bild gespeichert	85
Abb. 3.102	QR-Code – Beispiel	85
Abb. 3.103	Python – Modul FPDF	86
Abb. 3.104	Grundrechenarten	89
Abb. 3.105	Grundrechenarten II	90
Abb. 3.106	Grundrechenarten III	90
Abb. 3.107	Grundrechenarten IV	90
Abb. 3.108	Grundrechenarten V	91
Abb. 3.109	Grundrechenarten VI	91
Abb. 3.110	Grundrechenarten VII	92
Abb. 3.111	Grundrechenarten VIII	92
Abb. 3.112	Grundrechenarten IX	92
Abb. 3.113	Grundrechenarten X	93

Abb. 3.114	sys.exit	94
Abb. 3.115	sys.exit II	94
Abb. 3.116	syntaktischer Fehler	95
Abb. 3.117	Laufzeitfehler	95
Abb. 3.118	Traceback	96
Abb. 3.119	logischer Fehler	96
Abb. 3.120	logischer Fehler: Ergebnis	97
Abb. 3.121	syntaktischer Fehler – Hinweise im Editor	98
Abb. 3.122	syntaktischer Fehler – Bugfixing	98
Abb. 3.123	Laufzeitfehler – ZeroDivisionError	99
Abb. 3.124	Laufzeitfehler – ZeroDivisionError – Bugfixing	99
Abb. 3.125	Laufzeitfehler – TypeError	100
Abb. 3.126	Laufzeitfehler – ValueError	100
Abb. 3.127	Endlosschleife I	100
Abb. 3.128	Endlosschleife II	101
Abb. 3.129	Endlosschleife III	101
Abb. 3.130	Endlosschleife IV	102
Abb. 3.131	logischer Fehler I	102
Abb. 3.132	logische Fehler II	103
Abb. 3.133	logischer Fehler III	104
Abb. 3.134	Spyder-Debugger	105
Abb. 3.135	Debugging-Methoden	105
Abb. 3.136	Breakpoint I	106
Abb. 3.137	Breakpoint II	106
Abb. 3.138	conditional breakpoint	106
Abb. 3.139	Breakpoints III	107
Abb. 3.140	Breakpoints-Liste	108
Abb. 3.141	Debugger I	108
Abb. 3.142	Debugger II	109
Abb. 3.143	Debugger-blauer Pfeil	109
Abb. 3.144	Continue	109
Abb. 3.145	Debugger-Variablen	110
Abb. 3.146	Debugger-Step	110
Abb. 3.147	Step into	110
Abb. 3.148	Step into II	111
Abb. 3.149	Debugger – Step Return I	111
Abb. 3.150	Debugger – Step Return II	111
Abb. 3.151	Bug & Bugfixing	111
Abb. 3.152	Pfad- und Dateizugriffe mit os	112
Abb. 3.153	os.getcwd	113
Abb. 3.154	os.mkdir	115
Abb. 3.155	os.rmdir	115

Abb. 3.156	os.rename		116
Abb. 3.157	os.path.join		117
Abb. 3.158	OOA / OOD		119
Abb. 3.159	OOA / OOD, Teil 2		119
Abb. 3.160	OOP		120
Abb. 3.161	klassen_methoden.py, Szenario-Teil 1		130
Abb. 3.162	klassen_methoden.py, Szenario-Teil 2		130
Abb. 3.163	klassen_methoden.py, Szenario-Teil 3		131
Abb. 3.164	klassen_methoden.py, Szenario-Teil 4		132
Abb. 3.165	klassen_methoden.py, Szenario-Teil 5		133
Abb. 3.166	klassen_methoden.py, Szenario-Teil 6		134
Abb. 3.167	klassen_methoden.py, Szenario-Teil 7		134
Abb. 3.168	klassen_methoden.py, Szenario-Teil 8		135
Abb. 3.169	klassen_methoden.py, Szenario-Teil 9		136
Abb. 3.170	klassen_methoden.py, Szenario-Teil 10		136
Abb. 4.1	CLI-Version LVS.PY, im Spyder-Editor		139
Abb. 4.2	CLI-Version LVS.PY, Aktionen		139
Abb. 4.3	SMILE-Datenbank		140
Abb. 4.4	Benutzer		141
Abb. 4.5	Bewegungen, Teil 1		142
Abb. 4.6	Bewegungen, Teil 2		142
Abb. 4.7	Bewegungsarten		143
Abb. 4.8	Chargenstamm		144
Abb. 4.9	Menücodes		145
Abb. 4.10	Fehlerflags am Wareneingangsstich		145
Abb. 4.11	Fehlercodes		146
Abb. 4.12	Flotte		147
Abb. 4.13	Gebinde – Bestand		148
Abb. 4.14	Kundenstamm		148
Abb. 4.15	LHM-Stamm		149
Abb. 4.16	Materialstamm, Teil 1		150
Abb. 4.17	Materialstamm, Teil 2		150
Abb. 4.18	Nummernkreise		151
Abb. 4.19	Lagerplätze		152
Abb. 4.20	Auslieferungs-Kopfdaten		153
Abb. 4.21	Auslieferungs-Positionsdaten		154
Abb. 4.22	Status der Auslieferung		155
Abb. 4.23	Tour. Kopfdaten		155
Abb. 4.24	Tour-Positionsdaten		156
Abb. 4.25	Status der Tour		157
Abb. 4.26	Klasse ‚Table' – Methoden-Übersicht		159
Abb. 4.27	Klasse ‚Datenbank' – Methodenübersicht		160

Abb. 4.28	Klassen und Methoden – kompakte Übersicht	161
Abb. 4.29	Klassen und Methoden – Zusammenhänge	161
Abb. 4.30	pip, Fehlermeldung	162
Abb. 4.31	pip install	162
Abb. 4.32	pip install, erneut	162
Abb. 4.33	pip install, erneut II	163
Abb. 4.34	pip list	163
Abb. 4.35	Übersicht aller Unterprogramme CLI-Version	164
Abb. 4.36	Hauptprogramm – Ablaufdiagramm	165
Abb. 4.37	Unterprogramm ‚init' – Ablaufdiagramm	166
Abb. 4.38	Unterprogramm ‚mainloop' – Ablaufdiagramm	166
Abb. 4.39	Unterprogramm ‚gebindewe' – Brainstorming	167
Abb. 4.40	Unterprogramm ‚gebindewe' – Ablaufdiagramm	168
Abb. 4.41	Unterprogramm ‚pruefchargeneu' – Prüfungen und Beispiele	169
Abb. 4.42	Unterprogramm ‚pruefchargeneu' – Ablaufdiagramm	170
Abb. 4.43	Unterprogramm ‚gebindeavis' – Brainstorming I	170
Abb. 4.44	Unterprogramm ‚gebindeavis' – Brainstorming II	171
Abb. 4.45	Unterprogramm ‚gebindeavis – Ablaufdiagramm	172
Abb. 4.46	Unterprogramm ‚lieferantenret' – Ablaufdiagramm	173
Abb. 4.47	Unterprogramm ‚verschrotten' – Ablaufdiagramm	173
Abb. 4.48	Unterprogramm ‚gebindelabel' – Konzept	174
Abb. 4.49	Unterprogramm ‚gebindelabel' – Brainstorming	174
Abb. 4.50	Unterprogramm ‚gebindelabel' – Beispiel	175
Abb. 4.51	Unterprogramm ‚transportschuppe' – Brainstorming	176
Abb. 4.52	Unterprogramm ‚transportschuppe' – PDF-Dokument	176
Abb. 4.53	Unterprogramm ‚transportschuppe' – Konzept	177
Abb. 4.54	Unterprogramm ‚platzfindung' – Brainstorming	178
Abb. 4.55	Unterprogramm ‚platzfindung' – Konzept	178
Abb. 4.56	Unterprogramm ‚einlagern' – Konzept	179
Abb. 4.57	Unterprogramm ‚huweauto' – Konzept	179
Abb. 4.58	Unterprogramm ‚bewegungen_schreiben' – Konzept	180
Abb. 4.59	nterprogramm ‚platzaendern' – Brainstorming I	180
Abb. 4.60	Unterprogramm ‚platzaendern' – Brainstorming II	181
Abb. 4.61	Unterprogramm ‚platzaendern' – Ablaufdiagramm	182
Abb. 4.62	Unterprogramm ‚stichdialog' – Konzept	183
Abb. 4.63	Unterprogramm ‚gebindeinfo' – Ablaufdiagramm	184
Abb. 4.64	Unterprogramm ‚matstamminfo' – Ablaufdiagramm	185
Abb. 4.65	Unterprogramm ‚chargstamminfo' – Ablaufdiagramm	186
Abb. 4.66	Unterprogramm ‚bestplatz' – Ablaufdiagramm	187
Abb. 4.67	Unterprogramm ‚bestmat' – Ablaufdiagramm	188
Abb. 4.68	Unterprogramm ‚nummernkreise' – Ablaufdiagramm	189
Abb. 4.69	Unterprogramm ‚kuehlgut' – Brainstorming	189

Abb. 4.70	Unterprogramm ‚kuehlgut' – Ablaufdiagramm	190
Abb. 4.71	Unterprogramm ‚ipunktdialog' – Konzept	190
Abb. 4.72	Unterprogramm ‚kpunktdialog' – Konzept	191
Abb. 4.73	Unterprogramm ‚badischtozahl' – Ablaufdiagramm	191
Abb. 4.74	Unterprogramm Potenzieren einer Zahl – Ablaufdiagramm	192
Abb. 4.75	Unterprogramm ‚zahltobadisch' – Ablaufdiagramm	193
Abb. 5.1	Hauptprogramm – kommentiertes Coding	196
Abb. 5.2	Hauptprogramm – Coding im Spyder	196
Abb. 5.3	Unterprogramm ‚init' – kommentiertes Coding	197
Abb. 5.4	Unterprogramm ‚init' – Coding im Spyder	197
Abb. 5.5	Unterprogramm ‚mainloop' – kommentiertes Coding	199
Abb. 5.6	Unterprogramm ‚mainloop' – Coding im Spyder	207
Abb. 5.7	Unterprogramm ‚mainloop' – Coding im Spyder II	208
Abb. 5.8	Unterprogramm ‚mainloop' – Coding im Spyder III	209
Abb. 5.9	Unterprogramm ‚mainloop' – Coding im Spyder IV	210
Abb. 5.10	Unterprogramm ‚mainloop' – Coding im Spyder V	211
Abb. 5.11	Unterprogramm ‚mainloop' – Coding im Spyder VI	212
Abb. 5.12	Unterprogramm ‚gebindewe' – kommentiertes Coding	214
Abb. 5.13	Unterprogramm ‚gebindewe' – Spyder-Coding II	217
Abb. 5.14	Unterprogramm ‚pruefchargeneu' – kommentiertes Coding (Abb. 5.14)	218
Abb. 5.15	Unterprogramm ‚pruefchargeneu' – Coding im Spyder	219
Abb. 5.16	Unterprogramm ‚pruefchargeneu' – Coding im Spyder II	221
Abb. 5.17	Unterprogramm ‚gebindeavis' – kommentiertes Coding	222
Abb. 5.18	Unterprogramm ‚gebindeavis' – Coding im Spyder II	223
Abb. 5.19	Unterprogramm ‚gebindeavis' – Coding im Spyder II	225
Abb. 5.20	Unterprogramm ‚lieferantenret' – kommentiertes Coding (Abb. 5.20)	226
Abb. 5.21	Unterprogramm ‚lieferantenret' – Coding im Spyder	227
Abb. 5.22	Unterprogramm ‚verschrotten' – kommentiertes Coding	228
Abb. 5.23	Unterprogramm ‚verschrotten' – Coding im Spyder	229
Abb. 5.24	Unterprogramm ‚gebindelabel' – kommentierter Code	231
Abb. 5.25	Unterprogramm ‚gebindelabel' – Coding im Spyder	232
Abb. 5.26	Unterprogramm ‚transportschuppe' – kommentiertes Coding	233
Abb. 5.27	Unterprogramm ‚transportschuppe' – Coding im Spyder (Abb. 5.28) I	234
Abb. 5.28	Unterprogramm ‚transportschuppe' – Coding im Spyder II	236
Abb. 5.29	Unterprogramm ‚platzfindung' – kommentiertes Coding	238
Abb. 5.30	Unterprogramm ‚platzfindung' – Coding im Spyder	239
Abb. 5.31	Unterprogramm ‚platzfindung' – Coding im Spyder II	244
Abb. 5.32	Unterprogramm ‚platzfindung' – Coding im Spyder III	245

Abb. 5.33	Unterprogramm ‚platzfindung' – Coding im Spyder IV	245
Abb. 5.34	Unterprogramm ;einlagern' – kommentiertes Coding	247
Abb. 5.35	Unterprogramm ‚einlagern''– Coding im Spyder (Abb. 5.35)	248
Abb. 5.36	Unterprogramm ‚huweauto' – kommentiertes Coding	249
Abb. 5.37	Unterprogramm ‚huweauto'– Coding im Spyder	250
Abb. 5.38	Unterprogramm ‚bewegungen_schreiben' – kommentierter Code	251
Abb. 5.39	Unterprogramm, bewegungen_schreiben – Coding im Spyder	252
Abb. 5.40	Unterprogramm ‚platzaendern' – kommentiertes Coding	254
Abb. 5.41	Unterprogramm ‚platzaendern' – Coding im Spyder	255
Abb. 5.42	Unterprogramm ‚platzaendern' – Coding im Spyder II	258
Abb. 5.43	Unterprogramm ‚platzaendern' – Coding im Spyder III	259
Abb. 5.44	Unterprogramm ‚stichdialog' – kommentiertes Coding	260
Abb. 5.45	Unterprogramm ‚stichdialog''– Coding im Spyder	261
Abb. 5.46	Unterprogramm ‚gebindeinfo' – kommentiertes Coding	263
Abb. 5.47	Unterprogramm ‚gebindeinfo – Coding im Spyder	263
Abb. 5.48	Unterprogramm‚matstamminfo' – kommentiertes Coding	264
Abb. 5.49	Unterprogramm ‚matstamminfo – Coding im Spyder	265
Abb. 5.50	Unterprogramm ‚chargstamminfo' – kommentiertes Coding	266
Abb. 5.51	Unterprogramm ‚chargstamminfo – Coding im Spyder	266
Abb. 5.52	Unterprogramm ‚bestplatz' – kommentiertes Coding	267
Abb. 5.53	Unterprogramm ‚bestplatz – Coding im Spyder	268
Abb. 5.54	Unterprogramm ‚bestmat' – kommentiertes Coding	269
Abb. 5.55	Unterprogramm ‚bestmat – Coding im Spyder	269
Abb. 5.56	Unterprogramm ‚nummernkreise' – kommentierter Code	270
Abb. 5.57	Unterprogramm ‚nummernkreise' – Coding im Spyder	270
Abb. 5.58	Unterprogramm ‚kuehlgut' – kommentiertes Coding	270
Abb. 5.59	Unterprogramm ‚kuehlgut' – Coding im Spyder (Abb. 5.59)	271
Abb. 5.60	Unterprogramm ‚ipunktdialog' – kommentiertes Coding	273
Abb. 5.61	Unterprogramm ‚ipunktdialog' – Coding im Spyder	274
Abb. 5.62	Unterprogramm ‚ipunktdialog' – Coding im Spyder II	276
Abb. 5.63	Unterprogramm ‚kpunktdialog' – kommentiertes Coding	277
Abb. 5.64	Unterprogramm ‚kpunktdialog' – Coding im Spyder	278
Abb. 5.65	Unterprogramm‚kpunktdialog' – Coding im Spyder II	281
Abb. 5.66	Unterprogramm ‚badischtozahl' – kommentiertes Coding	283
Abb. 5.67	Unterprogramm ‚badischtozahl' – Coding im Spyder	283
Abb. 5.68	Unterprogramm ‚zahltobadisch' – ausführlich kommentiert	284
Abb. 5.69	Unterprogramm ‚zahltobadisch' – Coding im Spyder	284
Abb. 5.70	Klasse ‚Table' – kommentiertes Coding	285
Abb. 5.71	Table-Klasse – Coding im Spyder – Teil I	286
Abb. 5.72	Table-Klasse – Coding im Spyder – Teil II	290
Abb. 5.73	Table-Klasse – Coding im Spyder – Teil III	291
Abb. 5.74	Table-Klasse – Coding im Spyder – Teil IV	292

Abb. 5.75	Table-Klasse – Coding im Spyder – Teil V	293
Abb. 5.76	Klasse Datenbank – kommentiertes Coding.	295
Abb. 5.77	Table-Datenbank – Coding im Spyder – Teil I.	296
Abb. 5.78	Table-Datenbank – Coding im Spyder – Teil II	298
Abb. 5.79	Table-Datenbank – Coding im Spyder – Teil II	298

Tabellenverzeichnis

Tab. 2.1	Dateien zum Download	4
Tab. 3.1	Listen-Methoden	50
Tab. 3.2	Dictionary-Beispiel I	57
Tab. 5.1	Hauptprogramm – Python-Grundlagen	197
Tab. 5.2	Unterprogramm ‚init' – Python-Grundlagen	197
Tab. 5.3	Unterprogramm ‚mainloop – Python-Grundlagen	213
Tab. 5.4	Unterprogramm ‚gebindewe' – Python-Grundlagen	217
Tab. 5.5	Unterprogramm ‚pruefchargeneu' – Python-Grundlagen	222
Tab. 5.6	Unterprogramm ‚gebindeavis – Python-Grundlagen	226
Tab. 5.7	Unterprogramm ‚lieferantenret – Python-Grundlagen	228
Tab. 5.8	Unterprogramm ‚verschrotten'– Python-Grundlagen	230
Tab. 5.9	Unterprogramm ‚gebindelabel'– Python-Grundlagen	233
Tab. 5.10	Unterprogramm ‚transportschuppe – Python-Grundlagen	236
Tab. 5.11	Unterprogramm ‚platzfindung' – Python-Grundlagen	246
Tab. 5.12	Unterprogramm ‚einlagern – Python-Grundlagen	249
Tab. 5.13	Unterprogramm ‚huweauto"– Python-Grundlagen	251
Tab. 5.14	Unterprogramm ‚bewegungen_schreiben' – Python-Grundlagen	253
Tab. 5.15	Unterprogramm ‚platzaendern' – Python-Grundlagen	260
Tab. 5.16	Unterprogramm ‚stichdialog' – Python-Grundlagen	262
Tab. 5.17	Unterprogramm ‚gebindeinfo – Python-Grundlagen	264
Tab. 5.18	Unterprogramm ‚matstamminfo – Python-Grundlagen	265
Tab. 5.19	Unterprogramm ‚chargstamminfo – Python-Grundlagen	267
Tab. 5.20	Unterprogramm ‚bestplatz – Python-Grundlagen	268
Tab. 5.21	Unterprogramm ‚bestmat – Python-Grundlagen	269
Tab. 5.22	Unterprogramm ‚nummernkreise – Python-Grundlagen	270
Tab. 5.23	Unterprogramm ‚kuehlgut – Python-Grundlagen	272
Tab. 5.24	Unterprogramm ‚ipunktdialog – Python-Grundlagen	277
Tab. 5.25	Unterprogramm ‚kpunktdialog – Python-Grundlagen	282
Tab. 5.26	Unterprogramm ‚badischtozahl' – Python-Grundlagen	282
Tab. 5.27	Unterprogramm ‚zahltobadisch' – Python-Grundlagen	285

Tab. 5.28	Table-Klasse – Python-Grundlagen	293
Tab. 5.29	Datenbank-Klasse – Python-Grundlagen	299
Tab. 5.30	Liste verwendeter Python-Befehle	300

SMILE   1

(siehe Abb. 1.1)

SMILE ist eine Abkürzung für die Begriffsreihenfolge ‚Schule, Mathematik, Informatik, Logistik und Erfolg'. Diese Begriffsfolge soll den Anwenderkreis von Mathematik- Lernenden, -Studierenden und praktisch arbeitenden Personen verknüpfen, die sich für Mathematik interessieren und diese vertieft verstehen und anwenden wollen.

Der Autor war schon früh von der Frage geleitet, wie sich das ‚Abstraktum' Mathematik ins praktische Leben einfügt. Die Antwort fand er unmittelbar in seiner Berufspraxis. Auf Grund seiner langjährigen Erfahrung fiel es ihm leicht zu erkennen, daß es nur die Mathematik war, die jene Werkzeuge und Strukturen lieferte, einen sonst unmöglichen Transfer zu ermöglichen. In vielen logistischen Arbeitsabläufen zeigten sich Situationen, die er genau dieser Fragestellung zuordnen konnte. Aus diesem Grund hat er die Buchreihe ins Leben gerufen.

Die Buchreihe SMILE spannt in diesem Zusammenhang einen Bogen zwischen praktischer Arbeit und den daraus hervorgehenden theoretischen Erfordernissen. Sie besteht aus einem Kompaktband sowie einem mathematischen Vertiefungsband und einen extra entwickelten Software-Prototyp. Dieser Prototyp ist individuell in Python programmierbar und steht als kostenloser Download bereit. Ergänzt wird diese Software durch eine Bedienungsanleitung sowie eine zweiteilige technische Dokumentation. Die Dokumentation beinhaltet alle notwendigen Kenntnis-Grundlagen, die zur Anwendung der Programmiersprache Python und damit zur Erstellung des Prototyps erforderlich sind. Für alle Bände sind zusätzliche Übungsbücher inkl. Lösungen erhältlich.

SMILE wurde im Rahmen von Projektwochen, AGs und Vorlesungen an Schule und Hochschule erfolgreich vermittelt. Die Buchreihe richtet sich an Lehrer, Leh-

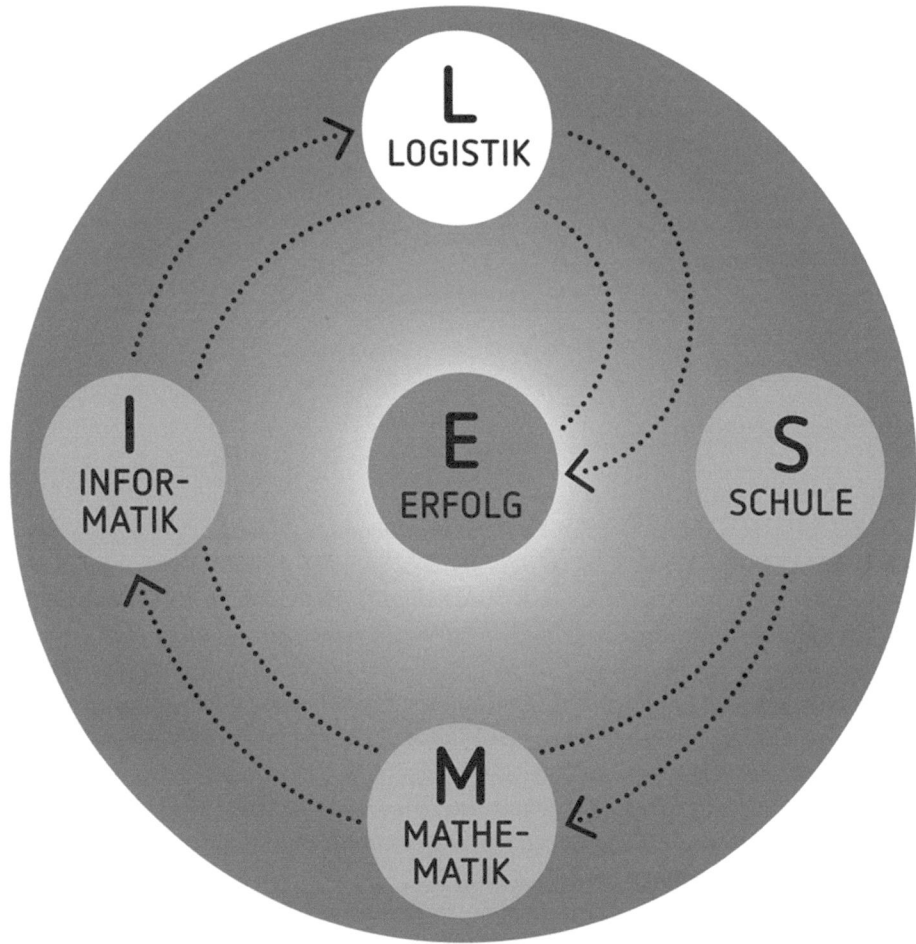

Abb. 1.1 SMILE

rende an Hoch- und technischen Fachschulen sowie an Berufseinsteiger der IT-Logistik- Entwicklung und -Beratung. Darüber hinaus sollte die Buchreihe für jene Anwender interessant sein, die das Thema ‚Digitalisierung in der Logistik' für sich vertiefen und in diesem Zusammenhang 'Mathematik' als nachvollziehbaren Problemlöser verwenden wollen.

Erfolg kennt eine Lösung: 'SMILE'!

Dateien zum Download

In diesem Kapitel sind alle Python- und CSV-Dateien zum Buch verzeichnet, die bei Springer Link (siehe [49]) kostenlos heruntergeladen werden können (Tab. 2.1).

Ergänzende Information Die elektronische Version dieses Kapitels enthält Zusatzmaterial, auf das über folgenden Link zugegriffen werden kann https://doi.org/10.1007/978-3-662-71438-6_2.

© Der/die Autor(en), exklusiv lizenziert an Springer-Verlag GmbH, DE, ein Teil von Springer Nature 2025
S. Wirsing, *SMILE Prototyp zur Lagerverwaltung – Command Line Interface (CLI) – Version 1.0*, Schule für Mathematik, Informatik, Logistik und Erfolg, https://doi.org/10.1007/978-3-662-71438-6_2

Tab. 2.1 Dateien zum Download

Bereich	Dateiname	Bedeutung	Format
Beispiel CSV-Dateien Kap. 4	materialien.csv	Python-Grundlagen: Beispieldatei zum Bearbeiten von CSV-Dateien	csv
Beispiel CSV-Dateien Kap. 4	materialien_csv.csv	Python-Grundlagen: Beispieldatei zum Bearbeiten von CSV-Dateien	csv
Beispiel CSV-Dateien Kap. 4	materialien_csv_dict.csv	Python-Grundlagen: Beispieldatei zum Bearbeiten von CSV-Dateien	csv
Beispiel CSV-Dateien Kap. 4	materialien_csv_dict_append.csv	Python-Grundlagen: Beispieldatei zum Bearbeiten von CSV-Dateien	csv
Beispiel CSV-Dateien Kap. 4	materialien_original.csv	Python-Grundlagen: Beispieldatei zum Bearbeiten von CSV-Dateien	csv
Beispiel CSV-Dateien Kap. 4	materialien_w.csv	Python-Grundlagen: Beispieldatei zum Bearbeiten von CSV-Dateien	csv
Beispiel CSV-Dateien Kap. 4	rechnung.csv	Python-Grundlagen: Beispieldatei zum Bearbeiten von CSV-Dateien	csv
Beispielprogramme Kapitel 4	ausnahmebehandlung.py	Python-Grundlagen: Beispielprogramm zur Ausnahmebehandlung	py
Beispielprogramme Kap. 4	csv.py	Python-Grundlagen: Beispielprogramm zur Behandlung von CSV-Dateien	py
Beispielprogramme Kap. 4	dictionary.py	Python-Grundlagen: Beispielprogramm zum Arbeiten mit Dictionarys	py
Beispielprogramme Kap. 4	fehler_debugging.py	Python-Grundlagen: Beispielprogramm zur Fehleranalyse und Debugging	py
Beispielprogramme Kap. 4	klassen_methoden.py	Python-Grundlagen: Beispielprogramm zu Klassen und Methoden	py
Beispielprogramme Kap. 4	os.py	Python-Grundlagen: Beispielprogramm zum Arbeiten mit Verzeichnissen und Pfaden	py
Beispielprogramme Kap. 4	sys_exit.py	Python-Grundlagen: Beispielprogramm zum sys.exit-Befehl	py

Python-Grundlagen 3

Inhaltsverzeichnis

3.1	Dieses Kapitel	7
3.2	Literaturempfehlungen	7
3.3	Spyder	8
	3.3.1 Hello World – Konsole	9
	3.3.2 Hello World – Datei	11
3.4	Pakete	13
3.5	Importieren	16
3.6	Hauptprogramm	18
3.7	Eingabe und Ausgabe	18
3.8	Kommentieren	19
3.9	Variablen und Zuweisungen	20
3.10	Datentypen	24
	3.10.1 Integer	25
	3.10.2 Float	26
	3.10.3 Bool	26
	3.10.4 Strings	28
	3.10.5 Variable __name__	34
	3.10.6 Variable __file__	35
	3.10.7 Umwandlungsfunktionen	35
3.11	Unterprogramme/Funktionen	38
	3.11.1 Hintergrund	38
	3.11.2 Definition	38
	3.11.3 Aufruf	39

Ergänzende Information Die elektronische Version dieses Kapitels enthält Zusatzmaterial, auf das über folgenden Link zugegriffen werden kann https://doi.org/10.1007/978-3-662-71438-6_3.

© Der/die Autor(en), exklusiv lizenziert an Springer-Verlag GmbH, DE, ein Teil von Springer Nature 2025
S. Wirsing, *SMILE Prototyp zur Lagerverwaltung – Command Line Interface (CLI) – Version 1.0,* Schule für Mathematik, Informatik, Logistik und Erfolg, https://doi.org/10.1007/978-3-662-71438-6_3

- 3.12 Logische Ausdrücke und Operatoren. 40
  - 3.12.1 einfache logische Ausdrücke und 2-stellige Operatoren 40
  - 3.12.2 Der if – elif – else – Operator 41
- 3.13 Datenstrukturen 45
  - 3.13.1 Mengen 45
  - 3.13.2 Listen 48
    - 3.13.2.1 Definition 48
    - 3.13.2.2 Ranges. 49
    - 3.13.2.3 Methoden 50
    - 3.13.2.4 Länge. 51
    - 3.13.2.5 Hinzufügen von Elementen. 51
    - 3.13.2.6 Sortieren 52
      - 3.13.2.6.1 Sortieren mit sort. 52
      - 3.13.2.6.2 Sortieren mit sorted. 53
    - 3.13.2.7 Verwendung in SMILE. 53
  - 3.13.3 Tupel 55
    - 3.13.3.1 Zip-Funktion. 56
  - 3.13.4 Dictionaries 56
    - 3.13.4.1 Hintergrund und Definition. 56
    - 3.13.4.2 Operatoren. 59
    - 3.13.4.3 Methoden 60
      - 3.13.4.3.1 Bereich 1. 61
      - 3.13.4.3.2 Bereich 2. 63
      - 3.13.4.3.3 Bereich 3. 66
    - 3.13.4.4 Dictionary vs. Tabellen. 68
- 3.14 Schleifen 70
  - 3.14.1 While 71
  - 3.14.2 For 73
- 3.15 Zeitstempel. 76
- 3.16 Zufallszahlen 76
- 3.17 CSV-Dateien 77
  - 3.17.1 Lesezugriffe 79
  - 3.17.2 Schreibzugriffe. 81
- 3.18 QR-Codes und Bilder. 84
- 3.19 PDF-Dateien 85
- 3.20 Ausnahmebehandlung 88
- 3.21 Bugs, Debugging und Bugfixing 94
  - 3.21.1 Fehlerursachen und Fehlerklassifikation 94
  - 3.21.2 Fehlerbehebung 97
    - 3.21.2.1 Syntaktische Fehler. 97
    - 3.21.2.2 Laufzeitfehler 98
    - 3.21.2.3 Logische Fehler. 101
- 3.22 Pfad- und Dateizugriffe 112
- 3.23 OOP – Objektorientierte Programmierung 117
  - 3.23.1 Hintergründe 118
  - 3.23.2 Beispielimplementierung. 120
  - 3.23.3 Beispielaufruf. 129

3.1 Dieses Kapitel

Dieses Kapitel stellt genau die notwendigen ‚*Python-Grundlagen*' zusammen, die für das Verständnis des SMILE-CLI-Prototyps notwendig sind:

- Umgang mit dem Spyder-Editor
- Umgang mit Paketen und Importieren
- Hauptprogramm und Unterprogramme
- Eingabe und Ausgabe
- Variablen, Zuweisungen und Datentypen
- logische Ausdrücke
- Schleifen
- Datenstrukturen
- Zeitstempel
- Zufallszahlen
- Umgang mit CSV-Dateien
- Erzeugung von PDF-Dokumenten
- Erzeugung von QR-Barcodes
- Ausnahmebehandlung
- Bugs, Debugging und Bugfixing
- Pfad- und Dateizugriffe
- Umgang mit Klassen und Methoden.

In Kap. 6 wird auf diese Grundlagen Bezug genommen. Das komplette Coding zum CLI-LVS-Prototyp wird in Kap. 6 kommentiert und die benutzten Befehle in Listen zusammengefasst. Dieses Vorgehen wird strukturiert je Objekt vollzogen: Hauptprogramm, Unterprogramme, Klassen und Methoden.

In Kap. 3 sind zum Verständnis der Python-Grundlagen Beispielprogramme gelistet, die zum Download bei Springer Link bereitstehen. Mit diesen Programmen werden die Python-Grundlagen in diesem Kapitel erläutert.

Begonnen wird der Grundlagen – Abschnitt mit einigen Literaturempfehlungen.

3.2 Literaturempfehlungen

Zu Python-Grundkursen findet man eine reichhaltige Literatur:

- [32] Hans-Bernhard Woyand, Python für Ingenieure und Naturwissenschaftler, Hanser-Verlag, 3. Auflage, 2019
- [33] Einstieg in Python, Thomas Theis, Einstieg in Python, Rheinwerk Computing, 5. Auflage, Bonn, 2019

- [34] Zeitschrift Python Experte – Python für Einsteiger, Python Experte, Python für Einsteiger, Black Dog Media Ltd, Nr 1/2020 (Zeitschrift)
- [35] Numerisches Python, Bernd Klein, Numerisches Python, Hanser-Verlag, 2019
- [36] Schrödinger programmiert, Stephan Elter, Schrödinger programmiert Python: Das etwas andere Fachbuch. Durchstarten mit Python!, Rheinwerk, 2021.

Auch im Word Wide Web = WWW gibt es viele Informationen und Kurse zu Python:

- [37] https://www.python-lernen.de/
  (Python-Kurs, letzter Seitenaufruf: 14.05.2023)
- [38] https://www.w3schools.com/python/
  (Python-Kurs, letzter Seitenaufruf: 14.05.2023)
- [39] https://www.python-kurs.eu/
  (Python-Kurs, letzter Seitenaufruf: 14.05.2023)
- [42] https://docs.python.org/3/library/
  (englische Python-Dokumentation, letzter Seitenaufruf: 14.05.2023)
- [43] https://pythonprogramming.net/
  (englische Python-Videos, letzter Seitenaufruf: 19.05.2023)
- [44] https://hellocoding.de/blog/coding-language/python/
  (Python-Kurs, letzter Seitenaufruf: 19.05.2023)
- [45] https://www.youtube.com/@codingcrashkurse6429
  (englische Python-Videos, letzter Seitenaufruf: 19.05.2023)
- [47] https://realpython.com/
  (Python-Kurs auf Englisch, letzter Seitenaufruf: 20.05.2023).

3.3 Spyder

Um mit *Python* arbeiten zu können, empfiehlt sich die Verwendung des in der *Anaconda-Distribution* enthaltenen Editors namens *Spyder*. Diesen kann man über den *Anaconda-Navigator* (Abb. 3.1 und Abb. 3.2).

oder direkt aufrufen (Abb. 3.3).

Man sollte die *Spyder-App* direkt auf dem Bildschirm platzieren, um sie durch einen Doppelklick aufrufen zu können (Abb. 3.4).

Nach dem Öffnen der App wird der Spyder-Editor gestartet (Abb. 3.5).

Rechtsseitig ist die sog. *Konsole* platziert, innerhalb derer man z. B. *Python-Pakete* installieren und *Python-Befehle = Schlüsselwörter* ausführen kann. Im linken Bereich sind beispielhaft zwei *Python-Programme* geöffnet. Ein simples Programm, das auch zum Testen der erfolgreichen Installation ausgeführt werden sollte, nennt sich in jeder Programmiersprache meist *Hello World*.

3.3 Spyder

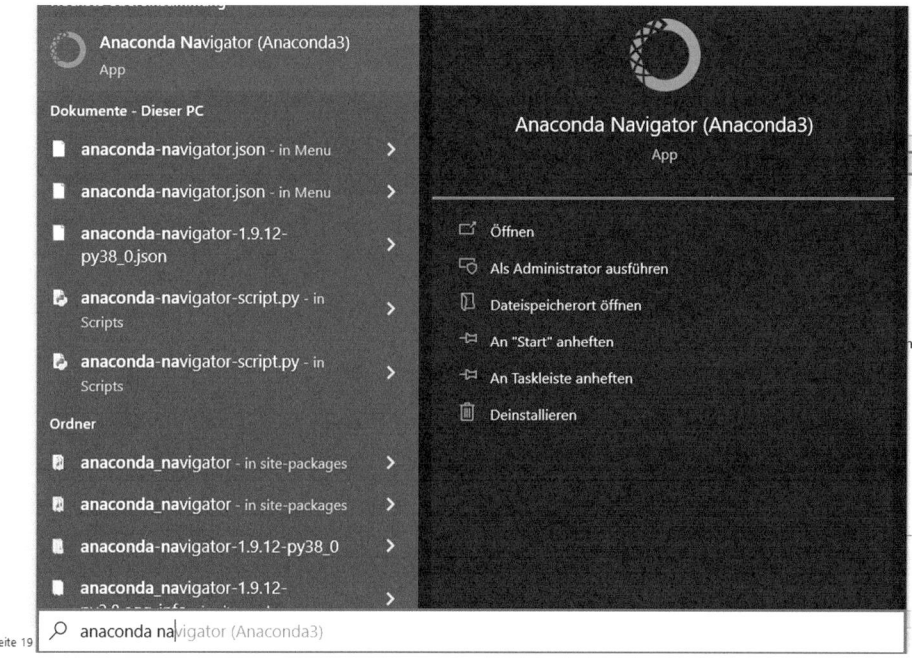

Abb. 3.1 Anaconda-Navigator

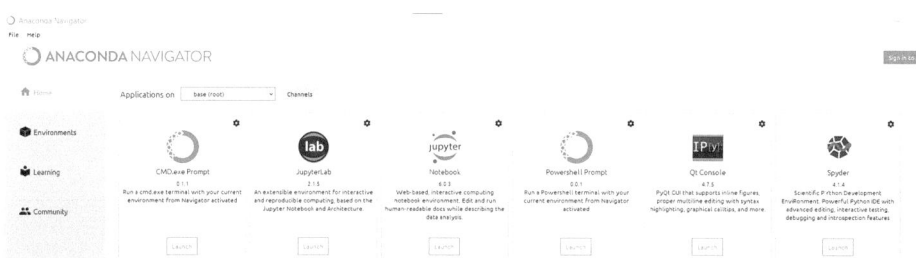

Abb. 3.2 Spyder aus dem Navigator

3.3.1 Hello World – Konsole

Auf der Konsole soll folgend der Text *‚Hello World'* ausgegeben werden. Dazu kann der Python-Befehl *‚print'* genutzt werden. Mit

```
print("Hello World")
```

gefolgt von *‚Return = Enter'* auf der Tastatur ist obiger Text anzeigbar (Abb. 3.6).

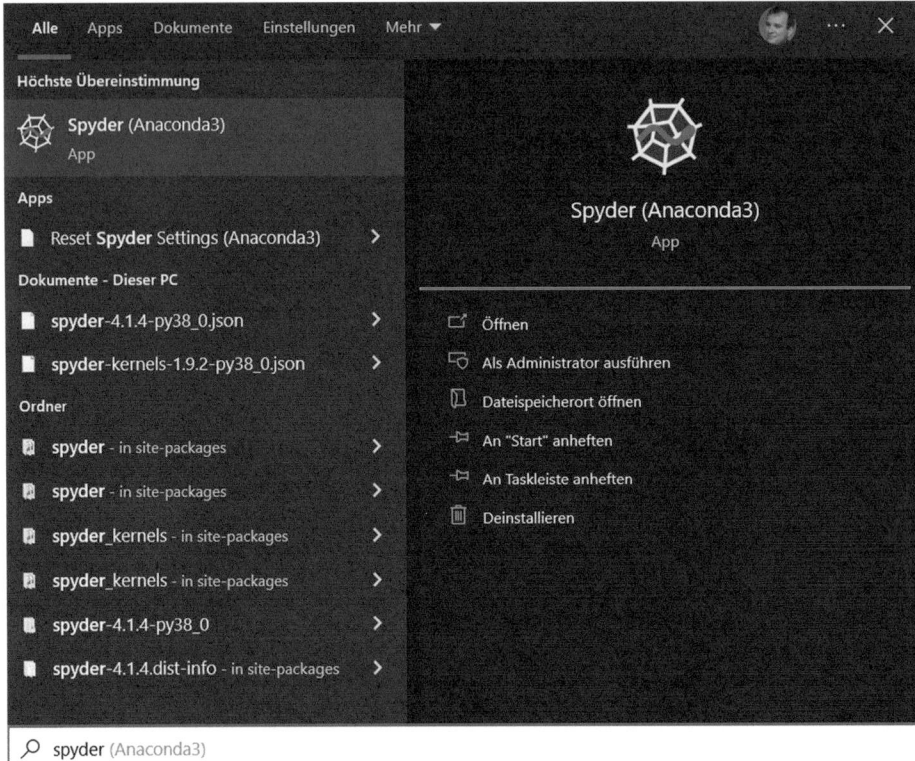

Abb. 3.3 Spyder-App aufrufen

Abb. 3.4 Spyder-App – Kachel auf dem Bildschirm

3.3 Spyder

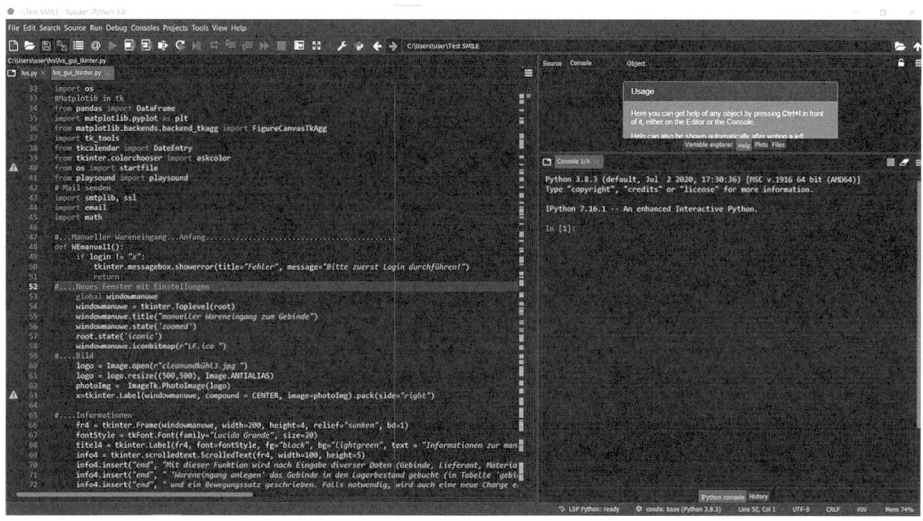

Abb. 3.5 Spyder-Editor

Abb. 3.6 Hello World – Konsole

3.3.2 Hello World – Datei

Um das Programm ‚*Hello World*' als Python-Datei zu erzeugen, nutzt man zunächst das Symbol . Damit wird eine neue und zunächst leere Datei angelegt (Abb. 3.7).

Es öffnet sich linksseitig auf der Spyder-Oberfläche eine Datei mit Namen ‚*untitled. py*'. Dort gibt man obigen print-Befehl ein und drückt das Speichern-Symbol . Im folgenden Popup können Pfad für die Dateiablage und Namen der Datei geändert werden (Abb. 3.8).

Abb. 3.7 Spyder – neue Datei anlegen

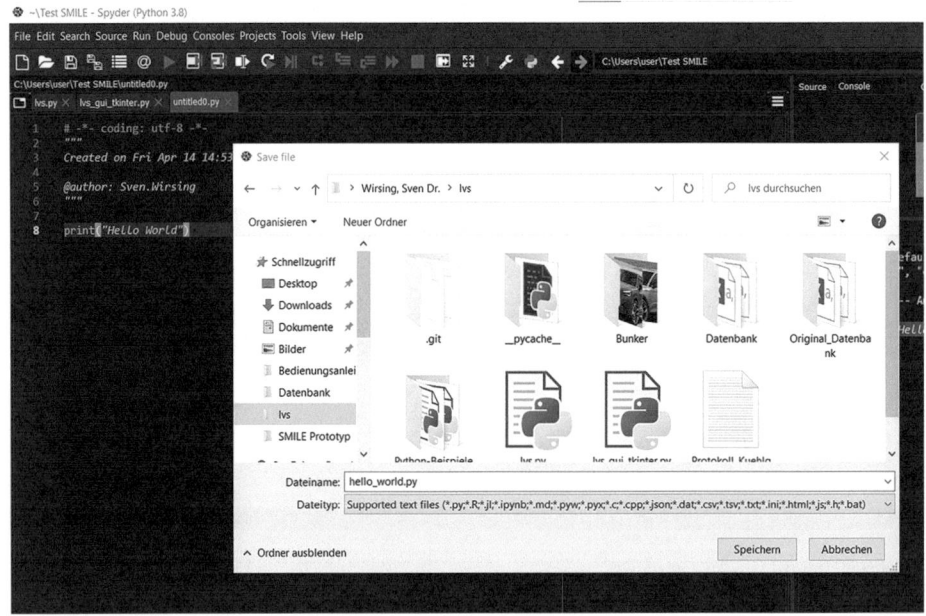

Abb. 3.8 Spyder – neue Datei speichern

Durch `Speichern` wird die Datei abgelegt. Mit dem Symbol ▶ führt man die Python-Datei aus (Abb. 3.9).

Rechts neben dem Datei-Namen ist das Symbol ✕ platziert, um die Datei zu schließen. Erneut öffnen kann man sie durch Verwendung von 📂 (Abb. 3.10).

Mit dem Button `Öffnen` erscheint die Hello-World-Datei im Spyder-Editor.

In gleicher Weise können die Dateien ‚*LVS.PY*' und ‚*LVS_GUI_TKINTER.PY*' geöffnet werden. Erstere – also die ‚*CLI-Version*' des ‚*SMILE-LVS-Prototyps*' – wird in den Kap. 5 und 6 ausführlich erläutert. Das Öffnen der Datei ‚*LVS.PY*' ist in Abschn. 5.1 dargestellt. Das Wort ‚*CLI*' steht für ‚*Command Line Interface*'. Die Be-

3.4 Pakete

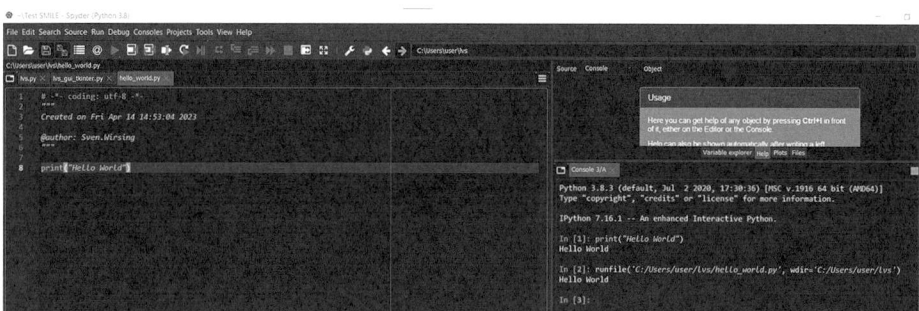

Abb. 3.9 Spyder – neue Datei ausführen

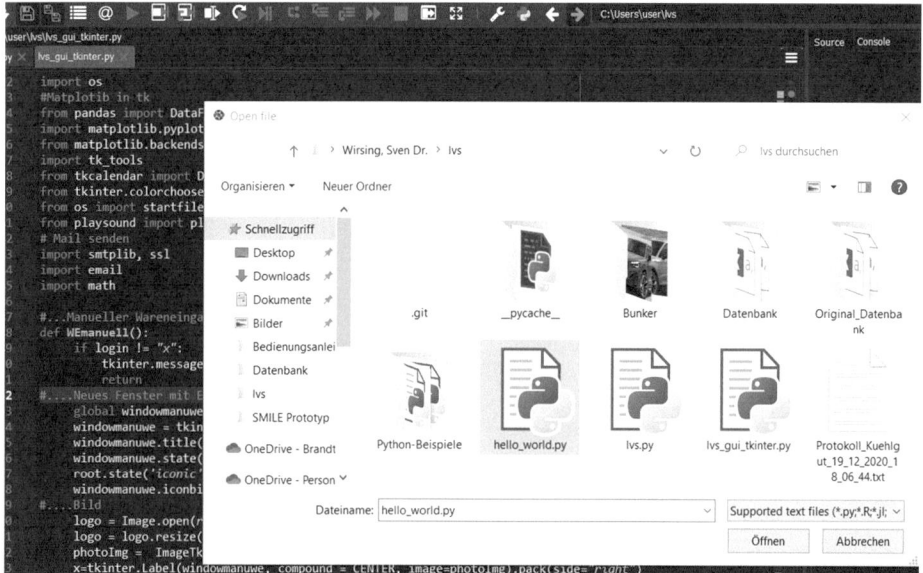

Abb. 3.10 Spyder – gespeicherte Datei öffnen

deutung wurde im Kompaktband erklärt. Durch ein derartiges Interface kommunizieren Programm und Benutzer rein textuell über die Konsole. Dabei wird bei jeder Kommunikation immer nur genau eine Zeile in der Konsole verwendet.

3.4 Pakete

Für einige SMILE-Funktionen ist es notwendig, sog. *‚Python – Pakete'* zu nutzen. Zur Installation ist im Spyder-Editor der Befehl

```
pip install <<Paketname>>
```

zu verwenden. Ein Beispiel ist etwa *‚pip install numpy'* zur Einrichtung des Pakets *‚numpy'*. Anschließend können die Paket-Methoden, wie etwa *‚random'* zur Erzeugung von Zufallszahlen, in einem Python-Programm verwendet werden. Ohne Installation erhält man eine Fehlermeldung (Abb. 3.11).

Eine Installation des Pakets *‚mlpy'* mit

```
pip install mlpy
```

zeigt nach Beendigung an, was genau installiert und ob die Installation erfolgreich durchgeführt worden ist (Abb. 3.12).

```
In [9]: sorted(["%s==%s" % (i.key, i.version) for i in pip.get_installed_distributions()])
Traceback (most recent call last):

  File "<ipython-input-9-8f6eb6d38aeb>", line 1, in <module>
    sorted(["%s==%s" % (i.key, i.version) for i in pip.get_installed_distributions()])

NameError: name 'pip' is not defined

In [10]: import pip

In [11]:
```

Abb. 3.11 pip, Fehlermeldung

```
In [4]: pip install mlpy
Collecting mlpy
  Downloading mlpy-0.1.0.tar.gz (4.4 MB)
Requirement already satisfied: numpy>=1.6.2 in c:\users\user\anaconda3\lib\site-packages (from mlpy)
(1.18.5)
Requirement already satisfied: scipy>=0.11 in c:\users\user\anaconda3\lib\site-packages (from mlpy)
(1.5.0)
Requirement already satisfied: matplotlib in c:\users\user\anaconda3\lib\site-packages (from mlpy)
(3.2.2)
Requirement already satisfied: scikit-learn in c:\users\user\anaconda3\lib\site-packages (from mlpy)
(0.23.1)
Requirement already satisfied: six>=1.9.0 in c:\users\user\anaconda3\lib\site-packages (from mlpy)
(1.15.0)
Requirement already satisfied: python-dateutil>=2.1 in c:\users\user\anaconda3\lib\site-packages (from
matplotlib->mlpy) (2.8.1)
Requirement already satisfied: pyparsing!=2.0.4,!=2.1.2,!=2.1.6,>=2.0.1 in c:\users\user\anaconda3\lib
\site-packages (from matplotlib->mlpy) (2.4.7)
Requirement already satisfied: cycler>=0.10 in c:\users\user\anaconda3\lib\site-packages (from
matplotlib->mlpy) (0.10.0)
Requirement already satisfied: kiwisolver>=1.0.1 in c:\users\user\anaconda3\lib\site-packages (from
```

Abb. 3.12 pip install

3.4 Pakete

Bei erneuter Einrichtung desselben Paketes weist Python auf die bereits durchgeführte Installation hin. Ggfs. werden sog. ‚*Updates*' = neue oder geänderte Funktionalitäten zusätzlich installiert (Abb. 3.13 und 3.14).

Bereits installierte Pakete sind mit dem Befehl

```
pip list
```

anzeigbar (Abb. 3.15):

Während der Implementierung von SMILE mussten folgende Pakete installiert werden:

- pip install numpy
- pip install qrcode
- pip install pillow
- pip install opencv-python
- pip install gTTS
- pip install tk-tools
- pip install tkcalendar
- pip install playsound
- pip install fpdf
- pip install matplotlib.

```
In [4]: pip install numpy
Requirement already satisfied: numpy in c:\users\user\anaconda3\lib\site-packages (1.18.5)
Note: you may need to restart the kernel to use updated packages.
```

Abb. 3.13 pip install, erneut

```
In [7]: pip install matplotlib
Requirement already satisfied: matplotlib in c:\users\user\anaconda3\lib\site-packages (3.2.2)
Requirement already satisfied: kiwisolver>=1.0.1 in c:\users\user\anaconda3\lib\site-packages (from matplotlib) (1.2.0)
Requirement already satisfied: pyparsing!=2.0.4,!=2.1.2,!=2.1.6,>=2.0.1 in c:\users\user\anaconda3\lib\site-packages (from matplotlib) (2.4.7)
Requirement already satisfied: python-dateutil>=2.1 in c:\users\user\anaconda3\lib\site-packages (from matplotlib) (2.8.1)
Requirement already satisfied: numpy>=1.11 in c:\users\user\anaconda3\lib\site-packages (from matplotlib) (1.18.5)
Requirement already satisfied: cycler>=0.10 in c:\users\user\anaconda3\lib\site-packages (from matplotlib) (0.10.0)
Requirement already satisfied: six>=1.5 in c:\users\user\anaconda3\lib\site-packages (from python-dateutil>=2.1->matplotlib) (1.15.0)
Note: you may need to restart the kernel to use updated packages.
```

Abb. 3.14 pip install, erneut II

```
In [8]: pip list
Package                              Version
------------------------------------ -------------------
alabaster                            0.7.12
anaconda-client                      1.7.2
anaconda-navigator                   1.9.12
anaconda-project                     0.8.3
argh                                 0.26.2
asn1crypto                           1.3.0
astroid                              2.4.2
astropy                              4.0.1.post1
atomicwrites                         1.4.0
attrs                                19.3.0
autopep8                             1.5.3
Babel                                2.8.0
backcall                             0.2.0
Note: you may need to restart the kernel to use updated packages.backports.functools-lru-cache
backports.shutil-get-terminal-size   1.0.0
backports.tempfile                   1.0
backports.weakref                    1.0.post1
bcrypt                               3.1.7
beautifulsoup4                       4.9.1
bitarray                             1.4.0
bkcharts                             0.2
bleach                               3.1.5
bokeh                                2.1.1
```

Abb. 3.15 pip list

3.5 Importieren

Um die in Abschn. 4.3 ‚*installierten Pakete*' auch in einem Python-Programm nutzen zu können, müssen die Funktionen und Methoden des Paketes am Anfang eines Python-Programms zusätzlich ‚*importiert*' werden. Das geschieht durch den Befehl

```
from paket import funktion
```

Dabei sind die Worte ‚*paket*' durch das entsprechende Paket und ‚*funktion*' durch die zu verwendende Funktion zu ersetzen. Das gilt ebenso für ‚*Module*', die man in Programmen verwenden möchte. (‚*Pakete*' sind mehrere zusammenhängende Module.) Ein Modul ist ein weiteres Python-Programm, in das man ‚*Code*' (= ‚*Source-Code*' = Anweisungen, die Programmierer in Computer-Programmen schreiben) ausgelagert hat und das in anderen Programmen verwendet werden kann. Importieren in Python-Programmen vollzieht sich beispielhaft durch den Befehl

```
import lvs.py
```

3.5 Importieren

Im Modul *‚random'* gibt es Funktionen wie etwa *‚randint'*, mit denen man Zufallszahlen erzeugen kann. Möchte man nur eine spezielle Funktion – in diesem Beispiel randint – verwenden, ist der Befehl

```
from random import randint
```

zu verwenden. Nach Import kann folgend das zufällige Würfeln mit

```
randint(1,6)
```

im Python-Programm simuliert werden. Möchte man alle Funktionen eines Paketes nutzen, muss das Stern-Zeichen ‚*' benutzt werden. Im Beispiel von *‚random'*

```
from random import *
```

Dasselbe Ergebnis erreicht man mit

```
import random
```

Nun muss man den Aufruf im Python-Programm allerdings mit

```
random.randint(1,6)
```

durchführen. Mit dem Befehl *‚as'* spart man sich ggfs. Schreibarbeit.

```
import random as rd
```

Nun lautet der Aufruf nur noch

```
rd.randint(1,6)
```

Der Sinn von Paketen und Modulen ist es, die Basisinstallation von Python schlank zu halten und notwendige Funktionen später nachzuinstallieren.

3.6 Hauptprogramm

Lässt man alle Unterprogramme (siehe 4.10), Klassen und Methoden (siehe 4.22), Paketimporte (siehe 4.4) und Kommentare (siehe 4.7) eines Python-Programms weg, so ist der entstandene Rumpf das eigentlich Programm. Es wird beim Starten der Python-Datei ausgeführt und ‚*Hauptprogramm*' genannt.

Einen eigenen Abschnitt für ein Hauptprogramm gibt es in Python nicht.

Durch Nutzung der Systemvariablen ‚__*name*__' kann der Abschnitt künstlich erzwungen werden (siehe 4.9.5).

```
if __name__=='__main__':
Anweisung 1
...
Anweisung n
```

Die Systemvariable hat beim direkten Aufruf innerhalb eines Python-Programms den Wert ‚__*main*__'. Das Hauptprogramm sollte sich hinter der logischen Abfrage ‚*if*' befinden.

Natürlich könnte man die Abfrage auch weglassen. Wird aber die Python-Datei in ein anderes Programm per ‚*import*' als Modul inkludiert und aufgerufen, wird der Anweisungsblock ohne die if-Abfrage einfach ausgeführt. Er soll aber nur dann prozessiert werden, wenn die inkludierte Datei selbst als Hauptprogramm aufgerufen wird. Dieser Trick ermöglicht das Verwenden von Funktionen anderer Programme ohne Ausführung der importierten Programme selbst.

3.7 Eingabe und Ausgabe

In diesem Buch wird die CLI-Version –‚*Command Line Interface*' – dokumentiert. Dabei agieren Benutzer und Software über eine ‚*Ausgabe- bzw. Befehlszeile*'. Die Befehle ‚*print*' und ‚*input*' werden zu dieser Interaktion verwendet.

Beim ‚*input-Befehl*' erwartet Python in der Zeile eine Benutzereingabe. Dem User wird dabei der Text in der zugehörigen String-Variablen (auch leer=kein Text) angezeigt.

```
Eingabevariable=input(String)
lieferant=input('Bitte Lieferant eingeben: ')
material=input('Bitte Material eingeben: ')
```

Die Umkehrung dazu ist der Befehl ‚*print*', der dem Benutzer Informationen in der Befehlszeile der Konsole anzeigt. Dabei kann eine Leerzeile, ein Text, der Inhalt einer Variablen und vieles mehr dargestellt werden.

Das folgende Schaubild verdeutlicht das User-Interface (Abb. 3.16).

3.8 Kommentieren

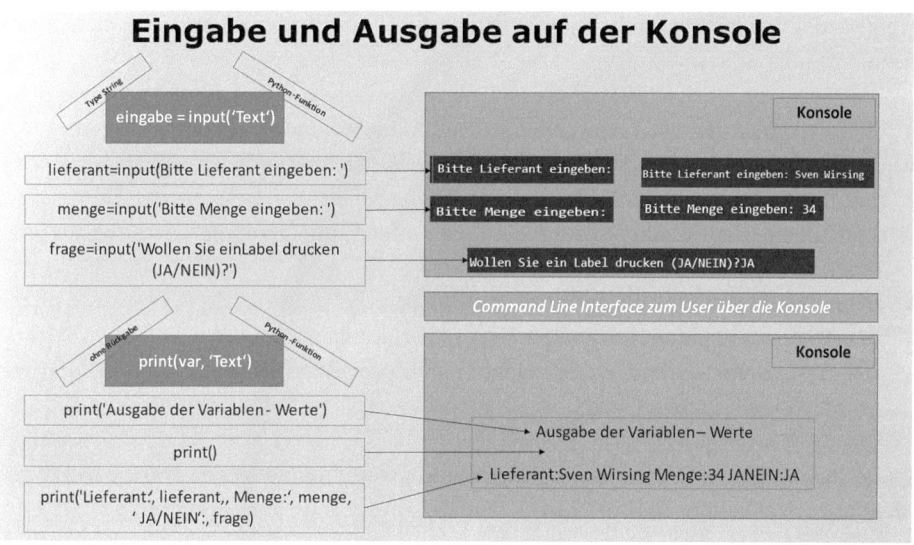

Abb. 3.16 print und input

3.8 Kommentieren

In Python kann mit dem Raute-Symbol „#" kommentiert werden. Das Symbol kann sowohl am Anfang als auch innerhalb einer Programm-Zeile eingesetzt werden. Wird das Programm ausgeführt, werden alle Anweisungen hinter dem Raute-Zeichen derselben Zeile ignoriert. Beispielhaft könnte also wie folgt kommentiert werden:

```
# Anfang des Programms
```

```
print("Preisberechnung aus Wiegeergebnis") # Überschrift der Anwendung
```

```
# print("Preis aus Gewicht") ehemalige Überschrift der Anwendung
```

```
# Aufruf Unterprogramm zur Gewichtsbestimmung.
```

Anhand der Beispiele erkennt man auch den Sinn von Kommentaren. Sie dienen u. a. dazu,

- die zu programmierende Anwendung zu strukturieren und zu planen
- den Code für sich selbst und Dritten besser lesbar zu machen
- im Code zu erklären, warum man etwas wie macht
- das Ziel einer Anwendung zu erklären (zu Anfang im Hauptprogramm und für jedes Unterprogramm)
- zu erklären, warum man eine Variable definiert
- zu erklären, was ein nachfolgender Code-Abschnitt bewirkt
- zum Testen und Auffinden von Fehlern durch geeignetes Auskommentieren von vermeintlich fehlerhaftem Code.

Es ist auch möglich, Kommentare über mehrere Zeilen zu platzieren. Dazu benutzt man drei hochgestellte doppelte Anführungsstriche.

```
"""
Programm zur Berechnung des Preises aus dem Gewicht
Eingabe des gewogenen Materials
Wiegen der Menge
Rückschluss auf seine Menge, da pro Stück des Materials das Gewicht
bekannt ist
Berechnung des Preises, da pro Stück auch der Preis bekannt ist
Ausdruck eines Preisetiketts
"""
```

3.9 Variablen und Zuweisungen

In Abschn. 4.6 ist bereits der Wortlaut ‚*Variable*' (auch Platzhalter, Behälter, Bezeichner, Container etc. genannt) verwendet worden, ohne genauer auf den Begriff einzugehen. Im obigen Kontext wurde folgende Befehlszeile verwendet:

```
Eingabevariable=input(String)
```

Der Ausdruck ‚*Eingabevariable*' ist eine Variable. Ihr wird der Wert des vom Benutzer eingegeben Strings im Rahmen der Anweisung ‚*input*' zugewiesen. Dazu ist es in Python nicht notwendig, die Variable vorher zu definieren und ihr einen ‚*Typ*' zuzuweisen (wie dies in einigen anderen Programmiersprachen der Fall ist). Die Variable bekommt implizit durch Zuweisung einen Typ zugeordnet. Im Beispiel ist es der Typ ‚*str = String*'. Man bezeichnet diese Art der Programmiersprache auch als ‚***deklarations-***

3.9 Variablen und Zuweisungen

frei'. Durch das Zuweisen bindet die Variable den ihr zugewiesenen Typ an sich. Er ist im weiteren Ablauf des Programms durchaus veränderbar.

Der Typ gibt an, welche Art von Variable vorliegt: eine ganze Zahl vom Typ *‚int'*, eine Dezimalzahl oder auch Fließkommazahl vom Typ *‚float'*, eine Zeichenkette vom Typ *‚str'* etc. Auf *‚Datentypen'* und damit verbundenen *‚Datenstrukturen'* wie *‚set, list, tuple, dictionary'* etc. wird in den Abschnitten 4.9 und 4.12 genauer eingegangen.

Bei der Benennung von Variablen gelten Regeln:

- Die Variable sollte möglich selbsterklärend sein. Variablennamen wie *‚x'* sind zwar erlaubt, helfen dem Leser und auch dem Verfasser des Programmcodes oft nicht weiter.
- Als Zeichen sind kleine und große Buchstaben (Es wird hier unterschieden!) sowie die Ziffern *‚0 bis 9'* und das Sonderzeichen *‚_'* erlaubt.
- Es dürfen keine Python-Schlüsselwörter (wie etwa *‚input'*) oder andere in Python reservierte Wörter verwendet werden.
- Das erste Zeichen darf keine Ziffer sein, jedoch ist *‚_'* erlaubt.
- Umlaute werden in den Python-Versionen unterschiedlich gehandhabt. Python 3 erlaubt Umlaute, Python 2 verbietet sie.

Um Variablen in Python nutzen zu können, müssen sie bekannt sein. Dieses Bekanntmachen – auch *‚Initialisieren'* genannt – wird in den meisten Fällen implizit durch Zuweisen von *‚Werten'* durchgeführt. Das Zuweisen kann auch für mehrere Variablen gleichzeitig ausgeführt werden, in dem Kommata verwendet werden:

```
a,b,c=1,1.09,'Test'
```

Im Beispiel werden drei Variablen initialisiert: *‚a'* als Integer vom Wert *‚1'*, *‚b'* als Dezimalzahl vom Wert *‚1.09'* und *‚c'* als Zeichenkette = String vom Wert *‚Test'*.

Wie oben erwähnt, kann dieselbe Variable im zeitlichen Ablauf verschiedene Typen und Werte annehmen. Folgend ein Beispiel:

```
Eingabevariable=input(String)
…
Eingabevariable=9
…
Eingabevariable=9+9 * 13
…
Eingabevariable=6.912
…
Eingabevariable='Sie haben keine Variable eingegeben'
…
```

Die Variable *„Eingabevariable"* ist zunächst vom Typ *„str"* mit Wert des vom Benutzer eingegeben Strings. Sie erhält folgend durch Zuweisung implizit den Typ *„int"* vom Wert *„9"*. Durch die nächste Zuweisung, bei der sogar eine Operation durchgeführt wird (siehe Abschn. 4.11), behält sie den Datentyp *„int"* bei. Allerdings ist ihr Wert jetzt *„126"*. Anschließend ändert sich ihr Typ zu *„float"* mit Wert *„6.912"* und schließlich zu *„str"* mit Wert *„Sie haben keine Variable eingegeben"*.

Um Typen von Variablen zu ermitteln, kann die Anweisung *„type"* verwendet werden (siehe Abschn. 4.9).

Bei sog. *„Operationen"* auf und mit Variablen ist darauf zu achten, dass die Variablen einen für die Durchführung der Operationen geeigneten (und oftmals sogar gleichen) Typ besitzen. Zum Beispiel können die Werte zweier Variablen der Typen *„int"* und *„str"* nicht addiert werden (Abb. 3.17).

Das Variablen-Konzept durchzieht den ganzen SMILE-Prototyp. Variablen werden etwa beim Berechnen arithmetischer Ausdrücke, bei Dateneingaben durch Benutzer, bei Datenselektionen aus CSV-Dateien, bei Überprüfung sinnvoller Datenselektionen, bei Definition von Alphabeten und bei Protokollierungen verwendet.

Im Zusammenhang mit Unterprogrammen (siehe Abschn. 4.10) können ebenfalls Variablen definiert werden. Diese sind auf die Unterprogramme beschränkt und in Hauptprogrammen nicht mehr verwendbar. Sie sind nur *„lokal"* in Unterprogramm vorhanden, wohingegen in Hauptprogrammen definierte Variablen *„global"* nutzbar sind. Lokal definierte Variablen sind nur im lokalen Umfeld gültig und haben keinerlei Auswirkung auf globale Kontexte. Sie können sogar vom Namen her identisch mit global definierten Variablen sein, ohne diese zu ändern. Möchte man umgekehrt global definierte Variablen in Unterprogrammen nutzen, müssen diese mit dem Befehl *„global"* erneut deklariert werden. Dieses Konzept wird erst im *„SMILE-GUI-Prototyp"* verwendet und wird daher

```
In [23]: i = 12

In [24]: b = 'Text'

In [25]: a = i + b
Traceback (most recent call last):

  File "<ipython-input-25-4c4dfea2eabf>", line 1, in <module>
    a = i + b

TypeError: unsupported operand type(s) for +: 'int' and 'str'

In [26]:
```

Abb. 3.17 keine sinnvolle Operation

3.9 Variablen und Zuweisungen

hier nicht weiter durch Beispiele ausgeführt. Man beachte aber, daß möglichst wenig globale Variablen zu verwenden sind. Ihre Verwendung führt oftmals zu Verwirrungen und wird als schlechter Programmierstil angesehen.

Anbei zwei zusammenfassende Schaubilder zu Variablen (Abb. 3.18 und 3.19):

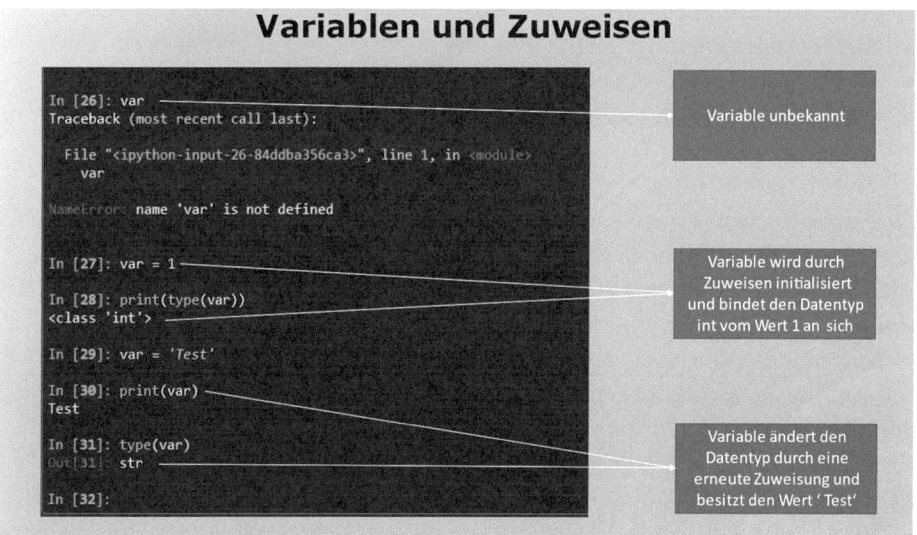

Abb. 3.18 Variablen und Zuweisung

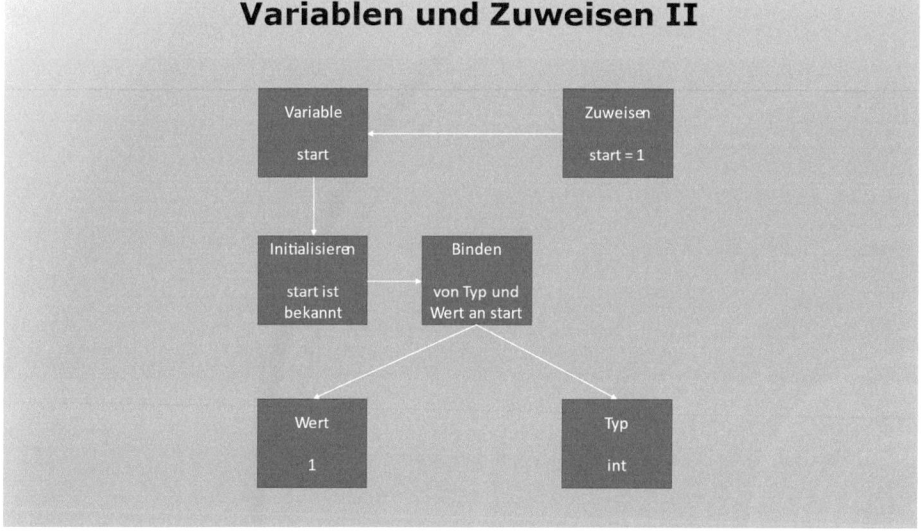

Abb. 3.19 Variablen und Zuweisen II

3.10 Datentypen

In diesem Abschnitt werden ergänzend zu Abschn. 4.8 ‚*Variablentypen*' aufgegriffen. Auf folgende ‚*Datentypen*' wird eingegangen:

- ganze Zahlen vom Typ ‚*int*'
- Dezimalzahlen vom Typ ‚*float*'
- Zeichenketten vom Typ ‚*str*'
- wahr/falsch-Variablen vom Typ ‚*bool*'
- Systemvariablen vom Typ ‚*str*'.

Es existieren noch weitere sog. ‚*einfache Datentypen*', wie etwa der der komplexen Zahlen. Auf diese wird in diesem Werk nicht weiter eingegangen.

‚*Umwandlungsfunktionen*' wandeln Variablentypen um. In SMILE werden ‚*str*', ‚*int*' und ‚*float*' verwendet.

Komplexere Datentypen, auch ‚*Datenstrukturen*' genannt, werden im Abschn. 4.12 erläutert. Zu Ihnen gehören etwa Mengen vom Typ ‚*set*', Listen vom Typ ‚*list*', Tupel vom Typ ‚*tuple*' und ‚*Dictionaries*' vom Typ ‚*dict*'.

In Abschn. 4.8 wurde bereits erläutert, wie Variablentypen mittels Funktion ‚*type*' angezeigt werden können (Abb. 3.20).

Möchte man eine Variable ohne Zuweisung eines Wertes rein typisiert definieren, kann man folgendermaßen mittels Typ-Verwendung vorgehen (Abb. 3.21):

Man erkennt, daß die Variable ‚*i*' vom Typ ‚*type*' ist. Dieses explizite Verfahren wird kaum verwendet. Gängiges Verfahren ist, Variablen durch Wertzuweisungen zu deklarieren und ihnen durch dieses Vorgehen implizit einen Typ zuzuordnen.

```
In [6]: i = 1
In [7]: j = 1.0
In [8]: k = 'Test'
In [9]: l = True
In [10]: print(type(i), type(j), type(k), type(l), type(__name__))
<class 'int'> <class 'float'> <class 'str'> <class 'bool'> <class 'str'>
```

Abb. 3.20 Datentype mit type

3.10 Datentypen

```
In [11]: i = int

In [12]: j = float

In [13]: k = bool

In [14]: l = str

In [15]: print(i,j,k,l)
<class 'int'> <class 'float'> <class 'bool'> <class 'str'>

In [16]: print(type(i))
<class 'type'>
```

Abb. 3.21 Variablen ohne Zuweisung

3.10.1 Integer

Der Datentyp ‚*int*' ist für ganze Zahlen reserviert. Variablen sind von diesem Datentyp, wenn ihnen negative oder positive ganze Zahlen oder die Null zugewiesen werden. Mit ganzen Zahlen können diverse ‚*Operationen*' durchgeführt werden, die in 4.11 dargestellt sind.

Anbei zwei Beispiele aus SMILE:

```
...
i=0
fehlercode=0
while i<anzfehl:
  fehler=np.random.randint(1,19,1)
  fehlercode=fehlercode+(2**fehler[0])
  i=i+1
...
```

Im ersten Beispiel wird die Variable ‚*i*' mit dem Wert ‚*0*' initialisiert, ebenso die Variable ‚*fehlercode*'. In der while-Schleife wird die Bedingung geprüft, ob der Wert der Variablen ‚*i*' kleiner als der einer hier nicht aufgeführten Variablen ‚*anzfehl*' ist. In dem while-Anweisungsblock wird die int-Variable ‚*fehler*' über Zufallszahlen ermittelt und die int-Variable ‚*fehlercode*' berechnet. Die int-Variable ‚*i*' wird nach jedem Schleifendurchlauf wertmäßig um Eins erhöht, so daß nach einer gewissen Anzahl ‚*anzfehl*' von Durchläufen die Schleifenbedingung ‚*i < anzahl*' fehlerhaft ist und die Schleife beendet wird.

Das zweite Beispiel:

```
...
frei=0
if row3['Kapazitaet']=='unbegrenzt':
 frei=highvalue
else:
 frei=int(row3['Kapazitaet'])-int(row3['aktAnzahl'])
...
```

Die int-Variable *frei* wird mit dem Wert *0* initialisiert. Ist eine gewisse Bedingung erfüllt (nämlich daß ein Lagerplatz unbegrenzte Kapazität besitzt), wird *frei* auf einen hohen Wert gesetzt. Ansonsten wird *frei* als Differenz der Platz-Kapazität und der auf dem Platz vorhandenen Gebinde-Anzahl berechnet. Die Variable *frei* gibt somit die Restkapazität des Lagerplatzes an.

Es gibt keine Größenbeschränkung für int-Variablen. Jedoch können zu große Zahlenberechnungen zu Laufzeitproblemen oder sogar zu Programm-Abstürzen führen.

3.10.2 Float

Dezimalzahlen können in Python durch den Typ *float* abgebildet werden. Sie werden bei der Wertzuweisung zu einer Variablen durch einen Punkt identifiziert:

```
dezimal=1.90
```

Auch mit Dezimalzahlen können Rechenoperationen durchgeführt werden, die in Abschn. 4.11 dargestellt sind. In SMILE werden sie etwa bei Temperaturvergleichen verwendet:

```
elif float(row6['Temperatur']) < float(row4['vonTemp']):
```

Auch für Dezimalzahlen gibt es keine Größenbeschränkungen.

3.10.3 Bool

Variablen vom Datentyp *bool* (für *boolesch*) nehmen nur zwei Werte an: *True* oder *False* für wahr oder falsch bzw. für 1 oder 0. Boolesche Variablen finden oft Ver-

3.10 Datentypen

wendung dafür, einen Zustand eines Objektes anzuzeigen. Aus diesem Grund werden sie auch bei while-Schleifen sowie bei if-Operatoren zur Analyse von Eintrittsbedingungen verwendet (siehe 4.11.2 und 4.13.1).

Tatsächlich haben auch *‚Anweisungen'* einen Wahrheitswert und sind vom Typ *‚bool'*. Das zeigt folgendes Beispiel (Abb. 3.22):

‚Wahrheitswerte' von Anweisungen können folglich mit der Funktion *‚bool'* ermittelt werden.

Anbei einige Beispiele aus dem SMILE-Prototyp zur Verwendung *‚boolescher Ausdrücke'*:

```
...
if initial==0:
  print()
  print('Fehler: Material unbekannt')
  return 'FEHLER'
...
```

Es wird implizit die Bedingung *‚initial = = 0'* ausgewertet. Nur wenn diese vom Wert *‚True'* ist, wird der eingerückte Anweisungsblock durchlaufen.

Anbei ein zweites Beispiel:

```
while i<anzfehl:
  fehler=np.random.randint(1,19,1)
  fehlercode=fehlercode+(2**fehler[0])
  print(fehlercode)
  i=i+1
```

Für die while-Schleife wird die Schleifenbedingung ausgewertet. Nur wenn der Ausdruck *‚i < anzfehl'* den booleschen Wert *‚True'* besitzt, wird der while-Anweisungsblock durchlaufen.

Im nächsten Beispiel wird eine Sortierung rückwärts prozessiert:

```
sliste=sorted(liste, key=itemgetter(1), reverse=True)
```

Abb. 3.22 bool-Operator

```
In [1]: print(type(1<2))
<class 'bool'>

In [2]: print(bool(1<2))
True
```

Im Sortieraufruf wird der Parameter *‚reverse'* auf *‚True'* gesetzt.

Im letzten Beispiel wird der Operator *‚in'* im Mengenumfeld ausgewertet:

```
for s in split:
 element=s in einzahl
 if element==False:
  return 'Fehler: Splitalphabet verletzt', erp
```

Die Variable *‚split'* wird dahingehend überprüft, ob alle ihre Komponenten in der Menge *‚einzahl'* enthalten sind. Ist das Enthaltensein nur für eine Komponente nicht der Fall – *‚if element = = False'* –, erfolgt ein Abbruch.

3.10.4 Strings

Mithilfe des Datentyps *‚str'* kann man in Python sog. *‚Strings'* oder auch *‚Zeichenketten'* abbilden. Mathematisch sind Strings mit Worten eines freien Monoids über einem Alphabet abbildbar, was im Mathematik-Teil des Kompaktbands erläutert worden ist.

Eine Variable wird zum String, wenn man ihr eine Zeichenkette zuweist, wie etwa die leere

```
leerer_string=''
```

oder einen beliebigen Text in einfachen, doppelten oder dreimal doppelten Hochkommata.

```
string='Das ist ein Test.'
string2="Das ist ein zweiter String."
String3=" " " Hier ist ein String, der sich über
mehrere Zeilen hin erstreckt und in dreifach doppelten
Hochkommata eingebettet ist. " " "
```

Strings können als Ergebnis von *‚Methoden'* und *‚Funktionen'* entstehen, wenn sie in diesem Kontext als *‚Rückgabewerte'* definiert werden. Eine derartige Funktion ist etwa die String-Umwandlungsfunktion *‚str()'*, die aus dem Eingabewert einen String produziert. Sie wird in Abschn. 4.9.6 erläutert.

Die Ähnlichkeit zu mathematischen Worten zeigt sich im Zugriff auf *‚Buchstaben = Komponenten'* eines Strings. Der Zugriff vollzieht sich durch den Befehl

3.10 Datentypen

```
string2[i]
```

Dabei sind die Komponenten von links nach rechts bei Null startend nummeriert. Das folgende Beispiel auf der Konsole zeigt jene Nummerierung, wobei der String und seine erste Komponente per Anweisung „*print*" ausgegeben werden (Abb. 3.23).

Ist die Komponente nicht definiert, gibt es einen Abbruch mittels „*Ausnahme*" namens „*IndexError*" (Abb. 3.24).

Komponenten von Strings können nicht geändert werden (Abb. 3.25).

Wie viele String-Komponenten gibt es? Die Antwort ist: bis zur „*Länge*" des Strings, die durch die Längenfunktion „*len(string)*" ermittelt werden kann (Abb. 3.26).

Die letzte Komponente eines Strings ist demnach

```
string2[len(string2)-1]
```

da die Nummerierung bei Null beginnt!

Über Strings kann iteriert werden, indem die Komponenten von links nach rechts mit einer sog „*for-Schleife*" durchlaufen werden. Dieses Verfahren wird in Abschn. 4.13.2 erläutert.

```
In [9]: string = 'Das ist ein zweiter String.'

In [10]: print(string)
Das ist ein zweiter String.

In [11]: print(string[1])
a
```

Abb. 3.23 String-Komponenten

```
In [13]: print(string[100])
Traceback (most recent call last):

  File "<ipython-input-13-1117aa90ade8>", line 1, in <module>
    print(string[100])

IndexError: string index out of range
```

Abb. 3.24 String-Ausnahme

```
In [40]: string = 'TEST'

In [41]: string[3] = 'z'
Traceback (most recent call last):

  File "<ipython-input-41-d469a5ffbfe8>", line 1, in <module>
    string[3] = 'z'

TypeError: 'str' object does not support item assignment
```

Abb. 3.25 String-Unveränderlichkeit

```
In [14]: len(string)
Out[14]: 27

In [15]: print(string[27)]
  File "<ipython-input-15-1bdf1bc03da1>", line 1
    print(string[27)]
                   ^
SyntaxError: closing parenthesis ')' does not match opening parenthesis '['

In [16]: print(string[27])
Traceback (most recent call last):

  File "<ipython-input-16-50311d72e30f>", line 1, in <module>
    print(string[27])

IndexError: string index out of range

In [17]: print(string[26])
.
```

Abb. 3.26 String-Länge

Es gibt eine Vielzahl von Methoden und Funktionen, mit denen man Strings bearbeiten kann. Einige davon werden nun vorgestellt, da sie im SMILE-Prototyp relevant sind.

Beim ‚*Verketten = Konkatenation*' (vgl. de mathematische Konkatenation von Worten im SMILE-Kompaktband) werden zwei Strings mit dem Zeichen ‚+' ohne Trennzeichen aneinandergereiht. Durch diesen Vorgang entsteht ein neuer String (Abb. 3.27).

Möchte man einen String ‚Vervielfachen', so muss man das iterierte ‚+' anwenden. Naheliegend ist, hierfür abkürzend das ‚*Potenzieren*' von Strings mit Zahlen zu definieren (Abb. 3.28).

3.10 Datentypen

Abb. 3.27 String-Konkatenation

```
In [19]: print(string + 'Test')
Das ist ein zweiter String.Test
```

Abb. 3.28 String-Potenzieren

```
In [42]: str = 'TEST'

In [43]: print(str * 5)
TESTTESTTESTTESTTEST
```

Die Umkehrung zum Verketten ist das ‚*Splitten*' eines Strings. Es wird durch die Methode

```
string2.split(Zeichen)
```

realisiert. Im Beispiel wird ein String beim Punkt-Zeichen ‚.' gesplittet (Abb. 3.29).

Durch das Potenzieren entsteht kein String, sondern eine sog. Liste, die in Abschn. 4.12.2 genauer erläutert wird. Ihre erste Komponente ist der ‚*String*' bestehend aus der Zeichenkette links des Split-Zeichens ‚.', die zweite entsprechend rechts von ‚.'. Taucht das Split-Kennzeichen mehrmals auf, wird mehrfach gesplittet (Abb. 3.30).

Mit dem Operator ‚*in*' (oder auch ‚*not in*') kann überprüft werden, ob einzelne Buchstaben oder Teilworte in einem String enthalten sind. Das Ergebnis ist boolesch (Abb. 3.31).

Mit dem bisherigen Konzept kann man Strings spiegeln. Eine Funktion oder Methode gibt es in Python derzeit zu diesem Zweck nicht. Das Spiegeln ist in nächster Abbildung codiert (Abb. 3.32).

Beim sog. ‚*Slicing*' von Strings schält man Teilworte aus Strings heraus.

Abb. 3.29 String-Splitten

```
In [19]: print(string + 'Test')
Das ist ein zweiter String.Test

In [20]: string2 = string + 'Test'

In [21]: var = string2.split('.')

In [22]: print(var)
['Das ist ein zweiter String', 'Test']
```

Abb. 3.30 String-Split II

```
In [23]: string = 'a;345;1234;12'

In [24]: var = string.split(';')

In [25]: print(var)
['a', '345', '1234', '12']
```

Abb. 3.31 String – Teilwortprüfung

```
In [44]: test = 'a' in str

In [45]: print(test)
False

In [46]: test2 = 'T' in str

In [47]: print(test2)
True

In [48]: test3 = 'TE' in str

In [49]: print(test3)
True
```

```
In [66]: string = 'Tischtennis'

In [67]: reversed_string = ''

In [68]: for c in string: reversed_string = c + reversed_string

In [69]: print(reversed_string)
sinnethcsiT
```

Abb. 3.32 String-Umkehrung

```
String[Start-Index:Stop-Index:Schrittweite]
```

Dabei gelten folgende Regeln:

- Der *„Start-Index"* ist eine ganze Zahl zwischen Null und *„Länge – 1"*, wobei die Angabe optional ist und ein *„Defaultwert"* (= intern gesetzter Wert) von Null vorbelegt ist.

3.10 Datentypen

- Der *Stop-Index* beschreibt, bei welchem Index das Herausschälen endet. Er ist ein Mussfeld. Der Buchstabe des Strings zum Stop-Index wird beim Schälen nicht mit einbezogen.
- Die *Schrittweite* besagt, wie vom Start- zum Stop-Index prozessiert werden soll. Er ist optional einzugeben und ist mit ‚1' vorbelegt. Schrittweiten können auch negativ sein.

Beispielhaft folgende Slicings = Schälungen (Abb. 3.33 und 3.34):

Strings können mittels Slicing-Technik und negativer Schrittweite gespiegelt werden (Abb. 3.35).

Als letzte String-Modifikation wird der Befehl ‚*rstrip*' vorgestellt.

```
String.rstrip(Zeichenkette)
```

Die Angabe der Zeichenkette ist optional, der Defaultwert ist das Leerzeichen. Es werden vom String von rechts beginnend alle Zeichen aus der vorgegebenen Zeichenkette entfernt. Das Entfernen wird so lange durchgeführt, bis ein Zeichen außerhalb

Abb. 3.33 String-Slicing I

```
In [70]: string = '0123456789'

In [71]: print(string[0:4])
0123

In [72]: print(string[:4])
0123

In [73]: print(string[4:])
456789

In [74]: print(string[0:-2])
01234567
```

Abb. 3.34 String-Slicing II

```
In [80]: print(string[0:6:2])
024
```

Abb. 3.35 String-Slicing III

```
In [78]: string='0123456789'

In [79]: print(string[::-1])
9876543210
```

der Zeichenkette im String vorkommt. Folgende Beispiele illustrieren dieses Verhalten (Abb. 3.36 und 3.37):

3.10.5 Variable __name__

In der Einleitung zu Datentypen ist bereits der Typ der Variablen ‚__name__' als str identifiziert worden. Was nützt diese Variable? Das Hauptprogramm von SMILE in ‚*lvs.py*' prüft, ob der Wert von ‚__name__' genau ‚__main__' ist (Abb. 3.38).

Abb. 3.36 String-rstrip I

```
In [86]: string = 'Tischtennis'
In [87]: print(string.rstrip('ni'))
Tischtennis
In [88]: print(string.rstrip('i'))
Tischtennis
In [89]: print(string.rstrip('nis'))
Tischte
In [90]: print(string.rstrip(' '))
Tischtennis
```

Abb. 3.37 String-rstrip II

```
In [91]: test = 'TESTTETETE'
In [92]: print(test.rstrip('TE'))
TES
In [93]: test2 = 'TESTETE'
In [94]: print(test2.rstrip('TE'))
TES
In [95]: print(test2.rstrip('TES'))
```

```
1450    #----------------------------------------
1451    #eigentlicher Aufruf des LVS-Prototyps
1452
1453    db = Datenbank()
1454
1455
1456    if __name__ == '__main__':
1457        init()
1458        mainloop()
1459
1460    #----------------------------------------
```

Abb. 3.38 Systemvariablen __name__

3.10 Datentypen

Das bedeutet, dass in diesem Fall ‚*lvs.py*' als Hauptprogramm ausgeführt wird.

Übliche Programmiervorgehensweise ist es, Code in Module auszulagern und es wiederzuverwenden. Im GUI-SMILE-Prototypen wird ‚*lvs.py*' als Modul importiert.

```
import lvs
```

Allerdings ist in diesem Kontext nun ‚*lvs_gui_tkinter.py*' das Hauptprogramm, und es soll die GUI-Version und nicht der ‚*mainloop*' der CLI-Version aufgerufen werden. Das würde aber geschehen, wenn man die Variable ‚__name__' nicht abfragt. Das folgende Experiment zeigt dieses Verhalten (Abb. 3.39):

In ‚*lvs.py*' ist beim Aufruf aus ‚*lvs_gui_tkinter.py*' heraus die Variable ‚__name__' vom Wert ‚*lvs.py*' und nicht ‚__main__'. Jener Wert ‚__main__' ist der von ‚__name__' in ‚*lvs_gui_tkinter.py*'.

3.10.6 Variable __file__

Eine weitere technische Python-Variable ist ‚__file__'. Sie ist vom Typ ‚*str*' und gibt den Namen des aktuellen Python-Programms inkl. seines Pfades an (in diesem Kontext: ‚*os.py*', die auch zum Download bereitsteht) (Abb. 3.40 und 3.41).

In SMILE wird die Variable innerhalb der eigenen Klasse ‚*Datenbank*' bei beiden Methoden genutzt (Abb. 3.42).

3.10.7 Umwandlungsfunktionen

‚*Umwandlungsfunktionen*' wandeln Werte von Variablen in andere Datentypen um. In SMILE werden in diesem Zusammenhang die Funktionen ‚*int()*', ‚*float()*' und ‚*str()*' verwendet.

Abb. 3.39 lvs.py ohne __name__

Abb. 3.40 Variable __file__

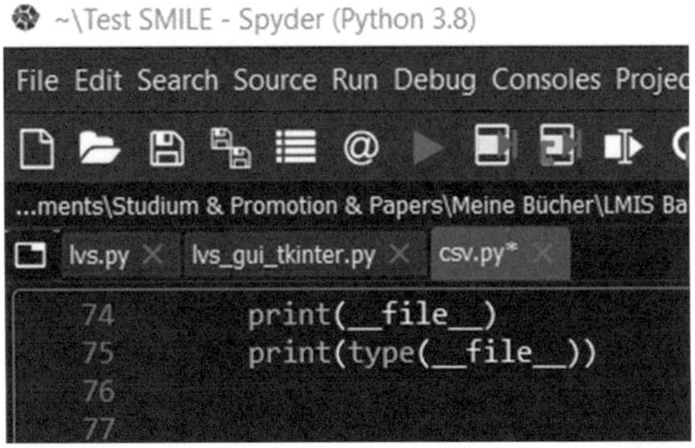


```
In [24]: runfile('C:/Users/user/Documents/Studium & Promotion & Papers/Meine Bücher/LMIS
Band I/technische Doku SMILE-CLI-Version/csv.py', wdir='C:/Users/user/Documents/Studium
& Promotion & Papers/Meine Bücher/LMIS Band I/technische Doku SMILE-CLI-Version')
C:\Users\user\Documents\Studium & Promotion & Papers\Meine Bücher\LMIS Band I\technische
Doku SMILE-CLI-Version\csv.py
<class 'str'>
```

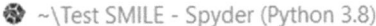

Abb. 3.41 Ausgabe Variable __file__

```
def laden(self):
    file_path = os.path.dirname(os.path.realpath("__file__"))
    folder = os.path.join(file_path,"Datenbank")
    if not os.path.isdir(folder):
        raise ValueError("Directory " + folder + " does not exist")

    all_files = [f for f in os.listdir(folder) if os.path.isfile(os.path.join(folder, f))]
    #Get all files in the current directory
    for file in all_files:
        #load csv
        name = file[:-4]
        current = Table()
        current.load(name,folder)
        self[name] = current
```

Abb. 3.42 Variable __file__in SMILE

Die String-Umwandlung ***‚str()'*** ändert den Wert einer Variablen und damit auch ihren Typ in einen String ab. Mit diesen modifizierten Variablen können in der Folge String-Operationen oder auch Variablen-Zuweisungen durchgeführt werden. Anbei einige Beispiel aus SMILE:

3.10 Datentypen

```
...
protokoll.append("Material: "+str(row['Material']))
...
row3['aktAnzahl']=str(stand3)
...
pdf.cell(100, 10, txt="Transport: "+str(nummer), ln=1)
...
```

Ähnlich ändert die Dezimalzahl-Umwandlung ‚*float()*' den Typ einer Variablen in ‚*float*' um. Anbei ein Beispiel aus SMILE, in dem nach der Umwandlung ein Vergleich durchgeführt wird:

```
...
if row6['Temperatur']=="ungeprüft":
 print("Platz nicht temperiert. Gebinde "+row2['Nummer']+"
 bitte umlagern oder verschrotten.")
elif float(row6['Temperatur']) < float(row4['vonTemp']):
 print('Temperatur-Untergrenze verletzt. Gebinde umlagern
 mit PLATZ oder EINLAG.')
elif float(row6['Temperatur']) > float(row4['bisTemp']):
 print('Temperatur-Obergrenze verletzt.
 Gebinde umlagern mit PLATZ oder EINLAG.')
else:
 print('Alles okay. Gebinde stehen lassen.')
...
```

Auch Umwandlungen in ganze Zahlen mittels ‚*int()*' arbeiten nach diesem Muster:

```
...
for row in toSelect1:
 nummer=int(row['Stand'])
 nummer=nummer+1
...
vonTemp=row2['vonTemp'])
bisTemp=int(row2['bisTemp'])
for row3 in toSelect3:
   if kuel=='JA':
     temp=int(row3['Temperatur'])
     if temp < vonTemp or temp > bisTemp:
...
frei=int(row3['Kapazitaet'])-int(row3['aktAnzahl'])
...
```

Auch in diesem Kontext werden nach Umwandlung vergleichende Rechnungen durchgeführt. Würde man die Umwandlungen nicht durchführen, gibt es ‚*Dumps = Programmabbrüche*', da Rechnungen zwischen unterschiedlichen Datentypen nicht erlaubt sind.

3.11 Unterprogramme/Funktionen

3.11.1 Hintergrund

In ‚*Hauptprogrammen*' können sog. ‚*Unterprogramme = Funktionen*' verwendet werden. Sie dienen zur Strukturierung und Lesbarkeit von Python-Programmen sowie zur Wiederverwendung von Code. Dadurch bleiben Programme schlank, der Programmierstil ist nachhaltig.

3.11.2 Definition

Zur Definition von Unterprogrammen mag das folgende Schaubild hilfreich sein (Abb. 3.43).

Zur ‚*Deklaration = Definition*' von Unterprogrammen werden das ‚*Schlüsselwort def*' gefolgt von einem frei wählbaren Funktionsnamen sowie in Klammern definierte ‚*Eingabeparameter*' verwendet. Auch eine ‚*Vorbelegung = Default*' von Eingabepara-

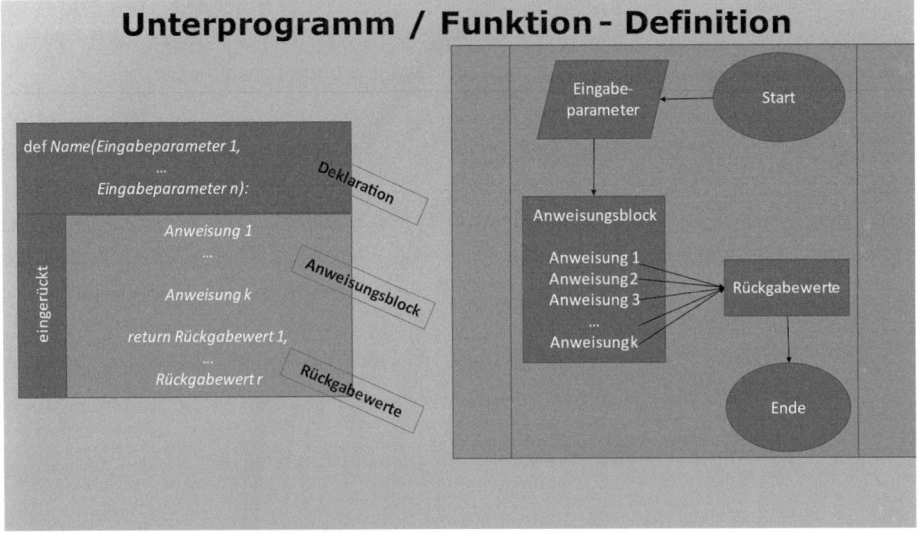

Abb. 3.43 Unterprogramm – Definition

metern ist möglich, falls sie bei späteren Aufrufen=Verwendungen nicht explizit übergeben werden. Hinter der abschließenden Klammer ist ein Doppelpunkt zum Beenden der Definition zu setzen.

Der ‚*Anweisungsblock*' beinhaltet den Code, der vom Unterprogramm durchlaufen wird.

Mit dem Schlüsselwort ‚*return*' werden Unterprogramme beendet. Dabei können kein, eine oder mehrere ‚*Rückgabewerte*' von Unterprogrammen an aufrufende Programme zurückgegeben werden. Dieses Vorgehen wird unten genauer ausgeführt.

In der Literatur werden Unterprogramme mit mathematischen Funktionen in mehreren Variablen verglichen:
$$x_1,\ldots,x_n \to f(x_1,\ldots,x_n)$$

Dabei sind die Variablen die Eingabeparameter und die Funktionswerte das Tupel der Rückgabewerte. Dieser Vergleich ist anschaulich sinnvoll, mathematisch ist er jedoch nicht korrekt. Man betrachte etwa das Unterprogramm, das als Eingabeparameter nur eine natürliche Zahl ‚*n*' besitzt. Auf Basis dieser Zahl werden ‚*n*' Zufallszahlen ermittelt und von der Funktion ‚*retourniert*'=zurückgegeben. Ein Aufruf der Funktion mit dergleichen Zahl ‚*n*' kann gänzlich andere Zufallszahlen als Ergebnis besitzen. Das ist bei einer mathematschen Funktion verboten. Zu einer Variablen ‚*x*' aus dem Definitionsbereich der Funktion ist der Funktionswert ‚*f(x)*' eindeutig bestimmt! Insofern ist ein Unterprogramm zwar mathematisch eine Relation, aber nicht immer eine Funktion. In der Informatik spricht man von ‚*determinierten Algorithmen*', wenn bei jeder Ausführung für gleiche ‚Eingabewerte' identische ‚*Ausgabewerte*' ermittelt werden. Als Unterprogramm implementierte determinierte Algorithmen sind mathematisch Funktionen. Das Beispiel der Zufallszahlen führt auf den Begriff der sog. ‚*randomisierten Algorithmen*'.

3.11.3 Aufruf

Nachdem ein Unterprogramm ‚*name*' mit ‚*n*' Eingabeparametern definiert worden ist, kann dieses in anderen Unterprogrammen, in Hauptprogrammen, in Methoden etc. aufgerufen werden. Dazu wird der Befehl

```
name(erster Wert,…,n-ter Wert)
```

verwendet. In vielen Kontexten sollen Rückgabewerte von Unterprogrammen weiterverwendet werden. Aus diesem Grund werden sie wie folgt in Variablen übergeben:

```
erste Variable, …, r-te Variable=name(erster Wert,…,n-ter Wert)
```

Das folgende Beispiel verdeutlicht das Programmieren von Unterprogrammen (Abb. 3.44).

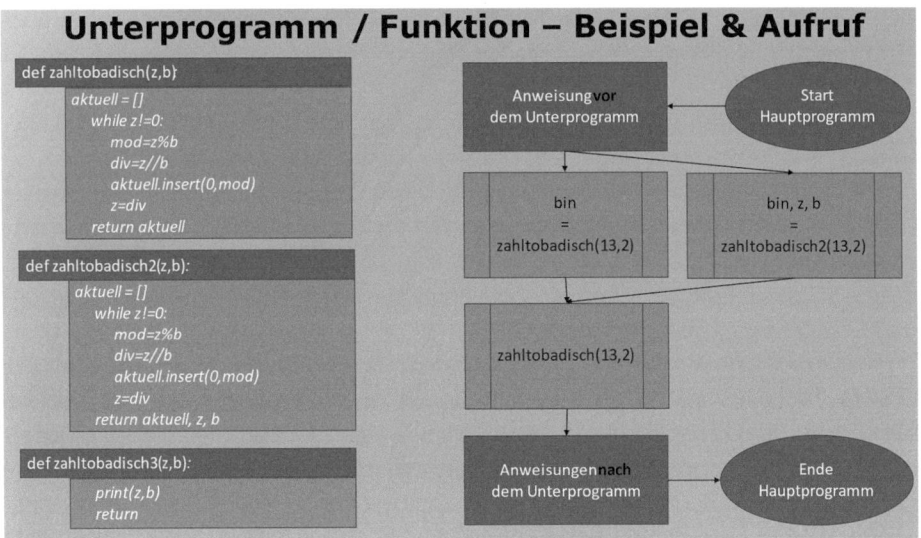

Abb. 3.44 Unterprogramm: Beispiele & Aufruf

3.12 Logische Ausdrücke und Operatoren

3.12.1 einfache logische Ausdrücke und 2-stellige Operatoren

Python besitzt einige ‚*Operatoren*', die in verschiedene Bereiche eingeordnet werden:

- ‚*arithmetische*',
- ‚*vergleichende*',
- ‚*logische*',
- ‚*zugehörende*' und
- ‚*zuweisende*'.

‚*Arithmetische*' Operatoren setzt man vorwiegend zum Rechnen ein. In SMILE werden sie etwa bei Berechnungen zu b-adischen Darstellungen verwendet.

```
def zahltobadisch(z,b):
 aktuell=[]
 while z!=0: # -> Ungleich-Operator
  mod=z%b # -> Reste-Operator
  div=z//b # -> Divisor-Operator
  aktuell.insert(0,mod)
  z=div
   return aktuell
```

3.12 Logische Ausdrücke und Operatoren

Vergleichende, *logische* und *zugehörende* Operatoren stehen im Zusammenhang zum logischen *,if'*- und *,while'*-Ausdrücken. Prüfung von Chargen,

```
test=c in alphabet
if test==False:
   …
if split=='00' and split00=='JA':
   …
```

Temperaturen,

```
elif float(row6['Temperatur']) < float(row4['vonTemp']):
   …
```

Lagerplätzen

```
if not(row['Platz']=='I_PUNKT' or
row['Platz']=='TRANSPORT_I_PUNKT'):
   …
```

sowie Auswertung des Menüs

```
while answer!='ENDE':
   …
```

sind Beispiele in SMILE. Folgende Tabelle listet häufig verwendete *,Python-Operatoren'* auf (Abb. 3.45).

In folgender Tabelle werden einige Operatoren aus Python mit ihrem mathematschen Pendent verglichen (Abb. 3.46).

3.12.2 Der if – elif – else – Operator

Um in Python-Programmen *,Bedingungen'* abzufragen und *,Verzeigungen'* einzubauen, kann der *,if – elif – else – Operator'* verwendet werden. Das folgende Schaubild zeigt seine Definition und seinen Ablauf im Detail (Abb. 3.47).

Hinter dem Schlüsselwort *,if'* folgt eine logische Eintrittsbedingung (siehe z. B. 4.11.1). Ist sie erfüllt, wird der eingerückte *,Anweisungsblock'* durchlaufen, danach der Operator beendet. Ist die Eintrittsbedingung vom logischen Wert *,False'*, wird die

Operator	Name	Verwendung	Variablenwert	Klassifizierung
+	Addition	x + y	Summe	arithmetisch
-	Subtraktion	x - y	Differenz	
*	Multiplikation	x * y	Produkt	
/	Division	x / y	Bruch	
%	Rest beim Teilen mit Rest	x % y	Rest	
**	Potenzieren	x ** y	Potenz	
//	Divisor beim Teilen mit Rest	x // y	Divisor	
== is	Gleichheit	x == y x is y	TRUE, wenn x = y FALSE, sonst	vergleichend
!= is not	Ungleichheit	x != y x is not y	FALSE, wenn x = y TRUE, sonst	
>	größer als	x > y	TRUE, wenn x > y FALSE, sonst	
<	kleiner als	x < y	TRUE, wenn x < y FALSE, sonst	
>=	größer gleich	x >= y	TRUE, wenn x >= y FALSE, sonst	
<=	kleiner gleich	x <= y	TRUE, wenn x <= y FALSE, sonst	
and	und	A and B	TRUE, wenn A und B TRUE sind FALSE, sonst	logisch
or |	oder	A or B A | B	TRUE, wenn A oder B TRUE sind FALSE, sonst	
not	nicht	Not A	TRUE, wenn A FALSE ist	

Abb. 3.45 Python-Operatoren

3.12 Logische Ausdrücke und Operatoren

xor ^	xor	A XOR B A ^ B	FALSE, sonst TRUE, wenn ((A TRUE und B FALSE ist) oder (A FALSE und B TRUE ist)) FALSE, sonst	
in	gehört zu	x in OBJ	TRUE, wenn x zum Objekt OBJ gehört, FALSE, sonst	
not in	gehört nicht zu	X not in OBJ	TRUE, wenn x nicht zum Objekt OBJ gehört, FALSE, sonst	zugehörend

Abb. 3.45 (Fortsetzung)

Mathematik sprachlich	Mathematik Symbol	Python sprachlich	Python Operator/Schleife
nicht	¬	Nicht	Not
Und	∧	Und	And
Oder	∨	Oder	Or
Wenn, dann	→	Ähnlichkeiten zu: Wenn Aussage wahr, dann Anweisung	If-Schleife: If Aussage=True: Anweisungen Elif Aussage = True: Anweisungen Else: Anweisungen
Genau dann, wenn	↔	N/A	N/A
Für alle	∀	Für alle	For-Schleife For x in Sequenz: Anweisungen
Es existiert	∃	N/A	N/A
Gleichheit	=	Ist gleich	==
Ungleichheit	≠	Ist nicht gleich	!=

Abb. 3.46 Operatoren und Mathematik

nächste elif-Bedingung untersucht, falls sie existiert. Ihr Anweisungsblock wird nur dann durchlaufen, wenn seine Eintrittsbedingung vom Wert ,*True*' ist. Auf diese Weise arbeitet der Operator alle elif-Bedingungen ab. Ist keine der if- und elif-Bedingungen erfüllt, wird der else-Zweig durchlaufen, wenn er existiert. Sowohl die Verwendung der

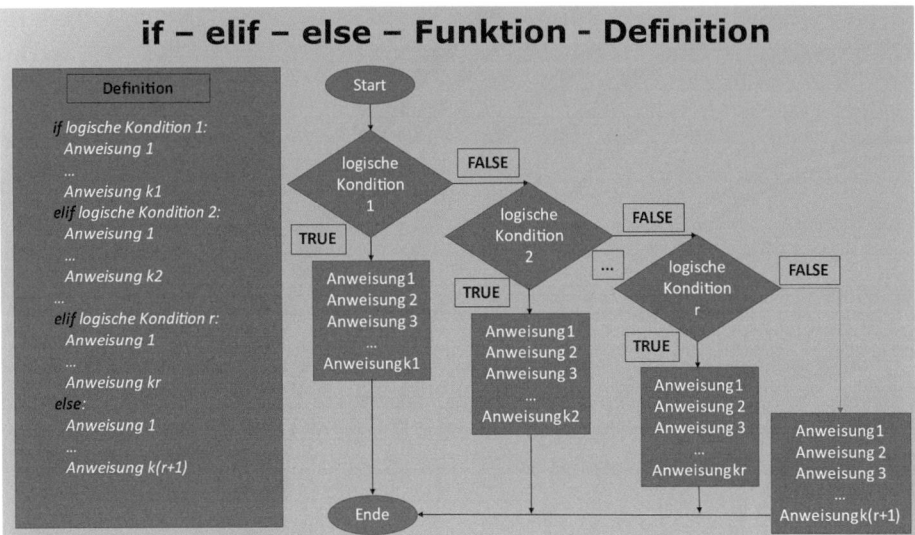

Abb. 3.47 if – elif – else – Operator

Abb. 3.48 if-elif-else-Beispiele

elif-Zweige als auch des else-Zweigs sind optional. Sie müssen folglich nicht vorhanden sein. Pflicht ist jedoch die Existenz der ersten if-Anweisung.

Folgende Beispiele illustrieren den if-elif-else-Operator (Abb. 3.48 und 3.49).

3.13 Datenstrukturen

```
if - elif - else - Funktion - Beispiele II

if strategie == 'LEERAB':
    if gui == "":
        print('Liste absteigend sortieren')
    protokoll.append("Liste absteigend sortieren")
    sliste = sorted(liste, key=itemgetter(1))
elif strategie == 'LEERAUF':
    if gui == "":
        print('Liste aufsteigend sortieren')
    protokoll.append("Liste aufsteigend sortieren")
    sliste = sorted(liste, key=itemgetter(1), reverse=True)
                    Beispiel – if – elif

for row6 in toSelect6:
    #ermittle Temperatur vom Platz
    print('Platz',row6['Platz'],'mit Temperatur',row6['Temperatur'],'°C.')
    #Prüfe Temperatur
    if row6['Temperatur'] == "ungeprüft":
        print("Platz nicht temperiert. Gebinde " + row2['Nummer'] + " bitte umlagern oder verschrotten.")
    elif float(row6['Temperatur']) < float(row4['vonTemp']):
        print('Temperatur-Untergrenze verletzt. Gebinde umlagern mit PLATZ oder EINLAG.')
    elif float(row6['Temperatur']) > float(row4['bisTemp']):
        print('Temperatur-Obergrenze verletzt. Gebinde umlagern mit PLATZ oder EINLAG.')
    else:
        print('Alles okay. Gebinde stehen lassen.')
                  Beispiel – if – elif – else
```

Abb. 3.49 if-elif-else-Beispiele II

3.13 Datenstrukturen

3.13.1 Mengen

Zur Verwendung von *‚Mengen'* in Python sind mehrere Konzepte nutzbar. Mengen können mittels einer Variablen in Klammerform *{ ... }* aufgezählt werden (siehe z. B. [27]):

```
Menge1={}
Menge2={1,2,3}
```

‚Menge1' ist in diesem Beispiel die *‚leere Menge'*, *‚Menge2'* beinhaltet die *‚Elemente 1,2,3'*.

Mengen können in Python ebenso mit dem Befehl *‚set'* erzeugt werden (siehe z. B. [26]). Der Aufruf benötigt einen Eingabeparameter, der ein String, eine Liste, ein Dictionary-Element etc. sein kann:

```
Variable=set(Eingabeparameter)
```

Man beachte, daß – wie in der Mathematik – in einer Menge alle Elemente *‚wohlunterschieden'* sind. Per Definition kann es zu keinen Dopplungen eines Elementes kommen.

In SMILE wird der set-Befehl benutzt, um das Chargen- und Splitalphabet zu definieren. Beim Splitalphabet sind nur Zahlen zwischen Null und Neun zulässig. Das Splitalphabet wird deshalb aus dem String *‚0123456789'* definiert:

```
alphabet=set('0.123.456.789')
```

Um zu testen, ob ein Element in einer Menge enthalten ist, wird der Befehl *‚in'* benutzt. Der zugehörige logische Ausdruck besitzt den Wert *‚True'* oder *‚False'*, wenn das Element zur Menge gehört oder nicht in ihr enthalten ist. Sei beispielhaft *‚c'* eine Variable mit dem Wert *‚3'*. Die Aufrufe

```
test1=c in alphabet
test2='c' in alphabet
```

haben als Ergebnis den Wert *‚True'* bzw. *‚False'*.

Auf Mengen können Operationen durchgeführt werden. Einige dieser Operationen sind in den folgenden Schaubildern aufgelistet (Abb. 3.50 und 3.51):

In SMILE wird im Rahmen der Klassen- und Methodendefinitionen für Mengen der hier nicht aufgeführte Operator der *‚symmetrischen Differenz'* benutzt. Das Resultat der symmetrischen Differenz zweier Mengen A und B ist,

Mathematik sprachlich	Mathematik Symbol	Python sprachlich	Python Operator	Python Methode
Mengendefinition	A={a,b,c}	Mengendefinition	A={a,b,c} direkt A=set([a,b,c]) aus sortierter Liste A=set(‚abc') aus String	
Element-Sein Nicht Element-Sein	a∈A x¬∈A	Element-Sein Nicht Element-Sein	a in A = True x in A = False	
Die leere Menge	A={}	Die leere Menge	A={}	
Schnittmenge	A∩B	Schnittmenge	A&B	A.intersection(B)
Vereinigungsmenge	A∪B	Vereinigungsmenge	A|B	A.union(B)
Differenzmenge	A\B	Differenzmenge	A-B	A.difference(B)
Teilmenge	B⊃A	Teilmenge	A<=B	A.issubset(B) B.issuperset(A)
Gleichheit	A=B	Gleichheit	A==B oder A is B	
Ungleichheit	A≠B	Ungleichheit	A!=B oder A is not B	
Disjunktheit	A∩B=ø	Disjunktheit		A.isdisjoint(B)

Abb. 3.50 Mengenoperationen I

3.13 Datenstrukturen

Python sprachlich	Python Operator	Python Methode
Element hinzufügen		set.add(element)
Menge leeren		Clear(set)
Eine Kopie der Menge		Copy(set)
Ein Element entfernen		set.discard(element)
Ein beliebiges Element wählen (und von set entfernen)		set.pop()
Schleife über Menge	For x in set: Do things…	
Anzahl der Elemente		len(set)
Maximum der Menge		max()
Minimum der Menge		min()
Sortieren der Menge		sorted()
Summe aller Elemente der Menge		sum()

Abb. 3.51 Mengenoperationen II

$$A \Delta B := \left(A \bigcup B\right)\left(A \bigcap B\right) = (AB) \bigcup (BA)$$

also die Vereinigungsmenge zweier Mengen reduziert um deren Schnittmenge. Anders ausgedrückt sind es diejenigen Elemente, die in der einen Menge und nicht in der anderen Menge liegen und vice versa. Der Ausdruck ist tatsächlich symmetrisch, denn es gilt die Formel

$$A \Delta B = B \Delta A.$$

In Python kann zum Ausführen der symmetrischen Differenz der Operator ‚^' bzw. die Methode ‚*symmetric_difference*' verwendet werden. Als Beispiele werden betrachtet:

```
menge2={1,2,3}
menge3={0,1,2,3,4,5,6,7,8,9}
menge4={6,7,8,9,10,11,12}
menge5=menge2 ^ menge3
menge 6=menge3.symmetric.difference(menge4)
```

Die Ergebnisse im Beispiel sind ‚*menge5={0,4,5,6,7,8,9}*' und ‚*menge6={0,1,2,3,4,5,10,11,12}*'.

3.13.2 Listen

3.13.2.1 Definition
Listen' werden in Python durch *,eckige Klammern [...]'* definiert:

```
liste=[3,1,2,0,0,5,9]
leereliste=[]
```

Element von Listen können beliebige Objekte sein und werden *,Komponenten'* genannt. Die *,Reihenfolge'* der Elemente ist ein wesentliches Merkmal von Listen, das sie von ungeordneten Mengen unterscheidet. In Listen sind sogar Dopplungen möglich.

,Zugriffe' auf Listenelemente werden ebenfalls durch eckige Klammern ermöglicht. Zu diesem Zweck ist die *,Position'* der Elemente als ganze Zahl zu benennen. Es ist zu beachten, dass die Komponenten (wie bei Strings) von links nach rechts bei Null beginnend durchnummeriert sind.

```
komponente1=liste[0]  (= 3)
komponente2=liste[1]  (= 1)
...
Komponente7=liste[6]  (= 9)
```

Möchte man etwa die 5te – Komponente ändern, kann dies durch entsprechende Zuweisung durchgeführt werden.

```
liste[4]=42
```

Anschließend besitzt die im Beispiel betrachtete Liste *,liste'* folgende Komponenten:

```
liste=[3,1,2,42,0,5,9]
```

Eine Liste kann basierend auf Strings, Tupeln, Dictionarys etc. mit dem Befehl *,list'* erzeugt werden:

```
liste=list(listenobjekt)
```

Folgende Beispiele verdeutlichen den list-Befehl (Abb. 3.52):

3.13 Datenstrukturen

```
In [5]: a = 'SMILE'
In [6]: b = ('SM','I','LE')
In [7]: c=['S','M','IL','E']
In [8]: d = {'SM','I','LE'}
In [9]: e = {'1':'SM', '2':'ILE'}
In [10]: print(list(a), '\n', list(b), '\n', list(c), '\n', list(d), '\n', list(e))
['S', 'M', 'I', 'L', 'E']
['SM', 'I', 'LE']
['S', 'M', 'IL', 'E']
['I', 'SM', 'LE']
['1', '2']
```

Abb. 3.52 list-Befehl

3.13.2.2 Ranges

Listen können durch den Befehl *‚range'* (für Bereich) erzeugt werden. Allerdings ist dies nur für ganze Zahlen als Elemente möglich:

```
liste=range(Startwert,Endwert,Schrittweite)
```

Die so erhaltene Liste beinhaltet den *‚Startwert'* und weitere Werte bis hin zum *‚Endwert'*, der ausgehend vom Startwert durch die *‚Schrittweite'* erreicht wird. Durch die Schrittweite werden ggfs. Zahlen zwischen Start- und Endwert ausgelassen. Der Startwert ist optional und mit dem *‚Defaultwert 0'* vorbelegt. Ebenso ist die Schrittweite optional und mit *‚1'* als Defaultwert initialisiert. In den Beispielen

```
liste1=range(1,6,1)
liste2=range(1,6,2)
liste3=range(1,6,4)
liste4=range(1,-6,1)
liste5=range(-4,-10,1)
liste6=range(3)
```

werden folgende Listen erzeugt:

```
liste1=[1,2,3,4,5,6]
liste2=[1,3,5]
liste3=range[1,5]
liste4=[1,0,-1,-2,-3,-4,-5,-6]
liste5=range[-4,-5,-6,-7,-8,-9,-10]
liste6=[0,1,2,3]
```

3.13.2.3 Methoden

Listen können ausgelesen, bearbeitet und geändert werden. Zu diesem Zweck stellt Python eine Reihe von *Methoden'* bereit (Tab. 3.1).

Mittels Python-Kommando

```
dir(list)
```

Tab. 3.1 Listen-Methoden

Methode	Auswirkung
list+list2	Anfügen aller Elemente von list2 an list
list * n	entspricht n-maliges + von list mit sich selbst
liste.append(element)	Element am Ende von liste hinzufügen
liste.clear()	liste ist nach Anwendung der Methode die leere Liste
liste.copy()	liste wird mit allen derzeitigen Elementen kopiert
liste.count(element)	liefert die Anzahl der Vorkommnisse des Elements in liste zurück
list.extend(list2)	fügt list2 als Element an list rechts an
list.index(element)	suchen von links kommend den ersten Index des Vorkommens von element in list Achtung: ValueError, falls das Element nicht vorkommt
list.insert(index, element)	fügt element am vorgegebenen Index ,index' ein
len(list)	Länge der Liste = Anzahl der Komponenten
max(list)	ermittelt das Maximum der Liste Achtung: TypeError, falls dies nicht möglich ist
min(list)	ermittelt das Minimum der Liste Achtung: TypeError, falls dies nicht möglich ist
list.pop(index)	löscht das Element beim Index ,index' aus list
list.remove(element)	Löscht das Element von ersten Indes, bei dem das Element auftaucht
list.reverse() reversed(list)	kehrt die Liste um (der große Vertauscher wird auf die Liste per Polya-Aktion angewendet: siehe Kompaktband)
list.sort()	sortiert die Liste Achtung: TypeError, falls dies nicht möglich ist

3.13 Datenstrukturen

können alle Listen-Methoden angezeigt werden (Abb. 3.53 und 3.54).

In der CLI-Version von SMILE werden die Methoden ‚*len*', ‚*append*', ‚*insert*' und ‚*sort*' verwendet, die folgend dargestellt werden.

3.13.2.4 Länge
Die Längenfunktion ‚*len*' ermittelt die Anzahl der Komponenten einer Liste:

```
lista=[3,1,2,0,0,5,9]
laenge=len(lista)
```

Im Beispiel ist der Wert der Variablen ‚*laenge*' genau ‚*7*'.

3.13.2.5 Hinzufügen von Elementen
Mithilfe der Methoden ‚*append*' und ‚*insert*' können Listen um neue **Komponenten** erweitert werden. Durch ‚*append*' wird das vorgegebene Element angehängt, bei ‚*insert*' ist der ‚*Index*' zum Einfügen der Methode mitzuübergeben. Ab diesem Index rücken alle Elemente einen Index weiter.

```
lista=[3,1,2,0,0,5,9]
lista.append(11)
lista.insert(2,7)
```

Abb. 3.53 dir-Befehl

```
'__subclasshook__',
'append',
'clear',
'copy',
'count',
'extend',
'index',
'insert',
'pop',
'remove',
'reverse',
'sort']

In [2]:
```

Abb. 3.54 dir-Befehl II

Als Ergebnis ergibt sich im Beispiel:

```
lista=[3,1,2,0,0,5,9,11]   # durch append
lista=[3,1,7,2,0,0,5,9,11] # durch insert nach append
```

3.13.2.6 Sortieren

3.13.2.6.1 Sortieren mit sort

Mit der Methode „*sort*" können Listen „*sortiert*" werden. Anbei ein Beispiel:

```
lista=[3,1,2,0,0,5,9]
lista.sort()
```

Das Ergebnis ist:

```
lista=[0,0,1,2,3,5,9]
```

Achtung: Nicht jede Liste kann sortiert werden. Die Elemente müssen vom gleichen Datentyp sein, wie etwa float, integer etc. Auch Komponenten vom Typ „*string*" sind mit der „*lexikographischen Ordnung*" sortierbar. Falls die Liste nicht sortierbar ist, kommt

3.13 Datenstrukturen

```
In [66]: print(liste)
[1, 2, 9, [...]]

In [67]: liste.sort()
Traceback (most recent call last):

  File "<ipython-input-67-419dd39f53e3>", line 1, in <module>
    liste.sort()

TypeError: '<' not supported between instances of 'list' and 'int'
```

Abb. 3.55 sort-Fehler

es bei Ausführung des Codings zu einer Ausnahme. Das folgende Beispiel zeigt dieses Verhalten (Abb. 3.55).

3.13.2.6.2 Sortieren mit sorted

Im Kontext der SMILE-Platzfindung wird eine Liste möglicher Lagerplätze erzeugt, deren Komponenten aus Paaren (= 2-Tupel siehe 4.12.3) bestehen. Die erste Komponente des Paares ist der Platzname, die zweite beinhaltet seine freie Kapazität. Die Liste soll nach der zweiten Komponente der Paare ‚*absteigend*' oder ‚*aufsteigend*' sortiert werden. In Python gibt es zu diesem Zweck den Befehl ‚*sorted*'.

```
sorted(iterable, key=None, reverse=False)
```

Mittels Befehles ‚*itemgetter*' wird auf die freien Plätze als ‚*key = Schlüssel*' zugegriffen, um nach ihnen sortieren zu können. Der Zusatz ‚*reverse*' dient zum aufsteigenden oder absteigenden Sortieren.

```
sliste=sorted(liste, key=itemgetter(1))
sliste=sorted(liste, key=itemgetter(1), reverse=True)
```

Anbei der Ausschnitt aus der SMILE-Platzfindung, innerhalb derer diese Technik implementiert ist (Abb. 3.56).

3.13.2.7 Verwendung in SMILE
Listen werden in SMILE an vielen Stellen verwendet:

- zur Protokollierung von Platzfindungen innerhalb von Einlagerungen

```
                frei = int(row3['Kapazitaet'])-int(row3['artAnzahl'])
                #Platz in Liste mit freier Kapazität, wenn ja gsetzt ist
                if ja == 'X':
                    liste.append((row3['Platz'],frei))
                    if gui == "":
                        print('Platz ',row3['Platz'],' hat freie Kapazität ',frei)
                    protokoll.append("Platz " + row3['Platz'] + " hat freie Kapazität " + str(frei))
initial=len(liste)
if initial == 0:
    if gui == "":
        print('keine geeignet temperierten oder freien Plätze vorhanden')
    protokoll.append("keine geeignet temperierten oder freien Plätze vorhanden")
    return '', protokoll
#Plätze für Protokoll ausgeben
if gui == "":
    print('unsortierte mögliche Plätze mit freien Kapazitäten sind:')
    print(liste)
protokoll.append("unsortierte mögliche Plätze mit freien Kapazitäten sind:")
for c in liste:
    protokoll.append(str(c[0]) + " " + str(c[1]))
#Plaetze sortieren nach Strategie
if strategie == 'LEERAB':
    if gui == "":
        print('Liste absteigend sortieren')
    protokoll.append("Liste absteigend sortieren")
    sliste = sorted(liste, key=itemgetter(1))
elif strategie == 'LEERAUF':
    if gui == "":
        print('Liste aufsteigend sortieren')
    protokoll.append("Liste aufsteigend sortieren")
    sliste = sorted(liste, key=itemgetter(1), reverse=True)
#Plätze für Protokoll nach Sortierung ausgeben
if gui == "":
    print('sortierte mögliche Plätze mit freien Kapazitäten sind:')
    print(sliste)
protokoll.append("sortierte mögliche Plätze mit freien Kapazitäten sind:")
for c in sliste:
    protokoll.append(str(c[0]) + " " + str(c[1]))
```

Abb. 3.56 sorted in SMILE

```
…
protokoll=[]
…
protokoll.append("Protokoll Platzfindung zu HU")
…
protokoll.append(str(c[0])+" "+str(c[1]))
…
```

- bei Suchen nach Lagerplätzen innerhalb der Platzfindung zur Einlagerung

```
…
erster=sliste[0]
…
platz=erster[0]
…
```

3.13 Datenstrukturen

- bei b-adischen Zahlzerlegungen

```
...
aktuell=[]
...
aktuell.insert(0,mod))
...
```

- bei Zufallszahlenermittlungen am I-Punkt (siehe auch 4.15)

```
...
anzfehl=np.random.randint(0,19,1)
i=0
fehlercode=0
print(anzfehl[0])
while i<anzfehl:
  fehler=np.random.randint(1,19,1)
  fehlercode=fehlercode+(2**fehler[0])
  print(fehlercode)
  i=i+1
...
```

- bei Definitionen eigener Klassen und Methoden

```
...
for I in range(0,len(self.__table)):
...
```

3.13.3 Tupel

‚*Tupel*' werden in Python durch ‚*runde Klammern (…)*' definiert. Sie sind mit Listen verwandt und fassen beliebige Objekte geordnet zusammen. Wiederholungen sind möglich.

```
tupel=(3,1,2,0,0,5,9)
```

Zugriffe auf Tupel-Komponenten werden analog wie bei Listen durchgeführt.

```
komponente1=tupel[0]   (= 3)
komponente2=tupel[1]   (= 1)
…
Komponente7=tupel[6]   (= 9)
```

Worin besteht der Unterschied zu Listen? Ein Tupel ist *‚nicht änderbar!'* Daher nutzt man Tupel oft zur internen Speicherung von Daten, ohne Gefahr zu laufen, daß die Daten geändert werden. Zusätzlich ist die interne Verarbeitung von Tupeln *‚performanter = von geringerer Laufzeit'* als die der Listen.

Das Tupel entspricht dem mathematischen Tupel.

In SMILE werden Tupel programmintern durch Verwendung der Funktion *‚zip'* für die Definition eigener Klassen und Methoden benutzt.

3.13.3.1 Zip-Funktion

Die Funktion *‚zip'* erzeugt aus zwei Listen eine neue Liste, deren Komponenten *‚Paare'* sind.

```
liste3=zip(liste1,liste2)
```

Dabei ist die erste Komponente der neuen Liste ein Paar bestehend aus der ersten Komponente von *‚liste1'* und der ersten Komponenten von *‚liste2'*. Die zweite Komponente ist wiederum ein Paar, das aus der zweiten Komponente von *‚liste1'* und der zweiten Komponenten von *‚liste2'* zusammengesetzt ist. Dieses Verfahren wird so lange fortgesetzt, bis das Ende der kürzeren Liste erreicht ist.

Anbei ein Beispiel, bei dem die vierte Komponente von *‚liste1'* nicht mehr berücksichtigt wird.

```
liste1=[1,2,3,4]
liste2=['a','b','c']
liste3=zip(liste1,liste2)
liste3=[(1,'a'),(2,'b'),(3,'c')]
```

3.13.4 Dictionaries

3.13.4.1 Hintergrund und Definition

Ein *‚Dictionary = Wörterbuch'* ist eine ungeordnete Zusammenfassung von sog. *‚Schlüssel-Werte-Paaren'*, die auch *‚key-values'* genannt werden. Ein Beispiel (Tab. 3.2):

3.13 Datenstrukturen

Tab. 3.2 Dictionary-Beispiel I

Material	Bezeichnung
G001	Gewinde klein
G002	Gewinde groß
S001	Schraube klein
S002	Schraube groß
D001	Dübel klein
D002	Dübel groß

Die Python-Definition von Dictionarys veranschaulicht folgende Abbildung.

Dictionarys (auch Wörterbücher genannt) sind vom Typ ‚*dict*' und werden folgendermaßen definiert:

```
WB={key1:value1,key2:value2,…}
```

Es wird von geschweiften Klammern umrahmt. Innerhalb der Klammern sind die key-value-Paare durch Kommata getrennt. Ein key-value-Paar selbst hat den Aufbau

```
key:value
```

Dadurch werden einfache Zuordnungen in Python realisiert: ‚*key -> value*'. Möchte man auf den Wert eines Paares zugreifen, ist dies durch die Funktion ‚*get*'

```
WB.get(key)
```

oder direkt durch

```
WB[key]
```

möglich. Ein Wert kann erneut als Dictionary definiert werden. In diesem Zusammenhang spricht man von ‚*mehrdimensionalen Dictionarys*' (wie in Abb. 3.57: Dictionary – Definition, Zugriff, mehrdimensional dargestellt).

Dieser Abschnitt wird durch das zum Download bereitstehende Beispielprogramm ‚*dictionary.py*' begleitet. Anbei ein erster Auszug aus dem Programm, der Definition von und Zugriff auf Dictionarys verdeutlicht (Abb. 3.58 und 3.59):

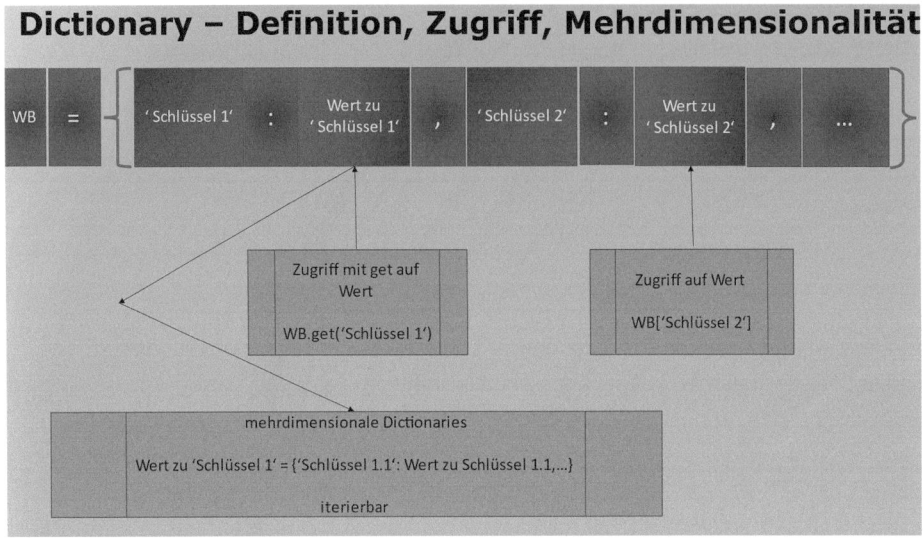

Abb. 3.57 Dictionary – Definition, Zugriff, mehrdimensional

```
# -*- coding: utf-8 -*-
"""
Created on Sat May 20 21:25:04 2023

@author: Sven.Wirsing
"""

#Imports
from collections import OrderedDict
import csv

#Definition Dictionary
kt = {'G001':'Gewinde klein', 'G002':'Gewinde groß',
      'S001':'Schraube klein', 'S002':'Schraube groß',
      'D001':'Dübel klein', 'D002':'Dbel groß'
      }
print('Ausgabe des Dictionary mit print \n')
print(kt)
print()
print('Typ: ',type(kt))
print()
print('Zugriff auf den Wert des kleinen Dübels: ',kt['D001'])
print()
# Zugriff zum Ändern
kt['D002']='Dübel groß'
print('Ausgabe geänderter Wert zum großen Dübel: ', kt['D002'])
print()
print('Ausgabe geänderter Wert zum großen Dübel mit get: ', kt.get('D002'))
print()
```

Abb. 3.58 dictionary.py – Definition

3.13 Datenstrukturen

```
Studium & Promotion & Papers/Meine Bücher/LMIS Band I/technische Doku SMILE-CLI-
Version')
Ausgabe des Dictionary mit print

{'G001': 'Gewinde klein', 'G002': 'Gewinde groß', 'S001': 'Schraube klein', 'S002':
'Schraube groß', 'D001': 'Dübel klein', 'D002': 'Dbel groß'}

Typ:   <class 'dict'>

Zugriff auf den Wert des kleinen Dübels:   Dübel klein

Ausgabe geänderter Wert zum großen Dübel:   Dübel groß

Ausgabe geänderter Wert zum großen Dübel mit get:   Dübel groß
```

Abb. 3.59 dictionary.py – Definition – Ergebnisse

3.13.4.2 Operatoren

Einige auf Dictionarys wirkende Operatoren sind in folgender Abbildung zusammengefasst (Abb. 3.60):

Der Längenoperator ‚*len*‘

```
len(WB)
```

zählt die Anzahl der key-value-Paare eines Dictionarys. Mittels Operatoren ‚*in*‘ und ‚*not in*‘ kann überprüft werden, ob ein ‚*key*‘ im Dictionary enthalten ist.

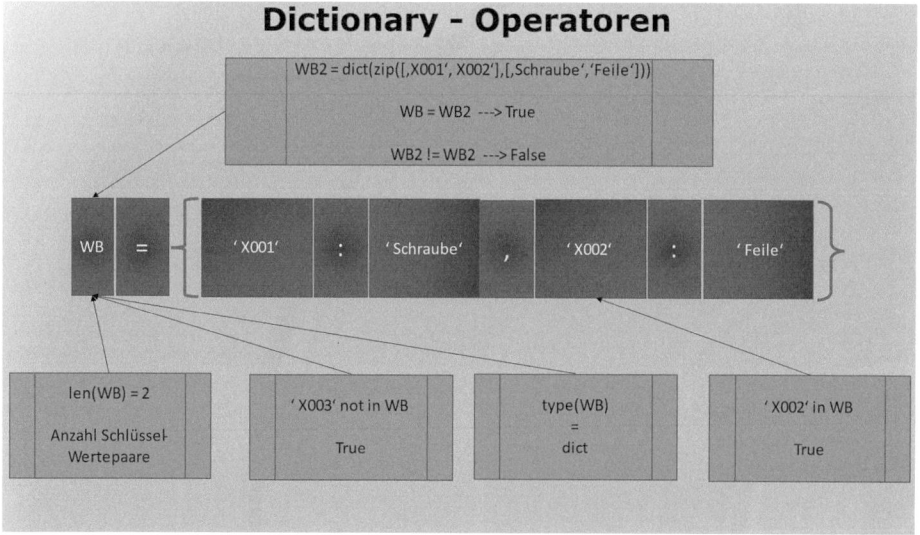

Abb. 3.60 Dictionary-Operatoren

```
'X002' in WB
'X003' not in WB
```

Das Operator-Ergebnis ist ‚*True*' oder ‚*False*'.

Im Abschn. 4.12.3.1 über Tupel ist die ‚*zip*'-Funktion dargestellt worden, die aus zwei Listen eine neue Liste von Paaren erzeugt. Aus derartigen Listen können mittels ‚*dict*'-Funktion Dictionarys erzeugt werden. Dabei wird die jeweils erste Komponente zum ‚*key*' und die zweite zum zugehörigen ‚*value*' erhoben.

Das Gleichsein und Ungleichsein von Dictionarys kann in üblicher Weise überprüft werden.

```
WB==WB2
WB !=WB3
```

Beide Operatoren sind boolesch: ‚*True*' oder ‚*False*'. Im Beispielprogramm ‚*dictionary.py*' ergibt der Teil (Abb. 3.61)
nachfolgende Ausgabe (Abb. 3.62):

3.13.4.3 Methoden
Zusätzlich zu den oben dargestellten Operatoren gibt es Methoden, die auf Dictionarys anwendbar sind. Die Methoden werden folgend aus Übersichtsgründen in drei Bereiche unterteilt.

```
30    print('Ist D003 enthalten?: ', 'D003' in kt)
31    print()
32    print('Ist D003 nicht enthalten?: ', 'D003' not in kt)
33    print()
34    print('Ist D002 enthalten?: ', 'D002' in kt)
35    print()
36    print('Ist D002 nicht enthalten?: ', 'D002' not in kt)
37    print()
38    print('Anzahl Einträhe: ',len(kt))
39    print()
```

Abb. 3.61 dictionary.py – Operatoren

3.13 Datenstrukturen

Abb. 3.62 dictionary.py – Operatoren – Ergebnisse

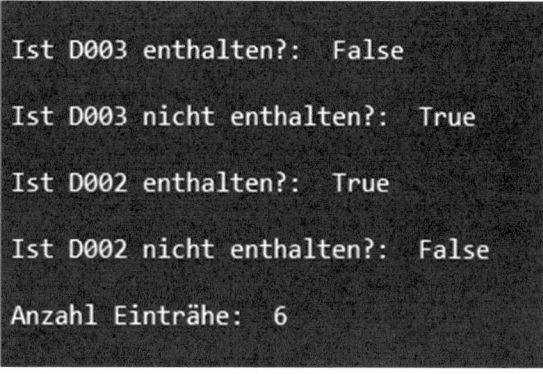

3.13.4.3.1 Bereich 1
Das folgende Schaubild stellt die Methoden

- *,items'*
- *,values'*
- *,keys'*
- *,copy'*
- *,clear'*
- *,update'*

sowie den Zugriff per *,update'*-Befehl dar (Abb. 3.63).

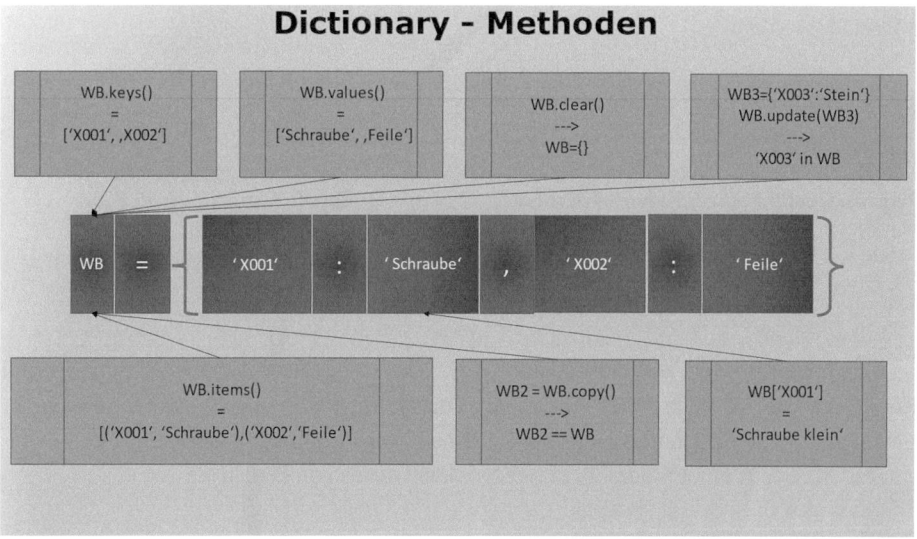

Abb. 3.63 Dictionary – Methoden I

Mit dem ‚*items*'-Befehl

```
WB.items()
```

wird eine Liste von Paaren ausgegeben, wobei die erste Komponente den ‚*key*' und die zweite den zugehörigen ‚*value*' enthält.

Mittels ‚*keys*'-Befehl

```
WB.keys()
```

bzw. Methode ‚*values*'

```
WB.values()
```

wird jeweils eine Liste von keys bzw. values erzeugt.

Bei Verwendung der ‚*copy*'-Methode

```
WB2=WB.copy()
```

wird ein Dictionary auf ein anderes – hier ‚*WB2*' – kopiert.

Um den kompletten Inhalt eines Dictionarys zu entfernen, kann der Befehl ‚*clear*' verwendet werden.

```
WB.clear()
```

Bei Verwendung der ‚*update*'-Methode

```
WB.update(WB3)
```

werden alle Einträge aus dem Dictionary ‚*WB3*' ins Dictionary ‚*WB*' hinzugefügt. Sind Schlüssel aus dem ‚*WB3*'-Dictionary bereits in ‚*WB*' enthalten, so werden die zugehörigen values im Dictionary ‚*WB*' mit denen aus ‚*WB3*' abgeändert.

Das Abändern eines values zu einem key kann durch den Befehl

```
WB['key']=new_value
```

3.13 Datenstrukturen

ausgeführt werden. Im Beispiel wird dem ‚*key*'-Befehl der neue Wert ‚*new_value*' zugewiesen.

Im Beispielprogramm ‚*dictionary.py*' führt das Ausführen des ‚*Codings*' (Abb. 3.64) zu folgendem Ergebnis (Abb. 3.65):

Der ‚*copy*'-Befehl (Abb. 3.66)

erstellt eine Kopie eines Dictionarys (Abb. 3.67).

3.13.4.3.2 Bereich 2

Das folgende Schaubild stellt die Methoden, Funktionen und Schleifen

- ‚*pop*'
- ‚*popitem*'

```
39  print()
40  print('Items: ',kt.items())
41  print()
42  print('Values: ',kt.values())
43  print()
44  print('Keys: ', kt.keys())
45  print()
46  kt.update([('X001', 'Schlüssel klen')])
47  print('mit Update X001 hinzugefügt')
48  print(kt)
49  print()
50  print('mit Zuweisung X002 hinzugefügt')
51  kt['X002']='Schlüssel grß'
52  print(kt)
53  print()
54  kt.update([('X001', 'Schlüssel klein')])
55  print('mit Update X001 angepasst')
56  print(kt)
57  print()
58  print('mit Zuweisung X002 angepasst')
59  kt['X002']='Schlüssel groß'
60  print(kt)
61  print()
62  kt.clear()
63  print('Dictionary mit clear gelöscht')
64  print(kt)
65  print()
```

Abb. 3.64 dictionary.py – Methoden I

```
Items: dict_items([('G001', 'Gewinde klein'), ('G002', 'Gewinde groß'), ('S001',
'Schraube klein'), ('S002', 'Schraube groß'), ('D001', 'Dübel klein'), ('D002', 'Dübel
groß')])

Values: dict_values(['Gewinde klein', 'Gewinde groß', 'Schraube klein', 'Schraube
groß', 'Dübel klein', 'Dübel groß'])

Keys: dict_keys(['G001', 'G002', 'S001', 'S002', 'D001', 'D002'])

mit Update X001 hinzugefügt
{'G001': 'Gewinde klein', 'G002': 'Gewinde groß', 'S001': 'Schraube klein', 'S002':
'Schraube groß', 'D001': 'Dübel klein', 'D002': 'Dübel groß', 'X001': 'Schlüssel klen'}

mit Zuweisung X002 hinzugefügt
{'G001': 'Gewinde klein', 'G002': 'Gewinde groß', 'S001': 'Schraube klein', 'S002':
'Schraube groß', 'D001': 'Dübel klein', 'D002': 'Dübel groß', 'X001': 'Schlüssel klen',
'X002': 'Schlüssel grß'}

mit Update X001 angepasst
{'G001': 'Gewinde klein', 'G002': 'Gewinde groß', 'S001': 'Schraube klein', 'S002':
'Schraube groß', 'D001': 'Dübel klein', 'D002': 'Dübel groß', 'X001': 'Schlüssel klein',
'X002': 'Schlüssel grß'}

mit Zuweisung X002 angepasst
{'G001': 'Gewinde klein', 'G002': 'Gewinde groß', 'S001': 'Schraube klein', 'S002':
'Schraube groß', 'D001': 'Dübel klein', 'D002': 'Dübel groß', 'X001': 'Schlüssel klein',
'X002': 'Schlüssel groß'}

Dictionary mit clear gelöscht
{}
```

Abb. 3.65 dictionary.py – Methoden I – Ergebnisse

```
89    print()
90    kt2 = kt.copy()
91    print('kt2 kopiert von kt')
92    print(kt2)
```

Abb. 3.66 dictionary.py – copy

```
kt2 kopiert von kt
{'G001': 'Gewinde klein', 'G002': 'Gewinde groß', 'S001': 'Schraube klein', 'S002':
'Schraube groß', 'D001': 'Dübel klein'}
```

Abb. 3.67 dictionary.py – copy – Ergebnis

3.13 Datenstrukturen

- *‚del'*
- *‚for'*
- *‚setdefault'*
- *‚dict'*
- *‚fromkeys'*

dar (Abb. 3.68).
  Mit dem *‚pop'*-Befehl

```
WB.pop(key)
```

wird das entsprechende *‚key-value'*-Paar aus dem Dictionary *‚WB'* entfernt. Ein zufälliges Schlüssel-Wertepaar kann aus dem Dictionary mittels Befehlszeile

```
WB.popitem()
```

entnommen werden.
  Der *‚del'*-Befehl auf einem Schlüssel führt zum selben Ergebnis.

```
del WB[key]
```

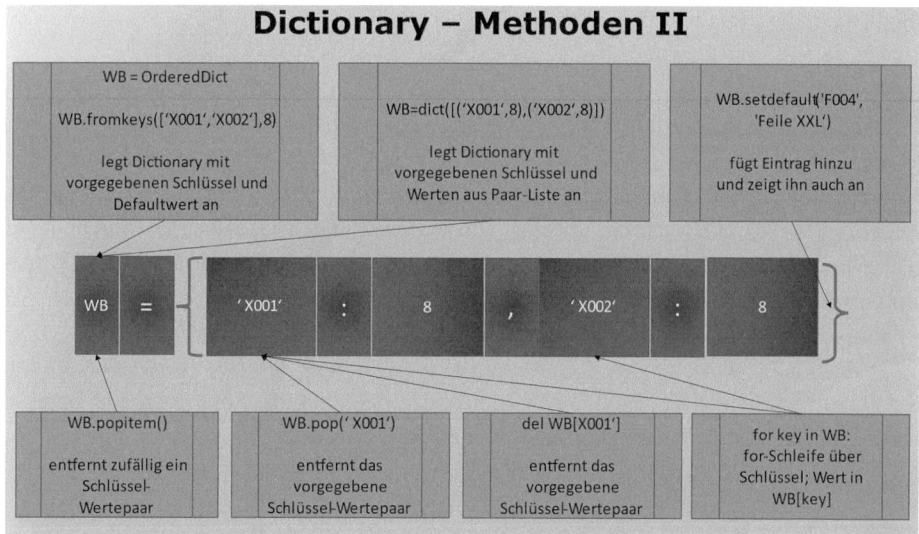

Abb. 3.68 Dictionary – Methoden II

Über ein Dictionary kann mit ‚*for*' iteriert werden.

```
for key in WB:
WB[key]...
```

Dabei ist der Wert zum key in ‚***WB[key]***' enthalten.

Ein Schlüssel-Wertepaar kann wie folgt in ein Dictionary eingefügt werden:

```
WB.setdefault(key,value)
```

Ein Dictionary auf Basis einer Liste von Paaren lässt sich durch den ‚*dict*'-Befehl erzeugen.

```
dict([(key1,value1),...])
```

Ähnlich – mit nur einem fixen Wert ‚*value*' – kann ein Dictionary aus einer Liste von keys erstellt werden.

```
fromkeys([key1,key2,...], value)
```

Das Python – Programm ‚*dictionary.py*' illustriert die gezeigten Methoden, Funktionen und Schleifen (Abb. 3.69, 3.70, 3.71, 3.72).

3.13.4.3.3 Bereich 3

Folgendes Schaubild stellt Möglichkeiten zum ‚*Sortieren*' von Dictionarys dar (Abb. 3.73).

Über den ‚*sorted*'-Befehl kann eine Sortierung auf Basis der ‚*keys*' (im unteren Bereich dargestellt) und auch der ‚*values*' (im oberen Bereich visualisiert) vorgenommen werden. Dabei ist der Befehl ‚*reverse*' nützlich, um mit ‚*False*' bzw. ‚*True*' die Objekte ‚*aufsteigend*' oder ‚*absteigend*' zu sortieren.

Im Beispielprogramm ‚*dictionary.py*' ist das Sortieren enthalten (Abb. 3.75).

In Abb. 3.74: dictionary.py – Sortieren wird der Befehl ‚*lambda*' verwendet. Dieses Schlüsselwort dient dazu, Funktionen anonym zu deklarieren. Durch folgende Befehlszeile wird auf lambda-Basis beispielhaft die Funktion ‚*add*' definiert:

```
add=lambda a,b: a+b
```

3.13 Datenstrukturen

```
73    print()
74    print('X002 gelöscht mit del')
75    del kt['X002']
76    print(kt)
77    print()
78    print('X001 gelöscht mit pop')
79    kt.pop('X001')
80    print(kt)
81    print()
82    print('zufälliger Eintrag mit popitem gelöscht')
83    kt.popitem()
84    print(kt)
85    print()
86    kt2 = OrderedDict()
87    print('kt2 ist OrderedDict')
88    print(kt2, type(kt2))
89    print()
90    kt2 = kt.copy()
91    print('kt2 kopiert von kt')
92    print(kt2)
93    print()
94    print('for-Zugriff auf kt2')
95    for key in kt2:
96        print(key)
97        print(kt2[key])
98    print()
```

Abb. 3.69 dictionary.py – Methoden II

Mittels Befehles

```
print(add(1,2))
```

wird etwa unter Verwendung von ‚*add*' das Ergebnis ‚*3*' angezeigt. In diesem Fall kann die auf Basis von lambda definierte Funktion ‚*add*' im weiteren Kontext erneut genutzt werden. Hingegen ist für den Ausdruck

```
… key=lambda item: item[1] …
```

keine Wiederverwendung möglich. Es wird die entsprechende Funktion anonym und namenslos definiert. Sie ist nur punktuell und lokal wirksam.

```
111    kt3=dict([('F001', 'Feile klein'), ('F002', 'Feile mittel'),
112              ('F003', 'Feile groß')])
113    print('kt3 mit dict Befehl aus Liste von Paaren')
114    print(kt3)
115    print()
116    kt3.setdefault('F004', 'Feile XXL')
117    print('kt3 mit setdefault Wert hinzugefügt')
118    print(kt3)
119    print()
120    print('kt3 mit setdefault Wert angezeigt')
121    print(kt3.setdefault('F004', 'Feile XXL'))
122    print()
123    kt4=OrderedDict()
124    kt4 = kt4.fromkeys([1,2,3,4],8)
125    print('kt4 mit fromkeys und Defaultwert')
126    print(kt4)
127    print()
128    print('Update aus einem anderen Dictionary:')
129    print(kt,'\n',kt3)
130    kt3_copy = kt3
131    kt3.update(kt)
132    kt.update(kt3_copy)
133    print(kt3)
134    print(kt)
```

Abb. 3.70 dictionary.py – Methoden II, Teil 2

3.13.4.4 Dictionary vs. Tabellen

Auch komplexe Tabellen können mit der Dictionary-Methodik abgebildet werden (Abb. 3.76).

Idee dabei ist, die erste Zeile in key-Felder umzuwandeln und alle nachfolgenden Zeilen als zugehörige values zuzuordnen. Dieses Verfahren führt zu einer Liste von Dictionarys. In diesem Zusammenhang kann diese Liste entweder manuell definiert oder mittels *‚csv.DictReaders'* aus einem *‚File (= Datei)'* geladen und als Liste intern gespeichert werden.

Dieses Konzept wird in ähnlicher Form auch innerhalb von SMILE verwendet, um CSV-Dateien (siehe 4.16) zu laden, zu bearbeiten und zu speichern (siehe 6.28, 6.29 und 5.3).

```
X002 gelöscht mit del
{'G001': 'Gewinde klein', 'G002': 'Gewinde groß', 'S001': 'Schraube klein', 'S002':
'Schraube groß', 'D001': 'Dübel klein', 'D002': 'Dübel groß', 'X001': 'Nagel klein'}

X001 gelöscht mit pop
{'G001': 'Gewinde klein', 'G002': 'Gewinde groß', 'S001': 'Schraube klein', 'S002':
'Schraube groß', 'D001': 'Dübel klein', 'D002': 'Dübel groß'}

zufälliger Eintrag mit popitem gelöscht
{'G001': 'Gewinde klein', 'G002': 'Gewinde groß', 'S001': 'Schraube klein', 'S002':
'Schraube groß', 'D001': 'Dübel klein'}

kt2 ist OrderedDict
OrderedDict() <class 'collections.OrderedDict'>

kt2 kopiert von kt
{'G001': 'Gewinde klein', 'G002': 'Gewinde groß', 'S001': 'Schraube klein', 'S002':
'Schraube groß', 'D001': 'Dübel klein'}

for-Zugriff auf kt2
G001
Gewinde klein
G002
Gewinde groß
S001
Schraube klein
S002
Schraube groß
D001
Dübel klein
```

Abb. 3.71 dictionary.py – Methoden II – Ergebnisse

```
kt3 mit dict Befehl aus Liste von Paaren
{'F001': 'Feile klein', 'F002': 'Feile mittel', 'F003': 'Feile groß'}

kt3 mit setdefault Wert hinzugefügt
{'F001': 'Feile klein', 'F002': 'Feile mittel', 'F003': 'Feile groß', 'F004': 'Feile
XXL'}

kt3 mit setdefault Wert angezeigt
Feile XXL

kt4 mit fromkeys und Defaultwert
OrderedDict([(1, 8), (2, 8), (3, 8), (4, 8)])
```

Abb. 3.72 dictionary.py – Methoden II, Teil 2 – Ergebnisse

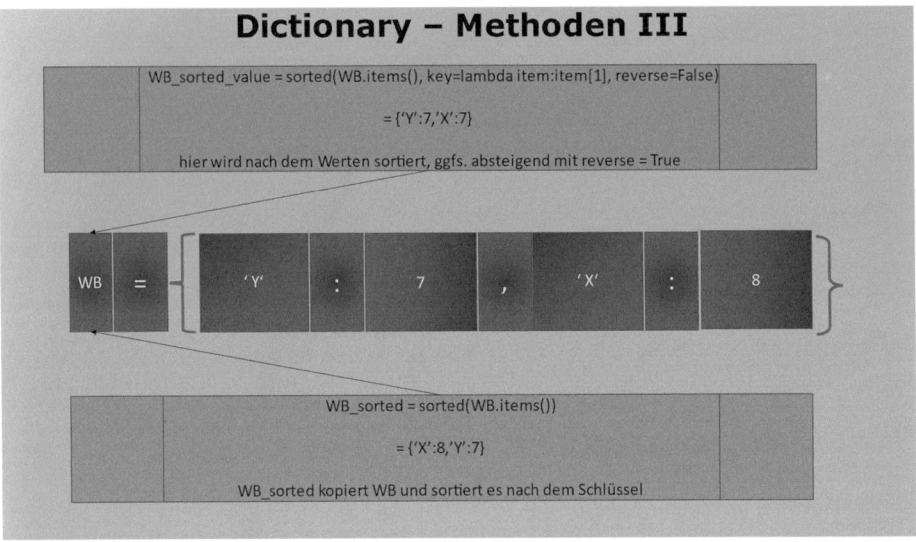

Abb. 3.73 Dictionary – Sortieren

```
103  print('Dictionary nach Wert sortiert')
104  kt2_sorted_value = sorted(kt2.items(), key=lambda item:item[1])
105  print(kt2_sorted_value)
106  print()
107  print('Dictionary nach Wert absteiegnd sortiert')
108  kt2_sorted_value_desc = sorted(kt2.items(), key=lambda item:item[1], reverse=True)
109  print(kt2_sorted_value_desc)
110  print()
111  kt3=dict([('F001', 'Feile klein'), ('F002', 'Feile mittel'),
112          ('F003', 'Feile groß')])
113  print('kt3 mit dict Befehl aus Liste von Paaren')
114  print(kt3)
115  print()
```

Abb. 3.74 dictionary.py – Sortieren

3.14 Schleifen

In SMILE werden die Schleifen ‚*while*' und ‚*for*' benutzt. Beide ‚*Schleifen*' sind durch einen ‚*Schleifenkopf*' und einen ‚*Schleifenkörper*' definiert. Der Schleifenkopf regelt den Durchlauf durch die Schleifen. Der Schleifenkörper enthält die dabei auszuführenden ‚*Anweisungen*'. Bei jeder Schleifenprogrammierung ist darauf zu achten, daß keine sog. ‚*Endlosschleife*' entsteht. Dies wäre eine Schleife (im englischen ‚*loop*'), die nie wieder verlassen und folglich unendlich oft durchlaufen werden würde (infinite loop).

3.14 Schleifen

```
Dictionary nach Schlüssel sortiert
[('D001', 'Dübel klein'), ('G001', 'Gewinde klein'), ('G002', 'Gewinde groß'), ('S001',
'Schraube klein'), ('S002', 'Schraube groß')]

Dictionary nach Wert sortiert
[('D001', 'Dübel klein'), ('G002', 'Gewinde groß'), ('G001', 'Gewinde klein'), ('S002',
'Schraube groß'), ('S001', 'Schraube klein')]

Dictionary nach Wert absteiegnd sortiert
[('S001', 'Schraube klein'), ('S002', 'Schraube groß'), ('G001', 'Gewinde klein'),
('G002', 'Gewinde groß'), ('D001', 'Dübel klein')]

kt3 mit dict Befehl aus Liste von Paaren
{'F001': 'Feile klein', 'F002': 'Feile mittel', 'F003': 'Feile groß'}

kt3 mit setdefault Wert hinzugefügt
{'F001': 'Feile klein', 'F002': 'Feile mittel', 'F003': 'Feile groß', 'F004': 'Feile
XXL'}
```

Abb. 3.75 dictionary.py – Sortieren – Ergebnis

Dictionary vs Tabelle

Material	Preis	Gewicht
M001	12.23	10
M002	1.90	200
M003	0.45	5

Csv.DictReader   Liste von Dictionary's

[{'Material':'M001', 'Preis': '12.23', 'Gewicht':'10'}

{'Material':'M002', 'Preis': '1.90', 'Gewicht':'200'}

{'Material':'M003', 'Preis': '12.230.45', 'Gewicht':'5'}]

Abb. 3.76 Dictionary vs. Tabelle

3.14.1 While

Die *‚while-Schleife'* wird durch folgendes Schaubild visualisiert (Abb. 3.77).

Im Schleifenkopf befindet sich als logischer Ausdruck die sog. *‚Schleifenbedingung'*. Ist ihr Wert *‚True'*, wird der eingerückte *‚Anweisungsblock'* des Schleifenkörpers

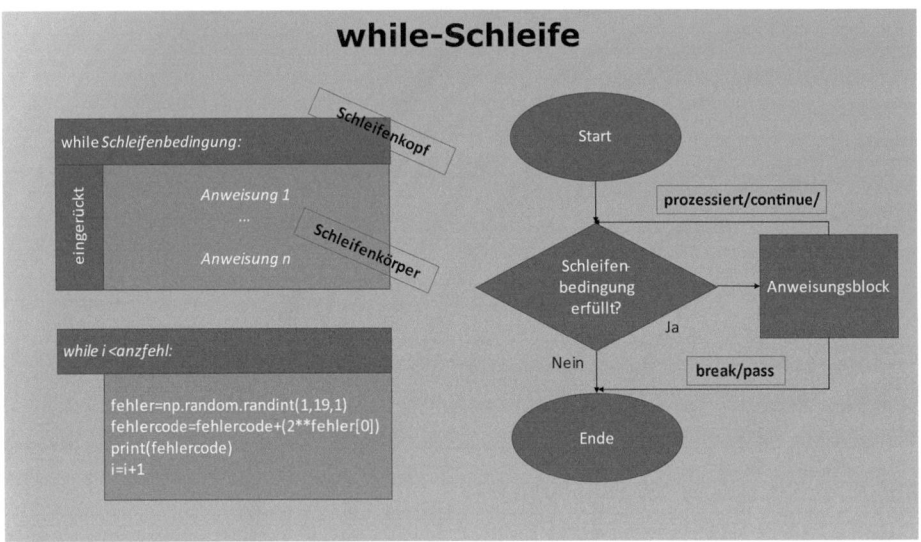

Abb. 3.77 while-Schleife

durchlaufen. Erneut wird die Schleifenbedingung abgefragt. Solange (englisch: while) diese Bedingung wahr ist, wird der Schleifenkörper ausgeführt. Erst beim Wert ‚*False*' wird die Schleife verlassen. Das Verlassen kann vorzeitig durch den ‚*break*'- oder ‚*pass*'-Befehl fossiert werden. Mit ‚*continue*' wird nur der aktuelle ‚*Schleifendurchlauf*' beendet, nicht aber die ganze Schleife.

Im obigen Beispiel wird der Schleifenkörper so lange prozessiert, wie der Wert der Variablen ‚*i*' kleiner als der der Variablen ‚*anzfehl*' ist. Ist dies der Fall, wird im Anweisungsblock eine Zufallszahl ermittelt, eine spezielle Berechnung ausgeführt und ausgegeben. Der hier beispielhaft vorgestellte Code ist ein Teil der Fehlercode-Ermittlung am I-Punkt im SMILE-Prototyp.

Die folgende Tabelle zeigt die Ergebnisse des Schleifenaufrufes mit den Variablenwerten ‚*anzfehl* = 5', ‚*fehlercode* = 0' und ‚*i* = 0' (Abb. 3.78).

Am Ende des fünften Durchlaufes ist ‚*i* = 5'. Damit ist die Schleifenbedingung nicht mehr erfüllt. Die Schleife bricht ab, und es gilt ‚*fehlercode* = 34'.

Es gibt einen optionalen ‚*else*'-Block in while-Schleifen, der nach dem Beenden der Schleife einmal aufgerufen wird. In diesen Beispielen ist der else-Teil nicht implementiert.

Anwendungsfälle von while-Schleifen im SMILE-Prototyp sind:

- Menüablauf
- Fehlercodeermittlung am I-Punkt
- Umrechnung Zahl in Binärzahl.

3.14 Schleifen

Schleifendurchlauf	i zu Beginn	Fehler (zufällig)	Fehlercode	i am Ende
1	0	3	0 + 8 = 8	1
2	1	2	8 + 4 = 12	2
3	2	1	12 + 2 = 14	3
4	3	4	14 + 16 = 30	4
5	4	2	30 + 4 = 34	5

Abb. 3.78 Schleifenwerte – while

3.14.2 For

Die ‚*for-Schleife*' ist ähnlich wie die while-Schleife aufgebaut (Abb. 3.79):

Im Schleifenkopf ist im Gegensatz zur while-Schleife eine sog. ‚**Objektsequenz**' vorhanden, die durchlaufen wird. Die Sequenz kann datentypisch sein…:

- eine Liste
- ein String (ggfs. vorher mit reversed behandelt, um den String rückwärts zu durchlaufen)
- ein Tupel

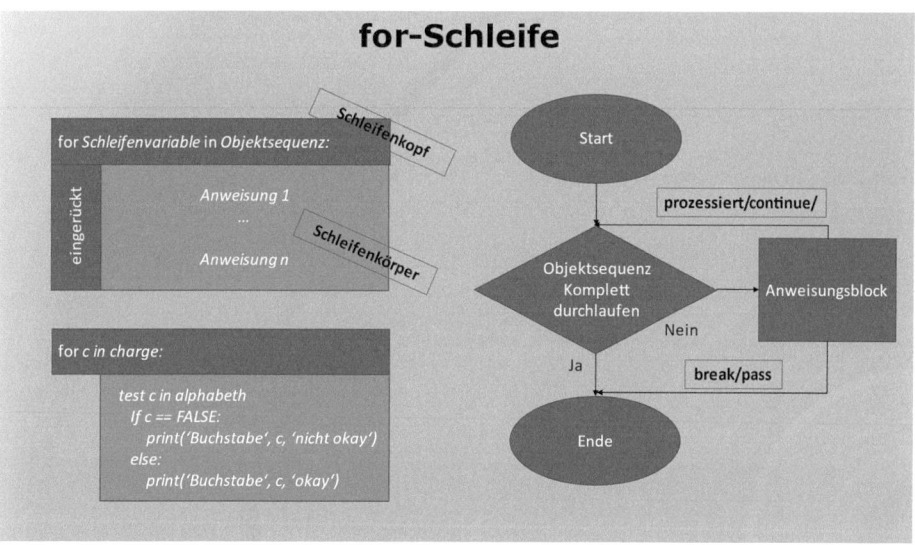

Abb. 3.79 for-Schleife

- eine Menge
- ein Range
- ein Dictionary.

Die Sequenz wird mittels einer Variablen – die sog. *,Schleifenvariable'* – von links nach rechts durchlaufen. Bei jedem Wert der Schleifenvariable wird der *,Anweisungsblock'* prozessiert. Nach jedem Durchlauf rückt die Variable einen Platz weiter nach rechts. Am Ende wird der Anweisungsblock ein letztes Mal durchlaufen, die Schleife anschließend verlassen.

Es gelten analoge Aussagen zu den Befehlen break, pass, continue und else, die für die while-Schleife erörtert worden sind.

Innerhalb von for-Schleifen können weitere for-Schleifen beginnen. Dieses Verfahren nennt man *,nested = verschachtelt'*. Gleiches gilt auch für while-Schleifen.

Im obigen Schaubild wird eine Charge mittels der Schleifenvariablen ,c' durchlaufen und geprüft, ob der aktuelle Buchstabe der Charge dem Chargenalphabet ,{a,b,… ,z,A,B,…,Z,0,1,…,9}' genügt. Eine Ausgabe auf der Konsole zeigt die Resultate an. In den Beispielen *,charge = ab + 90'* und *,charge = CH001'* ergibt sich daher (Abb. 3.80 und 3.81):

Schleifendurchlauf	Variable c	Ausgabe
1	a	Buchstabe okay
2	b	Buchstabe okay
3	+	Buchstabe nicht okay
4	9	Buchstabe okay
5	0	Buchstabe okay

Abb. 3.80 Schleifenwerte – for I

Schleifendurchlauf	Variable c	Ausgabe
1	C	Buchstabe okay
2	H	Buchstabe okay
3	0	Buchstabe okay
4	0	Buchstabe okay
5	1	Buchstabe okay

Abb. 3.81 Schleifenwerte – for II

3.14 Schleifen

Anwendungsfälle im SMILE-Prototyp sind gegeben bei der

- Nutzung selektierter Daten aus den CSV-Dateien für Zeilen
- Überprüfung einer gültigen Charge und Split
- Ermittlung der Fehlertexte zum Fehlercode
- Platzliste zur Einlagerung eines Gebindes
- Definition eigener Methoden und Klassen.

```
liste3 = [i for i in kondition]
```

Hierdurch wird direkt eine Liste erzeugt. Es ergibt sich etwa durch (Abb. 3.82) die entsprechende Liste (Abb. 3.83):

In SMILE wird diese Methodik beim Sichern von CSV-Dateien verwendet (Abb. 3.84).

Abb. 3.82 for und Listen – Beispiel I

```
Created on Fri May 19 09:29:08 2023

@author: Sven.Wirsing
"""

liste = [i for i in range(7)]
print(liste)
print(range(7))
```

```
In [3]: runfile('C:/Users/user/Test SMILE/untitled0.py', wdir='C:/Users/user/Test SMILE')
[0, 1, 2, 3, 4, 5, 6]
range(0, 7)

In [4]:
```

Abb. 3.83 for und Listen – Beispiel II

```
#Clean the previous directory
all_prev = [f for f in os.listdir(previous_folder) if os.path.isfile(os.path.join(previous_folder, f))]
for file in all_prev:
    os.remove(os.path.join(previous_folder,file))

#Move all files to subdirectory
all_files = [f for f in os.listdir(folder) if os.path.isfile(os.path.join(folder, f))]
for file in all_files:
    os.rename(os.path.join(folder,file), os.path.join(previous_folder,file))
```

Abb. 3.84 for und Listen – SMILE-Beispiel

3.15 Zeitstempel

‚*Zeitstempel* = *timestamps*' können mit dem Python-Modul ‚*time*' (siehe 4.4 und 4.3) erzeugt werden. Zu diesem Zweck ist die Methode ‚*localtime()*' anzuwenden (Abb. 3.85):

Die Rückgabe der Methode enthält Informationen zu aktuellen Zeitdaten: Jahr, Monat, Tag, Stunde, Minute, Sekunde usw. In SMILE werden Zeitstempel in Bewegungen gespeichert. Folgend kann ausgewertet werden, welche Bewegung wann durchgeführt worden ist.

```
bew['Zeitstempel']=time.localtime()
```

3.16 Zufallszahlen

‚*Zufallszahlen* = *random numbers*' können in Python mit dem ‚*numpy*'-Modul (siehe 4.3 und 4.4) mittels Methode ‚*random.randint*' erzeugt werden.

```
random.randint(von,bis,Anzahl)
```

Die Methode erzeugt im ganzzahligen Intervall ‚*[von,bis]*' diejenige Anzahl an Zufallszahlen, die durch den Parameter ‚*Anzahl*' vorgegeben ist.

Im folgenden Beispiel wird eine Zufallszahl im Intervall ‚*[0,19]*' bzw. in ‚*[1,19]*' erzeugt (Abb. 3.86).

Der Methoden-Rückgabewert ist eine Liste, in diesem Fall mit einem Eintrag an Stelle 0.

In Spyder kann eine Hilfe zur Funktion auf Englisch folgendermaßen angezeigt werden (Abb. 3.87):

```
In [3]: import time

In [4]: time.localtime()
Out[4]: time.struct_time(tm_year=2023, tm_mon=5, tm_mday=12,
tm_hour=9, tm_min=32, tm_sec=30, tm_wday=4, tm_yday=132, tm_isdst=1)
```

Abb. 3.85 Zeitstempel

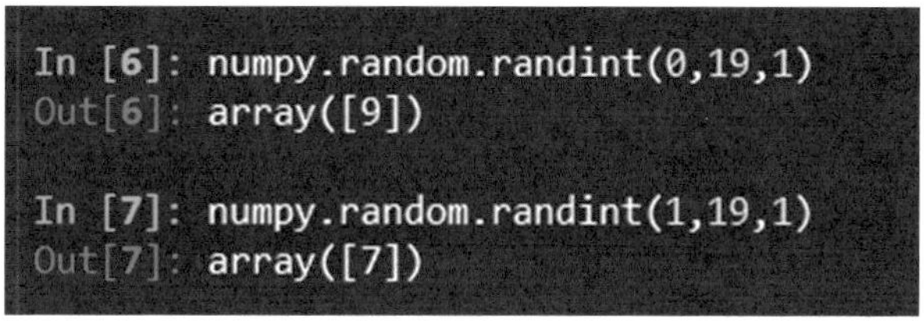

Abb. 3.86 Zufallszahlen randint

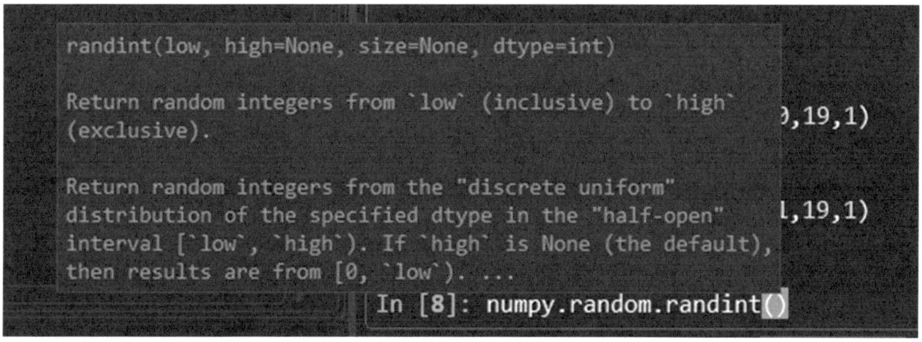

```
In [6]: numpy.random.randint(0,19,1)
Out[6]: array([9])

In [7]: numpy.random.randint(1,19,1)
Out[7]: array([7])
```

```
randint(low, high=None, size=None, dtype=int)

Return random integers from `low` (inclusive) to `high`
(exclusive).

Return random integers from the "discrete uniform"
distribution of the specified dtype in the "half-open"
interval [`low`, `high`). If `high` is None (the default),
then results are from [0, `low`). ...
            In [8]: numpy.random.randint()
```

Abb. 3.87 Zufallszahlen – Hilfe für randint

3.17 CSV-Dateien

In diesem Abschnitt wird die grundlegende Behandlung von ‚*CSV-Dateien*' bzgl. Lese- und Schreibzugriffen mittels Beispielprogramm ‚*csv.py*' erläutert. Das Programm steht bei Springer-Link zum Download bereit.

Innerhalb der Programmlogik wird davon ausgegangen, daß die **CSV**-Datei schon existiert und sich im gleichen Verzeichnis wie das ausgeführte Python-Programm ‚*csv.py*' befindet. Es stehen einige CSV-Dateien bei Springer-Link zum Download bereitgestellt, mit denen ‚*csv.py*' arbeitet (Abb. 3.88):

Der Inhalt aller dieser Dateien ist vor Ausführung durch ‚*csv.py*' identisch (Abb. 3.89):

Es handelt sich um eine einfache Tabellen-Übersicht mit vier Spalten und sieben Zeilen, wobei die erste Zeile die Überschriften der Spalten beinhaltet. Es werden je Zeile Daten zum Material, seinem Preis, seinem Gewicht und seiner Bezeichnung gespeichert.

Auf die Datei ‚*materialien_original.csv*' wird von ‚*csv.py*' nicht zugegriffen. Aus diesem Grund kann der Ausgangszustand in allen Dateien durch Inhalts-Kopie wieder hergestellt werden.

Öffnet man eine dieser Dateien im Editor, zeigt sich folgendes Bild (Abb. 3.90):

Abb. 3.88 csv-Beispiele

- materialien.csv
- materialien_csv.csv
- materialien_csv_dict.csv
- materialien_csv_dict_append.csv
- materialien_original.csv
- materialien_w.csv

A	B	C	D
Material	Preis	Gewicht	Bezeichnung
G001	22.00	10	Gewinde klein
G002	13.21	100	Gewinde gross
S001	33.45	13	Schraube klein
S002	21.21	57	Schraube groaa
D001	34.01	11	Dübel klein
D002	111.11	150	Dübel gross

Abb. 3.89 Inhalt csv-Dateien

Abb. 3.90 csv – delimiter

```
materialien_w.csv            19.05.2023
materialien_w.csv - Editor
Datei  Bearbeiten  Format  Ansicht  Hilfe
Material;Preis;Gewicht;Bezeichnung
G001;22.00;10;Gewinde klein
G002;13.21;100;Gewinde gross
S001;33.45;13;Schraube klein
S002;21.21;57;Schraube groaa
D001;34.01;11;Dübel klein
D002;111.11;150;Dübel gross
```

3.17 CSV-Dateien

Es wird die Struktur von CSV-Dateien ersichtlich: in den Zeilen sind die Zellen durch ein ‚*Trennzeichen = Delimiter*' getrennt voneinander aufgereiht. Im Beispiel ist der Delimiter das Semikolon ‚*;*'. Der Name ‚*CSV = Comma-separated values*' basiert auf dem Delimiter ‚*Komma – in Zeichen,*'. Grundlegende Themen zu CSV-Dateien sind in [40] enthalten. An dieser Stelle sollen die Lese- und Schreibzugriffe erläutert werden. Einige Anregungen stammen aus [41].

Das Hauptprogramm von ‚*csv.py*' besitzt folgende Struktur (Abb. 3.91):

Es werden im Hauptprogramm diverse Unterprogramme zum Lesen und Schreiben von CSV-Dateien aufgerufen.

3.17.1 Lesezugriffe

Die Lesezugriffe werden in verschiedenen Varianten durchgeführt und dabei auf die Datei ‚*materialien.csv*' zugegriffen (Abb. 3.92). Für die Lesezugriffe zwei und drei ist das CSV-Modul ‚csv' notwendig. Es muss im Hauptprogramm durch den Befehl

```
import csv
```

importiert werden.

Das erste Unterprogramm arbeitet mit dem ‚*open*'-Befehl zum Öffnen von CSV-Dateien, die folgend mit der ‚*read-Methode*' ausgelesen und abschließend mit der ‚*close-Methode*' geschlossen werden. In der Variablen ‚*df*' ist der ursprüngliche Inhalt im Programm gespeichert (Abb. 3.93).

Um ‚*close*' nicht zu vergessen, kann der ‚*with open*'-Befehl verwendet werden. Diese Methode ist in der zweiten Funktion dargestellt. Das Ergebnis dieses Lesezugriffs ist dasselbe wie beim ersten Zugriff (Abb. 3.94).

Abb. 3.91 Hauptprogramm csv.py

```
if __name__ == '__main__':
    print('Datei materialien.csv lesen und ausgeben')
    # Lesezugriffe
    datei_ohne_with()
    datei_mit_with()
    datei_mit_csv_reader()
    print()
    datei_mit_csv_dictreader()
    # Schreibzugriffe
    datei_zum_schreiben_oeffnen()
    datei_zum_append_oeffnen()
    datei_csv_writer()
    datei_csv_dict_writer()
    datei_csv_dict_writer_append()
```

```python
import csv

# Lesezugriffe
def datei_ohne_with():
    file = open('materialien.csv')
    df = file.read()
    print(df)
    file.close()

def datei_mit_with():
    with open('materialien.csv') as file:
        df = file.read()
        print(df)

def datei_mit_csv_reader():
    with open('materialien.csv') as file:
        df = csv.reader(file, delimiter=';')
        for line in df:
            print(line)

def datei_mit_csv_dictreader():
    with open('materialien.csv') as file:
        df = csv.DictReader(file, delimiter=';')
        for row in df:
            print(row)
```

Abb. 3.92 CSV-Lesezugriffe

Abb. 3.93 CSV-Lesezugriff-Funktion 1

```
Material;Preis;Gewicht;Bezeichnung
G001;22.00;10;Gewinde klein
G002;13.21;100;Gewinde gross
S001;33.45;13;Schraube klein
S002;21.21;57;Schraube groaa
D001;34.01;11;Dübel klein
D002;111.11;150;Dübel gross
```

3.17 CSV-Dateien

Abb. 3.94 CSV-Lesezugriff-Funktion 2

```
Material;Preis;Gewicht;Bezeichnung
G001;22.00;10;Gewinde klein
G002;13.21;100;Gewinde gross
S001;33.45;13;Schraube klein
S002;21.21;57;Schraube groaa
D001;34.01;11;Dübel klein
D002;111.11;150;Dübel gross
```

```
['Material', 'Preis', 'Gewicht', 'Bezeichnung']
['G001', '22.00', '10', 'Gewinde klein']
['G002', '13.21', '100', 'Gewinde gross']
['S001', '33.45', '13', 'Schraube klein']
['S002', '21.21', '57', 'Schraube groaa']
['D001', '34.01', '11', 'Dübel klein']
['D002', '111.11', '150', 'Dübel gross']
```

Abb. 3.95 CSV-Lesezugriff-Funktion 3

Ein Ergebnis in Listenform erhält man durch Verwendung der dritten Variante auf Basis des CSV-Moduls mittels Methode *‚csv-reader'*. Dabei muss der Delimiter – hier das Semikolon – angegeben werden. Je CSV-Zeile wird eine Liste gespeichert (Abb. 3.95).

Der *‚DictReader'* des CSV-Moduls wandelt die CSV-Datei in eine Dictionary-Struktur um. In diesem Zusammenhang wird die erste Zeile als Schlüssel interpretiert. Je Zeile ist folgend eine Dictionary-Zeile vorhanden (Abb. 3.96).

3.17.2 Schreibzugriffe

Auch Schreibzugriffe sind im Beispielprogramm *‚csv.py'* implementiert (Abb. 3.97).

```
{'Material': 'G001', 'Preis': '22.00', 'Gewicht': '10', 'Bezeichnung': 'Gewinde klein'}
{'Material': 'G002', 'Preis': '13.21', 'Gewicht': '100', 'Bezeichnung': 'Gewinde gross'}
{'Material': 'S001', 'Preis': '33.45', 'Gewicht': '13', 'Bezeichnung': 'Schraube klein'}
{'Material': 'S002', 'Preis': '21.21', 'Gewicht': '57', 'Bezeichnung': 'Schraube groaa'}
{'Material': 'D001', 'Preis': '34.01', 'Gewicht': '11', 'Bezeichnung': 'Dübel klein'}
{'Material': 'D002', 'Preis': '111.11', 'Gewicht': '150', 'Bezeichnung': 'Dübel gross'}
```

Abb. 3.96 CSV-Lesezugriff-Funktion 4

```
# Schreibzugriffe
def datei_zum_append_oeffnen():
    with open('materialien.csv', 'a') as file:
        file.write('X001' + ';' + '0.77' + ';' + '11' + ';' + 'aus csv' +'\n')

def datei_zum_schreiben_oeffnen():
    with open('materialien_w.csv', 'w', newline='') as file:
        file.write('X001' + ';' + '0.77' + ';' + '11' + ';' + 'aus csv' +'\n')

def datei_csv_writer():
    with open('materialien_csv.csv', 'a', newline='') as file:
        df = csv.writer(file, delimiter=';')
        df.writerow(['X001', '0.77', '11', 'aus csv'])

def datei_csv_dict_writer():
    with open('materialien_csv_dict.csv', 'w', newline='') as file:
        fieldnames = ['Material', 'Preis', 'Gewicht', 'Bezeichnung']
        writer = csv.DictWriter(file, fieldnames=fieldnames, delimiter=';')
        writer.writeheader()
        writer.writerow({'Material': 'X001', 'Preis': '0.77', 'Gewicht':'11', 'Bezeichnung':'aus csv'})

def datei_csv_dict_writer_append():
    with open('materialien_csv_dict_append.csv', 'a', newline='') as file:
        fieldnames = ['Material', 'Preis', 'Gewicht', 'Bezeichnung']
        writer = csv.DictWriter(file, fieldnames=fieldnames, delimiter=';')
        writer.writerow({'Material': 'X001', 'Preis': '0.77', 'Gewicht':'11', 'Bezeichnung':'aus csv'})
```

Abb. 3.97 CSV-Schreibzugriffe

Die ersten beiden Funktionen arbeiten ohne CSV-Modul. Funktion 1 öffnet die Datei *„materialien.csv"* mit dem Zusatz *„a = append "* zum Anhängen von Daten. Durch den *„write"*-Befehl wird der Datei eine Zeile angehängt. Diese konkateniert alle der vier notwendigen Daten (siehe Kopfzeile) mit dem Delimiter *„Semikolon"* und führt am Ende einen Zeilenumbruch mittels *„/n"* aus.

Die zweite Funktion unterscheidet sich nur durch den Zusatz *„w = write"* statt *„a"*. Es wird der Datei *„materialien_w.csv"* die neue Zeile angehängt (Abb. 3.98 und 3.99).

Der *„CSV-Writer"* wird in Variante 3 im Append-Modus *„a"* auf die Datei *„materialien_csv.csv"* angewendet. Aus diesem Grund wird die mit *„writerow"* erzeugte Zeile der Datei angehängt. Das Ergebnis ist analog zu Variante 1.

In den Varianten 4 – Datei *„materialien_csv_dict.csv"* – und 5 – Datei *„materialien_csv_dict_append.csv"* – wird der *„Dictionary-writer"* im Schreib- bzw. Append-Modus benutzt. Diesem muss durch *„fieldnames"* die *„Kopfzeile = Schlüssel"* innerhalb des *„DictWriter"*-Befehls bekanntgemacht werden. Ebenso ist der Delimiter = Semikolon mitzugeben. Writerow muss folgend im Dictionary-Format *„Schlüssel-Wert"* definiert werden, damit der Bezug richtig hergestellt werden kann. Wird nicht im Append-Modus gearbeitet, die Datei also gelöscht und neu aufgebaut, muss die Kopfzeile = Schlüssel durch *„writeheader"* erzeugt werden (damit diese auch in der CSV-Datei vorhanden ist und mit Dictionary bearbeitet werden kann) (Abb. 3.100):

Das Ergebnis im Append-Modus ist analog zu dem aus Variante 1.

Es sei angemerkt, daß mittels Attribut *„x"* beim open-Befehl (statt r für read, w für write und a für append) ebenfalls eine neue CSV-Datei erzeugt werden kann.

3.17 CSV-Dateien

	A	B	C	D
1	Material	Preis	Gewicht	Bezeichnung
2	G001	22.00	10	Gewinde klein
3	G002	13.21	100	Gewinde gross
4	S001	33.45	13	Schraube klein
5	S002	21.21	57	Schraube groaa
6	D001	34.01	11	Dübel klein
7	D002	111.11	150	Dübel gross
8	X001	0.77	11	aus csv
9				

Abb. 3.98 Schreibzugriff Version 1

	A	B	C	D
1	X001	0.77	11	aus csv
2				
3				

Abb. 3.99 Schreibzugriff Version 2

	A	B	C	D
1	Material	Preis	Gewicht	Bezeichnung
2	X001	0.77	11	aus csv
3				
4				

Abb. 3.100 Schreibzugriff – Dictwriter

3.18 QR-Codes und Bilder

In diesem Abschnitt wird auf zwei Python-Module eingegangen: ‚*qrcode*' und ‚*pillow*'. Ersteres wird verwendet, um einen ‚*QR-Code*' zu erzeugen, letzteres, um diesen zu speichern und anzuzeigen. Beide Module bieten darüberhinausgehend viele weitere Funktionen und Methoden (siehe z. B. zu qrcode in [23] und zu pillow in [24] und [25]).

Innerhalb von 3.3 ist erklärt, wie man diese Module per *pip*-Befehl installiert. In Abschn. 3.4 wird erläutert, wie per import-Befehl die Pakete in einem Python-Programm genutzt werden können.

Im Modul ‚*qrcode*' ist die Funktion ‚*make*' enthalten, die einen QR-Code auf Basis eines Strings erzeugt. Das entstandene Bild ist vom Typ ‚*qrcode.image.pil.PilImage*':

```
qrcode.make(string)
```

Im SMILE-Prototyp wird die qrcode-Funktion für die Erzeugung von Gebindelabels benutzt.

```
qr='SMILE'+'/'+hu+'/'+row['Material']+'/'+row['Charge']+'/'+row['Split']
img=qrcode.make(qr)
```

Der verwendete String ist etwa ‚*SMILE/43.333/M001/CH001/01*', wobei sich die Daten aus dem Gebindestamm ergeben:

1122 L		WE_LIEF	0 L	M002	CH002	2	89 ST
433333	Sven Wirsing	WE_LIEF	0 L	M001	CH001	1	34 ST

Das per ‚*qrcode.make*' erzeugte Bild kann folgend mit Methoden aus dem Paket ‚*pillow*' abgespeichert (im Verzeichnis, in dem das ausgeführte Python-Programm abgelegt ist) und angezeigt werden.

```
image.save(Datei)
image.show(Datei)
```

In SMILE wird als Dateiname das aktuelle Gebinde mit der Endung ‚*png*' verwendet. Beide werden zum Dateinamen konkateniert:

```
text=hu+'.png'
img.save(text)
```

3.19 PDF-Dateien

Anbei die abgespeicherte Datei (Abb. 3.101):
Mit ähnlicher Vorgehensweise kann die Datei mit *‚show'* angezeigt werden.

```
text=hu+'.png'
img.show(text)
```

Das Ergebnis dieses Beispiels ist folgender scannbarer QR-Code (Abb. 3.102):
Scannt man den QR-Barcode, ergibt sich der ursprüngliche Text: *‚SMILE/43.333/ M001/CH001/01'*.

3.19 PDF-Dateien

Mit dem Python-Modul *‚FPDF'* können PDF-Dokumente erstellt, abspeichert und angezeigt werden (siehe etwa [28], [29], [30], [31]). In SMILE wird das Modul ‚FPDF' z. B. dafür verwendet, um ein PDF-Dokument für eine interne Umlagerung (Transportschuppe) zu erstellen (Abb. 3.103).

Abb. 3.101 QR-Code als Bild gespeichert

Abb. 3.102 QR-Code – Beispiel

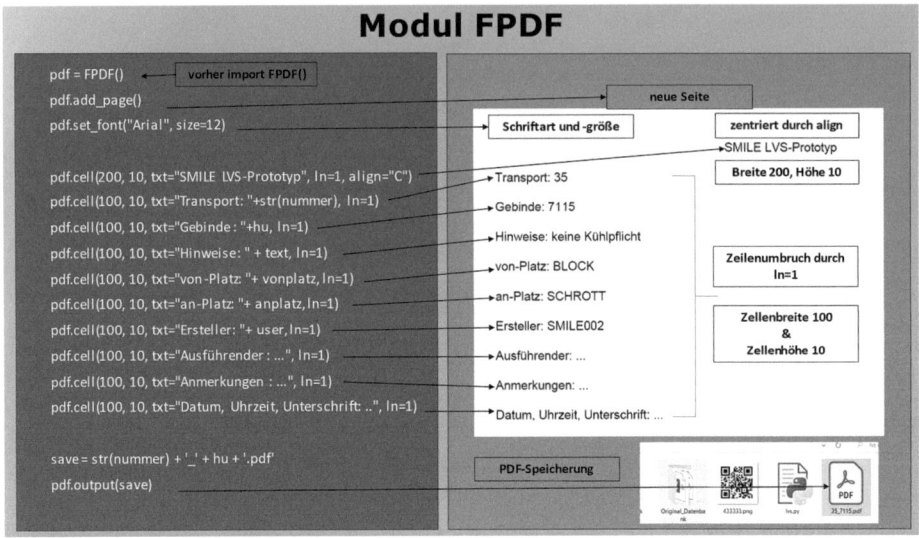

Abb. 3.103 Python – Modul FPDF

Im Unterpunkt 4.3 ist erklärt, wie man FPDF per pip-Befehl installiert. Innerhalb 4.4 zeigt sich per ‚*import*' der Einsatz in Python-Programmen. Dabei kommen die folgenden vier Methoden zum Einsatz:

- ‚*add_page*'
- ‚*set_font*'
- ‚*cell*'
- ‚*output*'.

Natürlich stellt das FPDF-Modul noch viele weitere Methoden bereit. Für die Transportschuppe reichen diese grundlegenden Methoden bereits aus.

Die Methode ‚*add.page*' erzeugt eine neue ‚***PDF-Seite***':

```
add_page()
```

Mithilfe der Methode ‚*set_font*' kann die ‚***Schriftart und -größe***' definiert werden:

```
set_font("Schriftart", size=natürliche Zahl)
set_font("Arial", size=12)
```

Die Befüllung des PDF-Dokumentes mit Inhalt wird durch die ‚*cell*'-Methode realisiert:

3.19 PDF-Dateien

```
cell(Breite als Zahl, Höhe als Zahl, txt=String, border=Zeichen,
ln=Zahl, align=Buchstabe, fill=Boolesch, link=Hyperlink)
```

Die einzelnen Bestandteile haben folgende Bedeutung:

- Breite als Zahl
  - Zellenbreite
- Höhe als Zahl
  - Zellenhöhe
- txt = String (Defaultbelegung = leeres Wort)
  - String wird als Text in der Zelle angezeigt
- border = Zeichenkette (Defaultbelegung = 0)
  - Rahmen mit folgenden Möglichkeiten
    0: keinen Rahmen
    1: Rahmen
    L: Links
    T: Oben
    R: Rechts
    B: Unten
- ln = Zahl (Defaultbelegung = 0)
  - Position nach Ende der cell-Methode, also Anfang des nächsten Textes der folgenden cell-Methode:
    0: rechts daneben
    1: Anfang der nächsten Zeile (wie ein Zeilenumbruch)
    2: direkt darunter in der nächsten Zeile
- align = Buchstabe (Defaultbelegung = L)
  - L = linksseitig
  - C = zentriert
  - R = rechtsseitig
- fill = Boolesch (Defaultbelegung = FALSE)
  - False = Hintergrund ist transparent
  - True = Hintergrund ist koloriert
- link = Hyperlink (Defaultbelegung = leeres Wort)
  - URL oder Identifier von der Methode AddLink().

Beispielhaft bedeuten die cell-Befehle

```
pdf.cell(200, 10, txt="SMILE LVS-Prototyp", ln=1, align="C")
pdf.cell(100, 10, txt="an-Platz: "+anplatz, ln=1)
pdf.cell(100, 10, txt="Ersteller: "+user, ln=1)
```

- **Zelle 1:** Zelle der Breite 200 und Höhe 10 mit zentriertem Text ‚*SMILE LVS-Prototyp*' und Zeilenumbruch
- **Zelle 2:** Zelle der Breite 100 und Höhe 10 mit linksseitigem Text ‚*an-Platz: <<anplatz>>*' und Zeilenumbruch, der Inhalt der Variablen ‚*anplatz*' wird an die Stelle konkateniert.
- **Zelle 3:** Zelle der Breite 100 und Höhe 10 mit linksseitigem Text ‚*Ersteller: <<user>>*' und Zeilenumbruch, der Inhalt der Variablen ‚*user*' wird an die Stelle konkateniert.

Die ‚*output*'-Methode speichert das PDF-Dokument (im Verzeichnis, in dem auch das ausführende Python-Programm abgelegt ist) ab, und zwar unter dem Namen des Wertes der Variablen ‚*Dateiname*'. In SMILE ist dieser Wert ein String, der die aktuelle Transportnummer aus dem zugehörigen Nummernkreisintervall mit der vorliegenden Gebindenummer konkateniert und ‚_' als Trenner benutzt sowie die Endung ‚.PDF' besitzt

```
output(Dateiname)
output(43_12321.pdf)
```

3.20 Ausnahmebehandlung

Es wird mit einem Beispielprogramm begonnen, bei dem zwei natürliche Zahlen vom Benutzer eingegeben und folgend die Grundrechenarten +, -, * und / bzgl. der beiden Zahlen ausgegeben werden (Abb. 3.104):

Beim Aufruf ergibt sich nach Eingabe von ‚*a=1*' und ‚*b=2*' bereits ein ‚*Dump=Programmabbruch*' (Abb. 3.105):

Die Ausnahme ‚*TypeError*' könnte man mit der sog. ‚*Ausnahmebehandlung*' programmintern abfangen. Allerdings liegt in diesem Fall fehlerhaftes Coding vor, da mit Strings nicht gerechnet werden kann. Daher ist eine Ausnahmebehandlung hier nur bedingt sinnvoll. Vielmehr muss die Umwandlungsfunktion ‚*int*' auf die eingegeben Zeichen angewendet werden (Abb. 3.106):

Nach entsprechender Korrektur funktioniert das Programm für ‚*a=1*' und ‚*b=2*' wieder ohne Fehler (Abb. 3.107):

Es kann jedoch zu fehlerhaften Eingaben kommen, die nicht verarbeitet werden können (Abb. 3.108):

Die Eingabe von ‚*a=1.3*' führt zu einem ‚*ValueError*'. Derartige Ausnahmen kann man in Python mit der Ausnahmebehandlung abfangen, wobei die Schlüsselwörter ‚*try*' und ‚*except*' benutzt werden. Nach Ausführung und Eingabe von ‚*a=1,3*' und ‚*b=2*' bricht das Programm nicht mehr ab (Abb. 3.109 und 3.110):

3.20 Ausnahmebehandlung

```python
# -*- coding: utf-8 -*-
"""
Created on Wed May 17 09:38:44 2023

@author: Sven.Wirsing
"""

# Grundrechenarten
def main():
    print('Grundrechenarten zweier natürlichen Zahlen durchführen')
    print('********************************************************')
    a = input('Geben sie die erste natürliche Zahl ein: ')
    b = input('Geben sie die zweite natürliche Zahl ein: ')
    print('Ausgabe der Grundrechenarten:')
    summe = a+b
    produkt = a*b
    differenz1 = a-b
    differenz2 = b-a
    division1 = a/b
    division2 = b/a
    print('Summe = ', summe)
    print('Produkt = ', produkt)
    print('Differenz (erste - zweite) = ', differenz1)
    print('Differenz (zweite - erste) = ', differenz2)
    print('Division (erste / zweite) = ', division1)
    print('Division (zweite / erste) = ', division2)

if __name__ == '__main__':
    main()
```

Abb. 3.104 Grundrechenarten

Durch ,*try*' wird zunächst versucht, den zugeordneten eingerückten Anweisungsblock auszuführen. Tritt bei seiner Ausführung ein Fehler auf und ist dieser mit ,*except*' abgefangen – in diesem Fall ,*TypeError*' und ,*ValueError*' –, bricht das Programm nicht mehr ab. Es führt den jeweiligen Anweisungsblock bei ,*except*' aus, der zur Ausnahme definiert ist. Durch explizite Nennung der Ausnahmefehler können oftmals nicht alle Fehler abfangen werden (Abb. 3.111):

Auch das Teilen durch Null = ,*division by zero*' wird im Ausnahmehandling mit aufgenommen. Es gibt die Möglichkeit, alle weiteren bisher unbekannten Fehler mit einem generellen ,*except*' abzufangen. Vorteil ist, dass das Programm folgend nicht mehr abbricht. Nachteilig ist die Unklarheit darüber, welcher Fehler explizit vorliegt (Abb. 3.112):

```
Grundrechenarten zweier natürlichen Zahlen durchführen
********************************************************

Geben sie die erste natürliche Zahl ein: 3

Geben sie die zweite natürliche Zahl ein: 9
Ausgabe der Grundrechenarten:
Traceback (most recent call last):

  File "C:\Users\user\Desktop\ausnahmebehandlung.py", line 30, in <module>
    main()

  File "C:\Users\user\Desktop\ausnahmebehandlung.py", line 16, in main
    produkt = a*b

TypeError: can't multiply sequence by non-int of type 'str'
```

Abb. 3.105 Grundrechenarten II

```
a = input('Geben sie die erste natürliche Zahl ein: ')
b = input('Geben sie die zweite natürliche Zahl ein: ')
print('Ausgabe der Grundrechenarten:')
a=int(a)
b=int(b)
```

Abb. 3.106 Grundrechenarten III

```
Grundrechenarten zweier natürlichen Zahlen durchführen
********************************************************

Geben sie die erste natürliche Zahl ein: 1

Geben sie die zweite natürliche Zahl ein: 2
Ausgabe der Grundrechenarten:
Summe =  3
Produkt =  2
Differenz (erste - zweite) = -1
Differenz (zweite - erste) =  1
Division (erste / zweite) =  0.5
Division (zweite / erste) =  2.0
```

Abb. 3.107 Grundrechenarten IV

3.20 Ausnahmebehandlung

```
Grundrechenarten zweier natürlichen Zahlen durchführen
******************************************************

Geben sie die erste natürliche Zahl ein: 1.3

Geben sie die zweite natürliche Zahl ein: 2
Ausgabe der Grundrechenarten:
Traceback (most recent call last):

  File "C:\Users\user\Desktop\ausnahmebehandlung.py", line 32, in <module>
    main()

  File "C:\Users\user\Desktop\ausnahmebehandlung.py", line 15, in main
    a=int(a)

ValueError: invalid literal for int() with base 10: '1.3'
```

Abb. 3.108 Grundrechenarten V

```python
# Grundrechenarten
def main():
    print('Grundrechenarten zweier natürlichen Zahlen durchführen')
    print('******************************************************')
    a = input('Geben sie die erste natürliche Zahl ein: ')
    b = input('Geben sie die zweite natürliche Zahl ein: ')
    print('Ausgabe der Grundrechenarten:')
    try:
        a=int(a)
        b=int(b)
        summe = a+b
        produkt = a*b
        differenz1 = a-b
        differenz2 = b-a
        division1 = a/b
        division2 = b/a
        print('Summe = ', summe)
        print('Produkt = ', produkt)
        print('Differenz (erste - zweite) = ', differenz1)
        print('Differenz (zweite - erste) = ', differenz2)
        print('Division (erste / zweite) = ', division1)
        print('Division (zweite / erste) = ', division2)
    except TypeError:
        print('Eingabe inkorrekt (Typ-Fehler). Bitte eine natürliche Zahl eingeben.')
    except ValueError:
        print('Eingabe inkorrekt (Werte-Fehler). Bitte eine natürliche Zahl eingeben.')
```

Abb. 3.109 Grundrechenarten VI

```
Grundrechenarten zweier natürlichen Zahlen durchführen
********************************************************

Geben sie die erste natürliche Zahl ein: 1,3

Geben sie die zweite natürliche Zahl ein: 2
Ausgabe der Grundrechenarten:
Eingabe inkorrekt (Werte-Fehler). Bitte eine natürliche Zahl eingeben.
```

Abb. 3.110 Grundrechenarten VII

```
Geben sie die erste natürliche Zahl ein: 1

Geben sie die zweite natürliche Zahl ein: 0
Ausgabe der Grundrechenarten:
Traceback (most recent call last):
  File "C:\Users\user\Desktop\ausnahmebehandlung.py", line 39, in <module>
    main()
  File "C:\Users\user\Desktop\ausnahmebehandlung.py", line 22, in main
    division1 = a/b
ZeroDivisionError: division by zero
```

Abb. 3.111 Grundrechenarten VIII

```
    except TypeError:
        print('Eingabe inkorrekt (Typ-Fehler). Bitte eine natürliche Zahl eingeben.')
    except ValueError:
        print('Eingabe inkorrekt (Werte-Fehler). Bitte eine natürliche Zahl eingeben.')
    except ZeroDivisionError:
        print('Eingabe inkorrekt (0 ist nicht erlaubt). Bitte eine natürliche Zahl eingeben.')
    except:
        print('Eingabe inkorrekt (unerwarteter Fehler). Bitte eine natürliche Zahl eingeben.')
```

Abb. 3.112 Grundrechenarten IX

Im vorliegenden Beispielcode ist ein Revidieren fehlerhafter Eingaben nicht möglich. Durch ein Fehlerhandling im Hauptprogramm kann dieser Makel beseitigt werden. Dazu werden Fehler aus Unterprogrammen mit dem Befehl ‚*raise*' ans Hauptprogramm weitergeleitet. Im Hauptprogramm wird bei ‚*geraisten*' Fehlern abgefragt, ob die Eingabe wiederholt werden soll. Dieses Verfahren ermöglicht nach Falscheingaben auch ein Verlassen des Hauptprogramms. Zusätzlich wird der Originalfehler mit dem ‚*as*'-Befehl im Unterprogramm ausgegeben (Abb. 3.113):

3.20 Ausnahmebehandlung

```
except TypeError as e1:
    print(e1, 'Eingabe inkorrekt (Typ-Fehler). Bitte eine natürliche Zahl eingeben.')
    raise TypeError
except ValueError as e2:
    print(e2, 'Eingabe inkorrekt (Werte-Fehler). Bitte eine natürliche Zahl eingeben.')
    raise ValueError
except ZeroDivisionError as e3:
    print(e3, 'Eingabe inkorrekt (0 ist nicht erlaubt). Bitte eine natürliche Zahl eingeben
    raise ZeroDivisionError
except:
    print('Eingabe inkorrekt (unerwarteter Fehler). Bitte eine natürliche Zahl eingeben.')
    raise 'UnknownError'

if __name__ == '__main__':
    fehler = True
    while fehler == True:
        try:
            main()
            fehler = False
            print('Programm beendet.')
        except:
            frage = input('Erneut versuchen (Ja/Nein)')
            if frage == 'Ja':
                fehler = True
            else:
                print('Programm beendet.')
                fehler = False
```

Abb. 3.113 Grundrechenarten X

Im *try-except*-Umfeld gibt es weitere Themen, wie etwa das *‚else'* und das *‚finally'*, auf die hier nicht ausführlich eingegangen werden sollen. Einen else-Zweig im try–except-Umfeld ist optional hinter allen except-Anweisungen implementierbar. Er wird ausgeführt, wenn try keine Ausnahme auslöst.

Das optionale *‚finally'* wird als *‚Aufräum- oder Beendigungsklausel'* betitelt. Sie wird immer ausgeführt, unabhängig davon, ob in einem try-Block eine Ausnahme aufgetreten ist. Die Aufräumklausel muss hinter dem except-Befehl und einer möglichen else-Anweisung implementiert werden.

In SMILE werden *‚try-except'* und *‚raise'* im Kontext eigener Klassen verwendet, um Fehlersituationen beim Bearbeiten von CSV-Dateien und Verzeichnissen abzufangen (siehe 6.28 und 6.29).

In diesem Zusammenhang wird der Befehl *‚sys.exit()'* verwendet (Abb. 3.114):

Durch Nutzung von *‚sys.exit'* werden Programme abgebrochen. Der Befehl *‚raised'* ein *‚SystemExit'*, der folgend durch ein *‚try-except'* abgefangen werden kann. Ansonsten wird das Programm beendet (Abb. 3.115).

Wichtig ist, vorher das *‚sys-Modul'* zu importieren.

Die in diesem Abschnitt verwendeten Python-Beispielprogramme *‚ausnahmebehandlung.py'* und *‚sys_exit.py'* stehen zum Download bei Springer-Link bereit.

```
def sichern(self):
    #Define folders to be used
    file_path = os.path.dirname(os.path.realpath("__file__"))
    folder = os.path.join(file_path,"Datenbank")
    previous_folder = os.path.join(folder,"Previous")

    #Check if they exist and create them if necessary
    if not os.path.isdir(folder):
        try:
            os.mkdir(folder)
        except OSError:
            sys.exit('Fatal: output directory "' + folder + '" does not exist and cannot be created')

    if not os.path.isdir(previous_folder):
        try:
            os.mkdir(previous_folder)
        except OSError:
            sys.exit('Fatal: output directory "' + previous_folder + '" does not exist and cannot be creat
```

Abb. 3.114 sys.exit

Abb. 3.115 sys.exit II

```
import sys
def ende():
    sys.exit()

print('Test')
try:
    ende()
except SystemExit:
    print('nach Ende')
```

3.21 Bugs, Debugging und Bugfixing

In diesem Abschnitt sollen typische Fehler, die beim Ausführen von Programmen auftreten, klassifiziert und Methoden zu deren Behebung erläutert werden. Dieser Abschnitt ist durch den Text [46] inspiriert. Das Programm ‚*fehler_debugging.py*' dient zur praktischen Visualisierung und steht bei Springer-Link zum Download bereit.

3.21.1 Fehlerursachen und Fehlerklassifikation

Eine Software ist niemals frei von Fehlern, die im Englischen auch ‚***Bugs***'=Wanzen oder Insekten genannt werden. Der Ursprung der Begriffe ‚***Bug=Fehler***' und auch ‚***Debuggen=Fehlerbeseitigung***' ist der, daß früher in großen Computern kleine Insekten und Käfer die Kontakte blockierten und so die Computer funktionsuntüchtig machten. Deshalb musste man sie wieder entwanzen bzw. entkäfern – ‚*debuggen*'.

Daß Fehler entstehen, ist bei Software-Projekten fast unvermeidbar, sei es bei der Entstehung oder auch späteren Anpassung der Software. Eines der wichtigsten Themen in einem Software-Projekt ist tatsächlich das Aufspüren und Ausmerzen von *,**Bugs**'*.

Fehlerursachen sind oft schlicht und menschlich, seien es Schreibfehler oder allgemeiner Flüchtigkeitsfehler, die beim Codieren ganz natürlich passieren. Diese nennt man ***,syntaktische Fehler'***. Im folgenden Beispiel sind die Variablen ***,a'*** und ***,b'*** nicht definiert (Abb. 3.116):

Beim Ausführen des Programms kann es zu sog. ***,Abbrüchen'***, ***,Laufzeitfehlern'*** oder auch ***,Dumps'*** kommen. Dabei wird je ***,Dump'*** ein sog. ***,Traceback'*** auf der Konsole angezeigt. Typische Beispiele dazu sind in 4.19 erläutert worden, wie etwa das Teilen durch Null oder das Rechnen mit Strings statt mit Dezimalzahlen. Oftmals ist diese Ausnahme bzw. Fehlersituation nicht in den Code integriert worden, ihr Vorkommen wurde übersehen. Im folgenden Beispiel wird durch Null geteilt (Abb. 3.117 und 3.118):

```
# if name == __main__:
#     print()
bruch kehrbruch(a, b)
  Code analysis

    Undefined name 'a' (pyflakes E)
    Undefined name 'b' (pyflakes E)
```

Abb. 3.116 syntaktischer Fehler

Abb. 3.117 Laufzeitfehler

```
#Fehler, Debugging
def bruch_kehrbruch(a,b):
    print()
    result = 0.0
    bruch = a/b
    kehrbruch = b/a
    result = bruch * kehrbruch
    return result


# if name == __main__:
#     print()
print(bruch_kehrbruch(2, 0))
```

```
In [6]: runfile('C:/Users/user/Desktop/fehler_debugging.py', wdir='C:/Users/user/
Desktop')
Traceback (most recent call last):

  File "C:\Users\user\Desktop\fehler_debugging.py", line 20, in <module>
    print(bruch_kehrbruch(2, 0))

  File "C:\Users\user\Desktop\fehler_debugging.py", line 12, in bruch_kehrbruch
    bruch = a/b

ZeroDivisionError: division by zero
```

Abb. 3.118 Traceback

Äußerst gefährliche Fehler sind die sog. ‚*logischen Fehler*', die weder zur Nicht-Ausführbarkeit noch zu einem Abbruch der Software führen. Der Code kann durchlaufen werden, aber das Ergebnis weicht von der ursprünglichen Erwartung ab. Ursachen sind oft falsches Verständnis der umzusetzenden Anforderungen, falsche Formulierungen von Anforderungen, Flüchtigkeitsfehler, geänderte Anforderungen etc.

Im nächsten Beispiel läuft der Code mit den Ergebnis 1 ab. Das Unterprogramm sollte eigentlich die Summe aus Bruch und Kehrbruch der beiden eingegeben natürlichen Zahlen ermitteln (Abb. 3.119 und 3.120):

Wie lassen sich derartige Fehler aufspüren? Die Antwort darauf ist: durch Tests. ‚*Testen*' muss stets ein fester Bestandteil von Software-Projekten sein. Syntaktische Fehler sind leicht aufzuspüren, da der Code nicht ausführbar ist. Laufzeitfehler treten meist nur unter bestimmten Konstellationen auf, die nur durch gut konzipierte ‚*Tests*' gefunden werden können. Das gleiche gilt für logische Fehler, wobei neben Testdurchführung auch Ergebnisprüfung durchgeführt werden muss.

Abb. 3.119 logischer Fehler

```
8   #Fehler, Debugging
9   def bruch_kehrbruch(a,b):
10      print()
11      bruch = a/b
12      kehrbruch = b/a
13      result = bruch * kehrbruch
14      return result
15
16
17  if __name__ == '__main__':
18      a= float(input('Zahl 1: '))
19      b= float(input('Zahl 2: '))
20      print()
21      print(bruch_kehrbruch(a, b))
```

3.21 Bugs, Debugging und Bugfixing

```
In [9]: runfile('C:/Users/user/Desktop/fehler_debugging.py', wdir='C:/Users/user/Desktop')
Zahl 1: 2
Zahl 2: 3

1.0
```

Abb. 3.120 logischer Fehler: Ergebnis

Wie sinnvoll getestet werden kann, wird im zweiten Teil von SMILE erörtert. Wichtig ist, dass Kunden Software durch Tests abnehmen und im Vorfeld aus ihren Anforderungen geeignete Tests ableiten und durchführen. Tests dienen Entwicklern als ‚*Testszenarien*'. Die Erfahrung zeigt, daß nach produktiver Nutzung von Software dennoch Fehler auftreten. Sie müssen und können erst zu diesem Zeitpunkt analysiert und behoben werden. Das nie von einer fehlerfreien Software ausgegangen werden kann, liegt daran, daß in den meisten Fällen auf Grund der ‚*hohen Komplexität*' der Software niemals alle Szenarien getestet werden können. Es gibt Methoden, wie etwa ‚*automatisierte Tests*', die dabei helfen, diesem Ziel nahe zu kommen. Hat man beispielhaft ein Unterprogramm mit drei Eingabeparametern ‚*a*', ‚*b*' und ‚*c*' geschrieben, deren Werte natürliche Zahlen von 1 bis 1000 annehmen können, müsste man streng genommen, *1.000.000.000 Tests*' durchführen…

3.21.2 Fehlerbehebung

In der ‚*Fehlerbehebung = Bufixing*' müssen oben genannte Fehler analysiert und Coding angepasst = ‚*gefixt*' werden. Auch in diesem Kontext müssen erneut Tests durchgeführt werden. Sie testen das geänderte Coding ab.

3.21.2.1 Syntaktische Fehler

Bei ‚*syntaktischen*' Fehlern können Programme nicht ausgeführt werden, wie das folgende Beispiel zeigt (Abb. 3.121):

In diesem Fall wird keine Fehlerzeile im Editor angezeigt. Beim ‚*Mouse-Over*' erhält man erste Hinweise zur Fehlersituation und ihrer Behebung. In diesem Fall sind die Variablen ‚*a*' und ‚*b*' nicht definiert. Typische Fehler sind auch:

- Doppelpunkt bei if, while, def etc. vergessen
- Schlüsselwort als Variablennamen verwendet
- Schreibfehler bei Schlüsselwörtern

Abb. 3.121 syntaktischer Fehler – Hinweise im Editor

- fehlende Einrückung hinter def, if, while etc.
- Klammer geöffnet aber nicht geschlossen
- = statt = = in vergleichenden Ausdrücken verwendet
- Parameterübergabe bei Aufruf von Unterprogrammen vergessen.

Im vorliegenden Fall besteht das Bugfixing daraus, die Variablen ‚*a*' und ‚*b*' zu definieren, Das wird mit einer input-Anweisung realisiert (Abb. 3.122).

‚*Bugfixing*' ist bei syntaktischen Fehlern oft vergleichsweise einfach durchzuführen.

3.21.2.2 Laufzeitfehler

Bugfixing bei Laufzeitfehlern mittels try-except ist bereits in 4.19 erläutert worden. In Tracebacks von Laufzeitfehlern erkennt man, welche Ausnahmen aufgetreten sind. Sie sind mittels try-except zu bugfixen. Im oberen Fall ist es beispielhaft die Ausnahme

Abb. 3.122 syntaktischer Fehler – Bugfixing

3.21 Bugs, Debugging und Bugfixing

‚*ZeroDivionsError*'. In anderen Fällen reicht das reine except-Handling nicht aus. Es ist zusätzlich zu analysieren, ob durch Umcodieren – meist einige Zeilen oberhalb des aufgetretenen Laufzeitfehlers – die Ausnahme vermieden werden kann. Würde man im Coding nur den input-Befehl durchführen, gäbe es den Laufzeitfehler ‚*TypeError*' (Abb. 3.123, 3.124 und 3.125).

In diesem Fall sollte nach User-Eingabe mittels float-Funktion eine Umwandlung durchgeführt werden, um mit den eingegebenen Werten sinnvoll weiterrechnen zu können. Einen Laufzeitfehler erhält man trotz Bugfix bei einer falschen oder unsinnigen Usereingabe. Sie führt zu einem ‚*ValueError*' (Abb. 3.126):

Laufzeitfehler können auch auftreten, wenn sich Programme in ‚***Endlosschleifen***' befinden. Dies zeigt folgendes Beispiel (Abb. 3.127 und 3.128):

Der User muss immer wieder zwei Zahlen eingeben, für die eine Berechnung durchgeführt wird. Es ist vergessen worden, den Abbruch durch den User oder durch eine

```
In [6]: runfile('C:/Users/user/Desktop/fehler_debugging.py', wdir='C:/Users/user/Desktop')
Traceback (most recent call last):
  File "C:\Users\user\Desktop\fehler_debugging.py", line 20, in <module>
    print(bruch_kehrbruch(2, 0))

  File "C:\Users\user\Desktop\fehler_debugging.py", line 12, in bruch_kehrbruch
    bruch = a/b

ZeroDivisionError: division by zero
```

Abb. 3.123 Laufzeitfehler – ZeroDivisionError

Abb. 3.124 Laufzeitfehler – ZeroDivisionError – Bugfixing

```
7
8   #Fehler, Debugging
9   def bruch_kehrbruch(a,b):
10      print()
11      bruch = a/b
12      kehrbruch = b/a
13      result = bruch * kehrbruch
14      return result
15
16
17  if __name__ == '__main__':
18      a= float(input('Zahl 1: '))
19      b= float(input('Zahl 2: '))
20      print()
21      print(bruch_kehrbruch(a, b))
```

```
In [10]: runfile('C:/Users/user/Desktop/fehler_debugging.py', wdir='C:/Users/user/
Desktop')

Zahl 1: 1

Zahl 2: 2

Traceback (most recent call last):

  File "C:\Users\user\Desktop\fehler_debugging.py", line 21, in <module>
    print(bruch_kehrbruch(a, b))

  File "C:\Users\user\Desktop\fehler_debugging.py", line 11, in bruch_kehrbruch
    bruch = a/b

TypeError: unsupported operand type(s) for /: 'str' and 'float'
```

Abb. 3.125 Laufzeitfehler – TypeError

```
In [11]: runfile('C:/Users/user/Desktop/fehler_debugging.py', wdir='C:/Users/user/
Desktop')

Zahl 1: 3,1
Traceback (most recent call last):

  File "C:\Users\user\Desktop\fehler_debugging.py", line 18, in <module>
    a= float(input('Zahl 1: '))

ValueError: could not convert string to float: '3,1'
```

Abb. 3.126 Laufzeitfehler – ValueError

Abb. 3.127 Endlosschleife I

```
if __name__ == '__main__':
    abbruch = False
    while abbruch != True:
        a= float(input('Zahl 1: '))
        b= float(input('Zahl 2: '))
        print()
        print(bruch_kehrbruch(a, b))
```

3.21 Bugs, Debugging und Bugfixing

```
In [13]: runfile('C:/Users/user/Desktop/fehler_debugging.py', wdir='C:/Users/user/Desktop')
Zahl 1: 2
Zahl 2: 3

1.0
Zahl 1: 3
Zahl 2: 4

1.0
Zahl 1:
```

Abb. 3.128 Endlosschleife II

andere Bedingung nach endlich vielen Schritten zu ermöglichen. In diesem Fall kann das Programm allerdings dennoch mit ‚*strg + c*' (‚*Control*' und ‚*c*' auf der Tastatur) abgebrochen werden. Die Tastenkombination löst den ‚*KeyboardInterrupt*'-Laufzeitfehler aus (Abb. 3.129):

Das Bugfixing besteht im vorliegenden Fall darin, den Abbruch und damit den Ausstieg aus der Endlosschleife zu ermöglichen (Abb. 3.130):

3.21.2.3 Logische Fehler

Nach dem Bugfixen syntaktischer und Laufzeitfehler ist das Programm ‚*fehler_debugging.py*' folgendermaßen umcodiert (Abb. 3.131):

Führt man das Programm mit den Zahlen ‚*1*' und ‚*2*' aus, ergibt sich folgendes Resultat (Abb. 3.132):

```
Zahl 1: Traceback (most recent call last):
  File "C:\Users\user\Desktop\fehler_debugging.py", line 20, in <module>
    a= float(input('Zahl 1: '))
  File "C:\Users\user\Anaconda3\lib\site-packages\ipykernel\kernelbase.py", line 860, in raw_input
    return self._input_request(str(prompt),
  File "C:\Users\user\Anaconda3\lib\site-packages\ipykernel\kernelbase.py", line 904, in _input_request
    raise KeyboardInterrupt("Interrupted by user") from None
KeyboardInterrupt: Interrupted by user
```

Abb. 3.129 Endlosschleife III

```
frage = input('Wollen Sie erneut zwei Zahlen eingeben? (Ja/Nein)')
if frage != 'Ja':
    abbruch = True
```

Abb. 3.130 Endlosschleife IV

```
 8  #Fehler, Debugging
 9  def bruch_kehrbruch(a,b):
10      print()
11      try:
12          bruch = a/b
13      except:
14          print('Bitte eine reelle Zahl ungleich Null eingeben.')
15          raise
16      try:
17          kehrbruch = b/a
18      except:
19          print('Bitte eine reelle Zahl ungleich Null eingeben.')
20          raise
21      result = bruch * kehrbruch
22      return result
23
24
25  if __name__ == '__main__':
26      abbruch = False
27      while abbruch != True:
28          try:
29              a= float(input('Zahl 1: '))
30          except:
31              print('Bitte eine reelle Zahl eingeben.')
32              continue
33          try:
34              b= float(input('Zahl 2: '))
35          except:
36              print('Bitte eine reelle Zahl eingeben.')
37              continue
38          print()
39          try:
40              print(bruch_kehrbruch(a, b))
41          except:
42              print('Bitte eine reelle Zahl ungleich Null eingeben.')
43          frage = input('Wollen Sie erneut zwei Zahlen eingeben? (Ja/Nein)')
44          if frage != 'Ja':
45              abbruch = True
```

Abb. 3.131 logischer Fehler I

Ist das Resultat ‚*1.0*' korrekt? Das kann nur beantwortet werden, wenn an das Programm vorher definierte Anforderungen bestehen. In diesem Fall mögen sie vom Endanwender folgendermaßen festgelegt sein:

3.21 Bugs, Debugging und Bugfixing

```
In [18]: runfile('C:/Users/user/Desktop/fehler_debugging.py', wdir='C:/Users/user/Desktop')

Zahl 1: 1

Zahl 2: 2

1.0

Wollen Sie erneut zwei Zahlen eingeben? (Ja/Nein)

In [19]:
```

Abb. 3.132 logische Fehler II

Das Programm soll zwei ganze Zahlen einlesen und die Summe aus dem Bruch und dem Kehrbruch der beiden Zahlen ausgeben. Der User kann anschließend das Programm mit Return abbrechen oder erneut ausführen.

Ein Testfall zu dieser Anforderung könnte sein:

Testfall 1
Testdurchführung:
  Führe das Programm aus.
  Gebe die Zahlen 1 und 2 nacheinander ein und drücke jeweils Return.
  Beende das Programm durch Return.

Testresultat:
  Das Resultat ist 2.5.
  Nach Ausgabe des Resultats wird das Programm durch Return beendet.

Da ‚*1.0*' nicht mit ‚*2.5*' übereinstimmt, ist der Test ‚*fehlerhaft*'. Es liegt ein logischer Fehler im Programm vor. Wie findet man die Ursache?

Dazu ist es sinnvoll, die Logik zur Berechnung des Resultats zu analysieren. Das ist deswegen naheliegend, da das Programm sehr übersichtlich ist und der komplette Code leicht lesbar ist. Die Berechnung vollzieht sich im Unterprogramm ‚*bruch_kehrbruch(a,b)*'. Dort wird erst der Bruch ‚*a/b*' und anschließend der Bruch ‚*b/a*' – der Kehrbruch von ‚*a/b*' – berechnet. Ist vielleicht die Reihenfolge falsch? Das ist nicht der Fall, da mit ‚*b/a*' beginnend sein Kehrbruch genau ‚*a/b*' ist. Das Vorgehen führt zu gleichen Brüchen. Das Resultat ist

```
result=bruch * kehrbruch.
```

Daran erkennt man, daß die beiden Brüche nicht addiert – also deren Summe –, sondern multipliziert und damit ihr Produkt berechnet wird. Das Bugfixing besteht also darin, die Zeile durch

```
result=bruch+kehrbruch.
```

zu ersetzen. Nun ergibt ein erneuter Test das geforderte Resultat (Abb. 3.133):

Bei einem komplexen und ggfs. auch dem ‚*Bugfixer*' unbekannten Programm ist die ‚*Debugging*'-Methode praktikabel. Dabei kann Code mit aktuellen Variablen-Werten durchlaufen werden. Zusätzlich können sog. ‚*Halte-Punkte*' (im englischen ‚*Break-Points*') im Code dort gesetzt werden, wo der logische Fehler vermutet wird. Das ‚*Debuggen*=Aufspüren des Bugs erfordert meist Zeit und Programmierkenntnisse. Einige vergleichen Das Debuggen mit Detektivarbeit, andere mit Finden von Lösungen zu Übungsaufgaben.

Im Spyder – Editor gibt es im Menü diverse Debugging-Methoden (Abb. 3.134):

Die folgenden Debugging-Methoden werden an einem Beispiel erläutert (Abb. 3.135):

Im Vorfeld des Debuggings können Haltepunkte im Code gesetzt oder entfernt werden. Das vollzieht sich durch die Taste ‚*F12*' nach dem Markieren einer Zeile oder durch ‚*Drücken*' (mit der Maus) direkt neben die Zeilennummer Es erscheint folgend ein roter Punkt (Abb. 3.136):

Einen Haltepunkt kann man auch mit dem ‚*breakpoint()*'-Befehl direkt im Coding platzieren (Abb. 3.137):

Zu Haltepunkten kann man auch Konditionen hinterlegen, bei denen sie aktiv werden (Abb. 3.138):

```
In [19]: runfile('C:/Users/user/Desktop/fehler_debugging.py', wdir='C:/Users/user/Desktop')

Zahl 1: 1

Zahl 2: 2

2.5

Wollen Sie erneut zwei Zahlen eingeben? (Ja/Nein)

In [20]:
```

Abb. 3.133 logischer Fehler III

3.21 Bugs, Debugging und Bugfixing

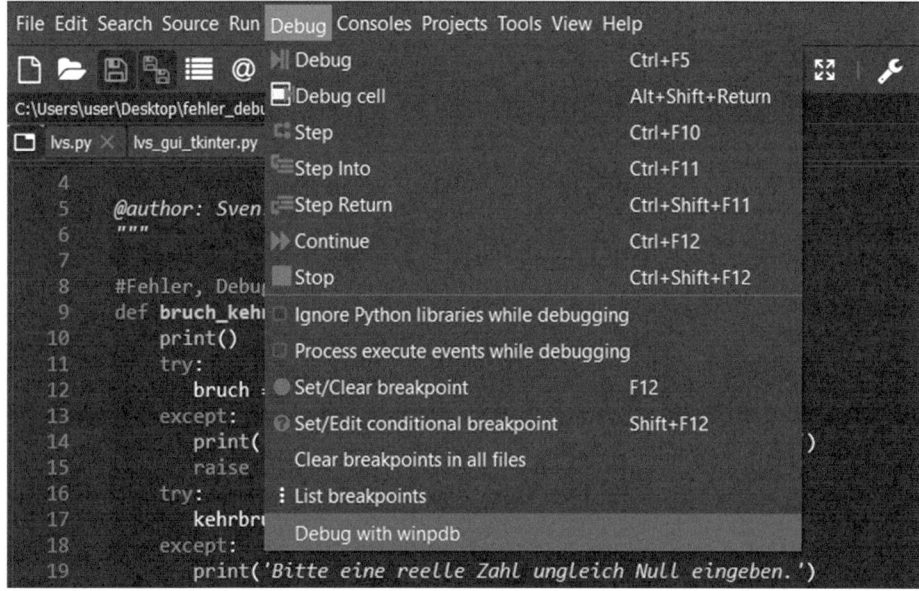

Abb. 3.134 Spyder-Debugger

Die folgenden Debugging-Methoden werden an einem Beispiel erläutert:

Tastenkombination	Name	Bedeutung
Ctrl+F5	Debug	Debugger starten
Ctrl+F10	Step	Schritt ausführen
Ctrl+F11	Step into	in ein Unterprogramm etc. springen
Ctrl+Shift+F11	Step return	aus einem Unterprogramm etc. herausspringen
Ctrl+F12	Continue	Code bis zum nächsten Breakpoint ausführen
Ctrl+Shift+F12	Stop	Beenden des Debuggers
F12	Set/Clear Breakpoint	Setzen oder Entfernen eines Breakpoints
Shift+F12	Set/edit conditional Breakpoint	Setzen oder Entfernen eines Breakpoints inkl. einer Bedingung

Abb. 3.135 Debugging-Methoden

```
19              print('Bitte eine reelle Zahl ungleich Null eingeben.')
20              raise
21●     result = bruch + kehrbruch
22      return result
23
```

Abb. 3.136 Breakpoint I

```
37              continue
38          print()
39          try:
40              breakpoint()
41              print(bruch_kehrbruch(a, b))
```

Abb. 3.137 Breakpoint II

```
11      try:
12❓         bruch = a/b
13      except:
14          print('Bitte ei...              Null eingeben.')
15          raise
16      try:
17●         kehrbruch = b/a
18      except:
19          print('Bitte ei...              Null eingeben.')
```
Condition: a > 1

Abb. 3.138 conditional breakpoint

Sie sind durch rote Kreise mit einem ‚*?*' gekennzeichnet und werden ‚*conditional break-points*' genannt. Führt man den Code jetzt aus, hält das Programm bei dem ‚*breakpoint()*'-Befehl an. Im ‚*Debugging-Modus*', gestartet durch ‚*Ctrl + F5*', wird auch an Zeilen mit rotem (Halte-)Punkt angehalten (Abb. 3.139):

Breakpoints werden im Spyder-Editor rechtsseitig im entsprechenden Tabstrip angezeigt (Abb. 3.140):

Startet man jetzt den Debugger, so hält die Ausführung des Codes an (Abb. 3.141 und 3.142):

Der ‚*blaue Pfeil*' im Coding zeigt an, in welcher Zeile aktuell angehalten wird (Abb. 3.143):

Mit ‚*Ctrl + F12 – Continue*' gelangt man zum nächsten Breakpoint (Abb. 3.144):

Auf der rechten Konsolen-Seite kann man sich die Variablen-Werte anzeigen lassen, was für Analysen bedeutsam ist (Abb. 3.145):

3.21 Bugs, Debugging und Bugfixing

```
 3   Created on Sat May 20 09:59:33 2023
 4
 5   @author: Sven.Wirsing
 6   """
 7
 8   #Fehler, Debugging
 9   def bruch_kehrbruch(a,b):
10       print()
11       try:
12           bruch = a/b
13       except:
14           print('Bitte eine reelle Zahl ungleich Null eingeben.')
15           raise
16       try:
17           kehrbruch = b/a
18       except:
19           print('Bitte eine reelle Zahl ungleich Null eingeben.')
20           raise
21       result = bruch + kehrbruch
22       return result
23
24
25   if __name__ == '__main__':
26       abbruch = False
27       while abbruch != True:
28           try:
29               a= float(input('Zahl 1: '))
30           except:
31               print('Bitte eine reelle Zahl eingeben.')
32               continue
33           try:
34               b= float(input('Zahl 2: '))
35           except:
36               print('Bitte eine reelle Zahl eingeben.')
37               continue
38           print()
39           try:
40               breakpoint()
41               print(bruch_kehrbruch(a, b))
```

Abb. 3.139 Breakpoints III

Möchte man nicht gleich zum nächsten Breakpoint springen, sondern den Code schrittweise ausführen, nutzt man die Tastenkombination ‚*Step – Ctrl+F10*' (Abb. 3.146):

Um in ein Unterprogramm etc. zu debuggen, darf man nicht ‚*Step*' nutzen, sondern muss an der entsprechenden Zeile ‚*Step into – Ctrl+F11*' verwenden (Abb. 3.147 und 3.148):

Entsprechend verlässt man eine Funktion mit ‚*Step Return – Ctrl+Shift+F11*', um ins Hauptprogramm direkt hinter dem Aufruf zurückzugelangen (Abb. 3.149 und 3.150):

Mit ‚*Stop – Ctrl+Shift+F12*' verlässt man den Debugger.

Der Abschnitt wird mit einer Übersicht abgeschlossen (Abb. 3.151):

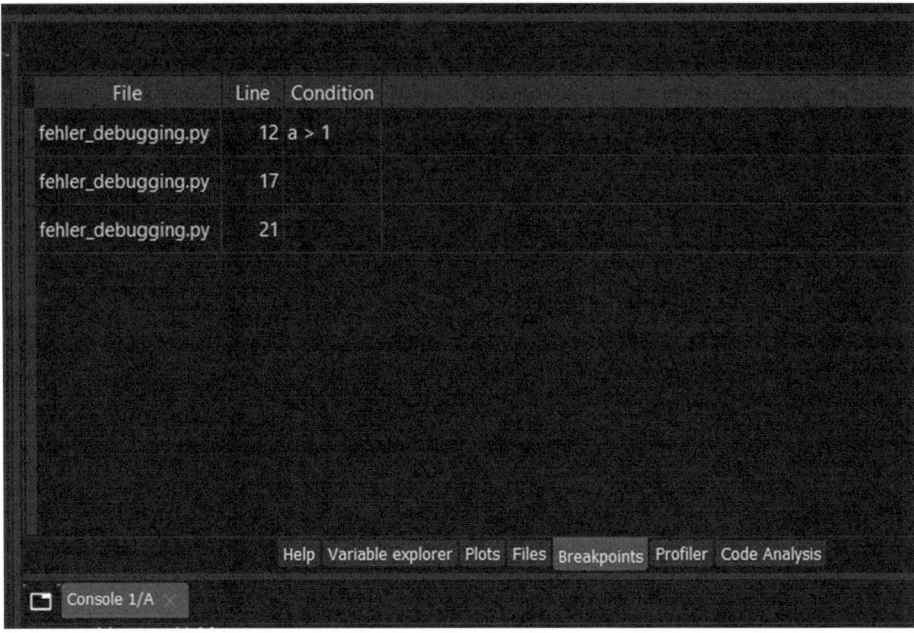

Abb. 3.140 Breakpoints-Liste

Abb. 3.141 Debugger I

3.21 Bugs, Debugging und Bugfixing

```
Zahl 1: 2
Zahl 2: 3
> c:\users\user\desktop\fehler_debugging.py(41)<module>()
     39         try:
     40             breakpoint()
---> 41             print(bruch_kehrbruch(a, b))
     42         except:
     43             print('Bitte eine reelle Zahl ungleich Null eingeben.')

ipdb>
```

Abb. 3.142 Debugger II

```
38          print()
39          try:
40              breakpoint()
41►             print(bruch_kehrbruch(a, b))
42          except:
43              print('Bitte eine reelle Zahl ungleich Null eingeben.')
44          frage = input('Wollen Sie erneut zwei Zahlen eingeben? (Ja/Nein)')
45          if frage != 'Ja':
46              abbruch = True
```

Abb. 3.143 Debugger-blauer Pfeil

```
 7
 8  #Fehler, Debugging
 9  def bruch_kehrbruch(a,b):
10      print()
11      try:
12►         bruch = a/b
13      except:
14          print('Bitte eine reelle Zahl ungleich Null eingeben.')
```

Abb. 3.144 Continue

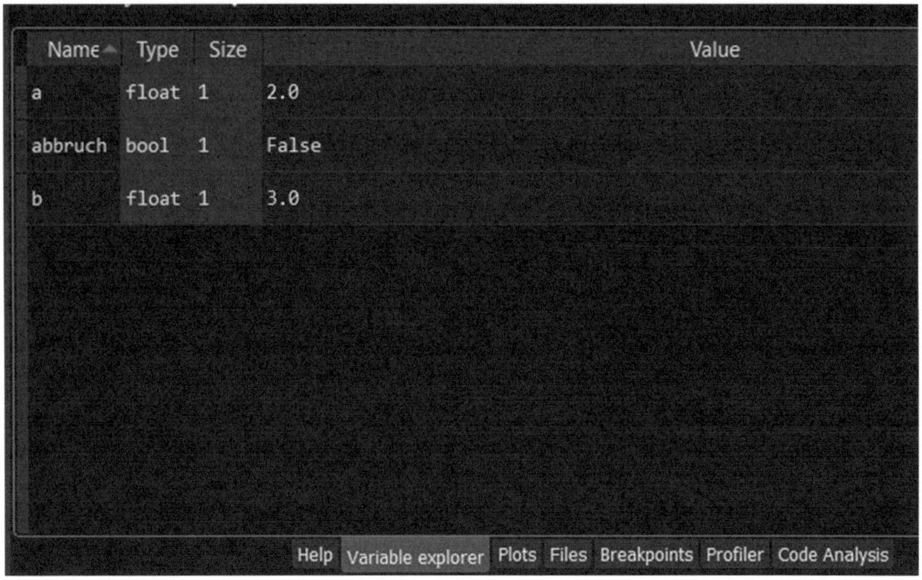

Name	Type	Size	Value
a	float	1	2.0
abbruch	bool	1	False
b	float	1	3.0

Abb. 3.145 Debugger-Variablen

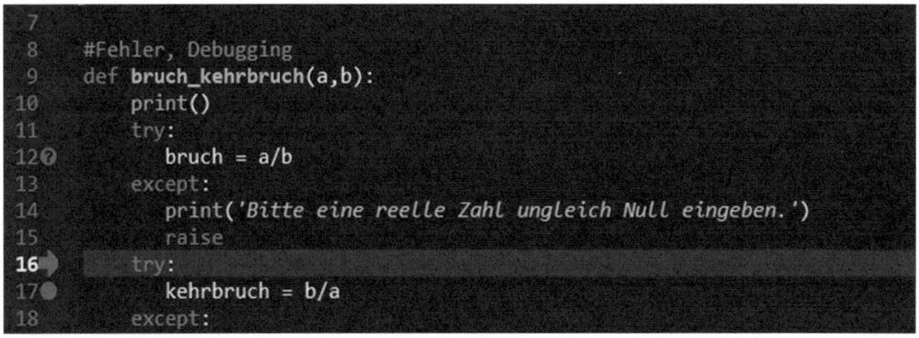

```
 7
 8    #Fehler, Debugging
 9    def bruch_kehrbruch(a,b):
10        print()
11        try:
12●           bruch = a/b
13        except:
14            print('Bitte eine reelle Zahl ungleich Null eingeben.')
15            raise
16▶       try:
17●           kehrbruch = b/a
18        except:
```

Abb. 3.146 Debugger-Step

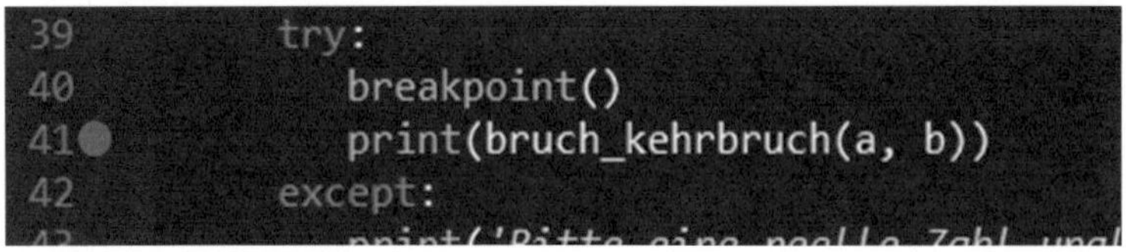

```
39        try:
40            breakpoint()
41●           print(bruch_kehrbruch(a, b))
42        except:
```

Abb. 3.147 Step into

3.21 Bugs, Debugging und Bugfixing

Abb. 3.148 Step into II

Abb. 3.149 Debugger – Step Return I

Abb. 3.150 Debugger – Step Return II

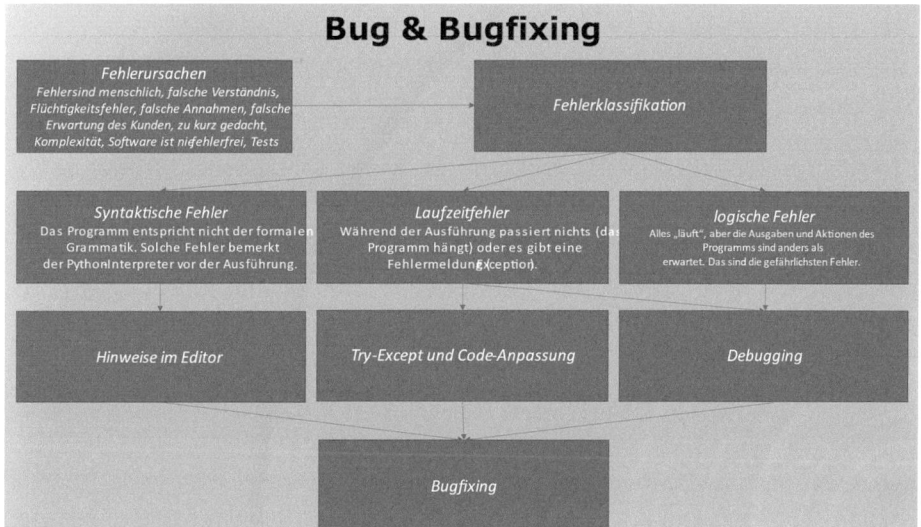

Abb. 3.151 Bug & Bugfixing

3.22 Pfad- und Dateizugriffe

Im Python-Programm ‚*os.py*', das zum Download bei Springer-Link bereitsteht, werden grundlegende Pfad- und Dateizugriffe mit Python auf Basis des Moduls ‚*os*' erläutert (Abb. 3.152).

Die Variable ‚__*file*__' ist bereits in 4.9.6 erläutert worden. Sie enthält den aktuellen Pfad nebst Dateinamen vom ausgeführten Python-Programm und ist vom Typ ein String:

> __file__: C:\Users\user\Documents\Studium & Promotion & Papers\Meine Bücher\LMIS Band I\technische Doku SMILE-CLI-Version\os.py
> **Typ von __file__:** <class 'str'>

Mit der Befehlszeile

```python
import os
if __name__ == '__main__':
    print('__file__: ',__file__)
    print()
    print('Typ von __file__: ',type(__file__))
    print()
    print('__file__: ',os.path.dirname(os.path.realpath("__file__")))
    print()
    print('OS.GETCWD: ',os.getcwd())
    print()
    print('OS.LISTDIR: ',os.listdir())
    print()
    if os.path.isdir('test') == False:
        os.mkdir('test')
        print('dir test angelegt')
    else:
        os.rmdir('test')
        print('dir test entfernt')
    print()
    print('OS.PATH.ISFILE bzgl. TEST: ',os.path.isfile('test'))
    print()
    print('OS.PATH.ISDIR bzgl. TEST: ',os.path.isdir('test'))
    print()
    print('OS.PATH.ISFILE bzgl. MATERIALIEN.CSV: ',os.path.isfile('materialien.csv'))
    print()
    print('OS.PATH.ISDIR bzgl. TEST: ',os.path.isdir('materialien.csv'))
    print()
    if os.path.isdir('test_rename') == False:
        os.mkdir('test_rename')
        print('dir test_rename angelegt')
    else:
        try:
            os.rename('test_rename', 'test_renamed_by_rmdir')
            print('dir test_rename in test_renamed_by_rmdir umbenannt')
        except:
            os.rmdir('test_renamed_by_rmdir')
            print('dir test_renamed_my_rmdir entfernt')
    print()
    print('OS.PATH.JOIN mit OS.GETWVD und TEST: ',os.path.join(os.getcwd(), 'test'))
    print()
    print('OS.PATH.JOIN mit OS.GETWVD und MATERIALIEN.CSV: ',os.path.join(os.getcwd(), 'materialien.csv'))
```

Abb. 3.152 Pfad- und Dateizugriffe mit os

3.22 Pfad- und Dateizugriffe

```
os.path.dirname(os.path.realpath("__file__"))
```

erhält man den Pfad der Datei:

```
__file__: C:\Users\user\Documents\Studium & Promotion & Papers\Meine
Bücher\LMIS Band I\technische Doku SMILE-CLI-Version
```

Das gleiche Ergebnis bewirkt der Befehl

```
os.getcwd,
```

wie nachfolgend dargestellt:

```
OS.GETCWD: C:\Users\user\Documents\Studium & Promotion & Papers\Meine
Bücher\LMIS Band I\technische Doku SMILE-CLI-Version
```

Tatsächlich ist ‚*os.py*' dort enthalten (Abb. 3.153):
  Mittels Befehls

```
os.listdir
```

werden alle Dateien und Unterpfade des aktuellen Verzeichnisses, in dem das ausgeführte Python-Programm abgelegt ist, angezeigt:

Name	Änderungsdatum	Typ	Größe
mainloop.vsd	02.05.2023 11:45	Microsoft Visio 20...	170 KB
materialien.csv	19.05.2023 10:40	Microsoft Excel-CS...	1 KB
materialien_csv.csv	19.05.2023 10:40	Microsoft Excel-CS...	1 KB
materialien_csv_dict.csv	19.05.2023 10:40	Microsoft Excel-CS...	1 KB
materialien_csv_dict_append.csv	19.05.2023 10:40	Microsoft Excel-CS...	1 KB
materialien_original.csv	18.05.2023 21:59	Microsoft Excel-CS...	1 KB
materialien_w.csv	19.05.2023 10:40	Microsoft Excel-CS...	1 KB
matstamminfo.vsd	23.04.2023 20:54	Microsoft Visio 20...	74 KB
nummernkreise.vsd	24.04.2023 20:40	Microsoft Visio 20...	68 KB
os.py	19.05.2023 22:17	Python File	2 KB

Abb. 3.153 os.getcwd

> **OS.LISTDIR:** ['35_7115.pdf', '4712.png', 'Ablauf.vsd', 'Ablauf_WE_Kontrolle.vsd', 'Ablauf_WE_Kontrolle_2.vsd', 'Ablauf_WE_Kontrolle_3.vsd', 'ausnahmebehandlung.py', 'bestmat.vsd', 'bestplatz.vsd', 'bewegungen_schreiben.vsdx', 'Chargenpruefung.vsd', 'chargstamminfo.vsd', 'csv.py', 'einlagern.vsdx', 'for_schleife.pptx', 'gebindeavis.vsd', 'gebindeinfo.vsd', 'gebindelabel.vsdx', 'gebindewe.vsd', 'Hauptprogramm.vsd', 'huweautovsdx.vsdx', 'if_elif_else.pptx', 'init.vsd', 'Integration Kuehlgut Zoom.pdf', 'Klassen_methoden.vsd', 'kuehlgut.vsd', 'lieferantenret.vsd', 'Logik_Mengen.pptx', 'mainloop.vsd', 'materialien.csv', 'materialien_csv.csv', 'materialien_csv_dict.csv', 'materialien_csv_dict_append.csv', 'materialien_original.csv', 'materialien_w.csv', 'matstamminfo.vsd', 'nummernkreise.vsd', 'os.py', 'pdf.pptx', 'platzaendern.vsd', 'platzfindung.pptx', 'Print_Input.pptx', 'Problemstellung Chargenschnittstelle.pptx', 'Problemstellung Kuhlgut.pptx', 'rechnung.csv', 'Simulation_LMIS.vsd', 'SMILE.png', 'stichdialog.vsdx', 'sys_exit.py', 'technische Dokumentation und Python-Grundlagen – SMILE – CLI – Version_V1.0.docx', 'test_renamed_by_rmdir', 'transportschuppe.vsdx', 'Unterprogramme.pptx', 'variablen.pptx', 'verschrotten.vsd', 'while_schleife.pptx', 'Übersicht_Unterprogramme.vsd'].

Ein neues Unterverzeichnis – hier vom Namen ‚*test*' – kann mit der Befehlszeile

```
os.mkdir('test')
```

angelegt werden. Dabei sollte vorher mittels Befehls

```
os.path.isdir('test')
```

überprüft werden, ob das Verzeichnis noch nicht existiert. Rückgabewerte sind ‚*True*' bzw. ‚*False*'.

Existiert das Verzeichnis bereits, wird im vorliegenden Programm mit dem Code

```
os.rmdir('test')
```

das Verzeichnis wieder entfernt. In der aktuellen Ausführung ist der Fall eingetreten, dass das Verzeichnis noch nicht vorhanden ist (Abb. 3.154):

```
dir test angelegt
```

3.22 Pfad- und Dateizugriffe

Abb. 3.154 os.mkdir

Wiederholt man die Ausgabe von *‚os.csv'*, ist das Ergebnis (Abb. 3.155)

```
dir test entfernt
```

Durch den Befehl

```
os.path.isfile('test')
```

kann überprüft werden, ob eine Datei existiert:

```
OS.PATH.ISFILE bzgl. TEST: False
```

Das Ergebnis ist *‚False'*, da *‚test'* ein Unterverzeichnis ist, weswegen

Abb. 3.155 os.rmdir

OS.PATH.ISDIR bzgl. TEST: True

das Ergebnis ‚*True*' besitzt. Die Datei ‚*materialien.csv*' existiert hingegen:

OS.PATH.ISFILE bzgl. MATERIALIEN.CSV: True

Umgekehrt ist ‚*materialien.csv*' kein Verzeichnis:

OS.PATH.ISDIR bzgl. MATERIALIEN.CSV: False

Mittels der Befehlszeile

```
os.rename('test_rename', 'test_renamed_by_rmdir')
```

wird ein Verzeichnis (und auch eine Datei) umbenannt. Links ist der bisherige und rechts der neue Name anzugeben. Je nach aktuellem Zustand erhält man bei Ausführung von ‚*os.py*' eine der folgenden drei Meldungen (Abb. 3.156):

```
dir test_rename angelegt
    dir test_rename in test_renamed_by_rmdir umbenannt
    dir test_renamed_my_rmdir entfernt
```

Name	Änderungsdatum	Typ	Größe
test_rename	20.05.2023 09:55	Dateiordner	
test_renamed_by_rmdir	19.05.2023 22:04	Dateiordner	
35_7115.pdf	15.04.2023 15:18	Adobe Acrobat-D...	2 KB
4712.png	14.04.2023 21:22	PNG-Datei	1 KB
Ablauf.vsd	30.04.2023 21:20	Microsoft Visio 20...	101 KB
Ablauf_WE_Kontrolle.vsd	28.11.2019 11:51	Microsoft Visio 20...	67 KB

Dokumente > Studium & Promotion & Papers > Meine Bücher > LMIS Band I > technische Doku SMILE-CLI-Version

Abb. 3.156 os.rename

Um einen Pfad inkl. Datei genau zu ermitteln, kann der Befehl

```
os.path.join(Pfad, Datei/Unterverzeichnis))
```

verwendet werden. Dabei wird der richtige Verzeichnis- bzw. Dateipfad automatisch bestimmt, wie die folgenden zwei Beispiele zeigen (Abb. 3.157):

OS.PATH.JOIN mit OS.GETWVD und TEST: C:\Users\user\Documents\Studium & Promotion & Papers\Meine Bücher\LMIS Band I\technische Doku SMILE-CLI-Version\test

OS.PATH.JOIN mit OS.GETWVD und MATERIALIEN.CSV: C:\Users\user\Documents\Studium & Promotion & Papers\Meine Bücher\LMIS Band I\technische Doku SMILE-CLI-Version\materialien.csv

3.23 OOP – Objektorientierte Programmierung

Die Abkürzung *‚OOP'* steht für *‚objektorientierte Programmierung'*. In diesem Abschnitt soll zu diesem Thema eine Einführung in die grundlegenden Bestandteile einer OOP gegeben werden. Aus diesem Grund wird auf Begriffe wie *‚Klassen'*, *‚Methoden'*, *‚Methodenaufrufe'*, *‚Instanziierungen'*, *‚Objekte'*, *‚Objektinstanzen'*, *‚Persistenz'*, *‚Attribute von Klassen und Objekten'*, *‚Attributänderungen'*, *‚Konstruktoren'*, *‚Destruktoren'*, *‚Dekoratoren'*, der Wortlaut *‚self'*, *‚statische Methoden'* und die Begriffe *‚private'*, *‚public'* und *‚protected'* näher eingegangen.

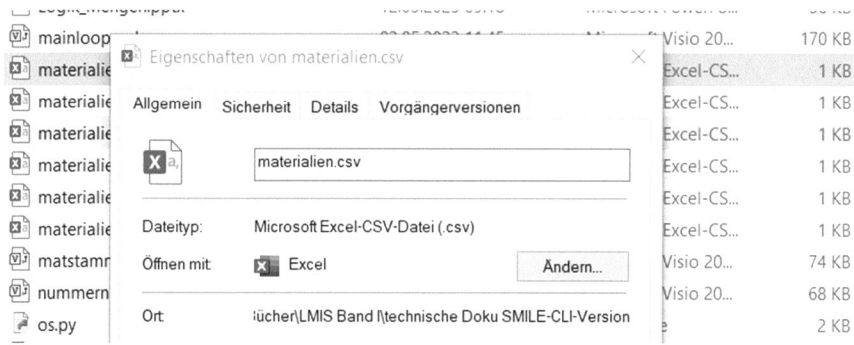

Abb. 3.157 os.path.join

Die Welt der *‚Objektorientierung'* ist noch reichhaltiger. Es gibt weitere hier nicht betrachtete Konzepte, wie etwa Klassenmethoden, Vererbung, Mehrfachvererbung, Polymorphismus, spezielle Methoden (property, setter, getter, __str__, Vergleichs- und Rechenmethoden, ...), Operatorüberladung, Slots und Metaklassen.

3.23.1 Hintergründe

Die Objektorientierung wurde bereits in den 1960er-Jahren erfunden und eingesetzt. Sie erlebte ihren Durchbruch aber erst in den 1990er-Jahren. Heutzutage ist das Konzept in fast allen gängigen Programmiersprachen vorzufinden.

Hintergrund in den 1960er-Jahren war, dass Programme immer komplexer wurden. Es gab immer mehr Anforderungen und Änderungswünsche während und nach einer Implementierung. Daraus resultierten Seiteneffekte, da zudem mehrere Programmierer an einem Projekt arbeiteten. Diese Softwarekrise sollte durch die Objektorientierung überwunden werden. Einen lesenswerten Beitrag zur Objektorientierung findet sich in [48].

Es gibt zahlreiche Definitionen und Beschreibungen der Objektorientierung. Sie orientiert sich an Dingen oder Objekten des Denkens und der Anschauung – der imaginären und der realen physischen Welt. An dieser Stelle ist ein Vergleich zur Mengendefinition von Cantor in der Mathematik angebracht: Cantor fasst nämliche wohlunterschiedenen Objekte des Denkens und der Anschauung zu Mengen zusammen. Einige Beispiele derartiger Objekte sind in folgender Grafik aufgeführt (Abb. 3.158):

Die Objekte sind dabei beispielhaft aus einem logistischen Prozess entnommen – dem avisiertem Wareneingang. Dabei werden AVISe manuell angelegt oder von Lieferanten datentechnisch an LVS-Systeme versendet, um Warenlieferungen anzukündigen. Auf Basis der AVISe werden Wareneingangsbuchungen durchgeführt. Sie erleichtern die Buchungen erheblich. Dabei müssen mitgesendete Daten wie etwa Materialien, Chargen und Gebinde überprüft und bearbeitet werden. Am Ende werden die Buchungen durch sog. Bewegungssätze protokolliert. Diesen Prozessfluss folgend gibt es die Objekte *‚AVIS'*, *‚Material'*, *‚Charge'*, *‚Gebinde'* und *‚Bewegungssatz'*.

Man erkennt, daß vor Implementierung erst eine sog. *‚objektorientierte Analyse = OOA'* und ein *‚objektorientiertes Design = OOD'* zu erstellen sind. In obiger Grafik werden zudem die Begriffe *‚Attribut'* und *‚Methode'* benutzt. Die Objekte besitzen Eigenschaften, die Attribute genannt werden. Ein AVIS wird etwa durch ein Material, eine Charge, ein Split, ein Gebinde, einen Lieferanten und einen Status (angelegt, erledigt) beschrieben. *‚Methoden'* zielen in den meisten Fällen auf diese *‚Attribute'* ab. Sie ändern die Eigenschaften des zugrunde liegenden Objektes – seinen *‚Zustand'*. Die Methoden sind auf alle Objekte derselben Klasse anwendbar, ändern in konkreter Anwendung nur das ihr übergebende Objekt.

In einem komplexen Softwareprojekt sind oft mehrere Objekte vorhanden. In dem OOA bzw. OOD müssen die Objekte mit ihren Attributen und Methoden konzipiert werden. Die Objekte sind untereinander vernetzt, tauschen Informationen aus und ändern dadurch ihre Eigenschaften. Das ist in folgender Grafik dargestellt (Abb. 3.159):

3.23 OOP – Objektorientierte Programmierung

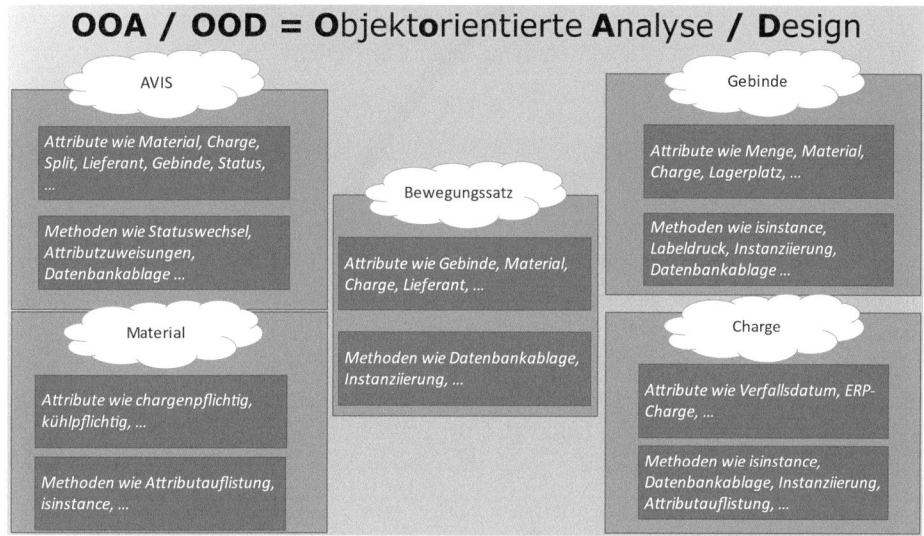

Abb. 3.158 OOA / OOD

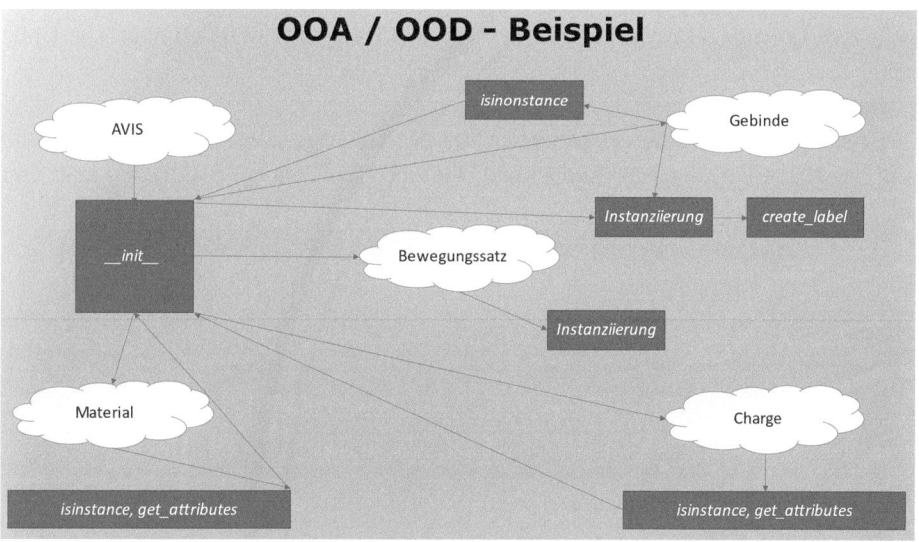

Abb. 3.159 OOA / OOD, Teil 2

Das Objekt ‚*AVIS*' agiert in diesem Kontext mit den anderen Objekten ‚*Gebinde*', ‚*Charge*', ‚*Material*' und ‚*Bewegungssatz*'. Es wird zu Beginn geprüft, ob das AVIS-Attribut ‚*Gebinde*' als Objekt noch nicht existiert. Im weiteren Verlauf wird das Objekt ‚*erzeugt = instanziiert*' und ein Label gedruckt.

Ist die OOA durchgeführt und das OOD skizziert, kann mit der OOP begonnen werden. Typischerweise nähert man sich in mehreren Iterationen

```
‚OOA/OOD anpassen -> OOP anpassen'
```

dem fertigen Softwareprodukt an.

Um in der OOP mit Objekten umgehen zu können, bedient man sich sog. ‚*Klassen*'. Sie beschreiben abstrakt durch Attribute, wie Objekte dieser Klassen aussehen und wie man sie durch Methoden beeinflussen kann. Vorteil ist, dass durch diesen abstrakten *‚Bauplan = Klasse'* folgend mehrere Objekte einer Klasse instanziiert werden können. Es gibt nicht nur ein Gebinde, aber sie verhalten sich alle gleich. Dies verdeutlich die letzte Grafik dieses Abschnittes (Abb. 3.160).

3.23.2 Beispielimplementierung

Um grundlegende Begriffe und Funktion der objektorientierten Programmierung kennenzulernen, wird folgend das Beispielprogramm ‚*klassen_methoden.py*' verwendet. Es steht zum Download bei Springer-Link bereit und kann nach Belieben abgeändert werden.

Das zugehörige Beispiel-Szenario ist folgendes:

Es steht eine Kasse im Shop-Bereich des SMILE-Lagers für diverse Vorgänge bereit. Die Kasse besitzt einen Geldbestand, hat eine Bezeichnung (SHOP-01), man kann

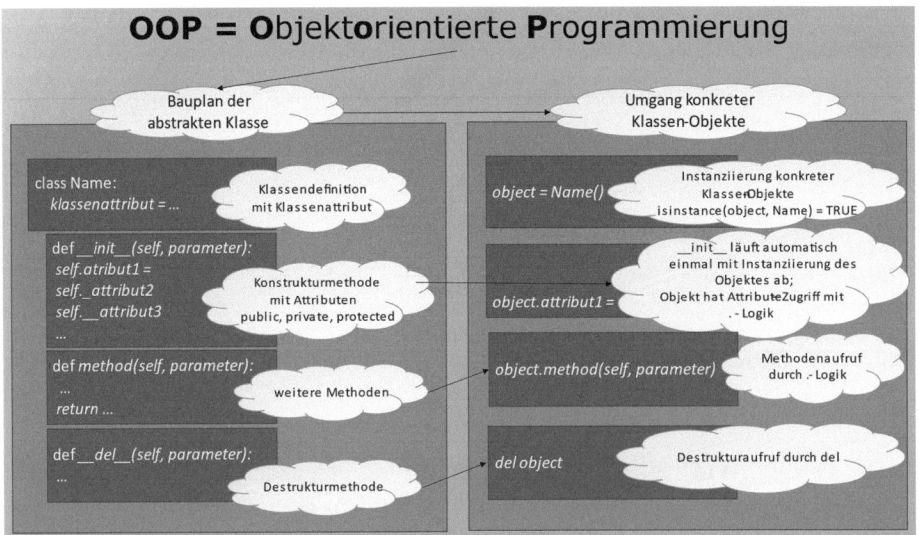

Abb. 3.160 OOP

3.23 OOP – Objektorientierte Programmierung

sich an ihr an- und abmelden, eine Inventur = Geldbestandszählung durchführen, Informationen zur Kasse abrufen (Geldbestand, Status der Anmeldung, Benutzer der Kasse, Kassenfunktionen) und einen Bezahlvorgang mit Kunden durchführen.

Im SHOP-Bereich gibt es vier Produkte mit folgenden Stückpreisen:

- M001 für 1.23 € je Stück
- M002 für 6.99 € je Stück
- M003 für 0.89 € je Stück
- M004 für 11.67 € je Stück.

Inventur, Informationsabruf, Bezalvorgang und Abmelden sind nur möglich, wenn sich vorher an der Kasse angemeldet, die Kasse also aktiviert wird. Ein erneutes Anmelden an einer aktivierten Kasse kann nicht erfolgen.

Für die Beispielimplementierung wird eine Klasse für Kassen definiert. Ein Objekt der Klasse ist eine ‚*Instanziierung*' der Klasse. Dadurch könnte man theoretisch auch verschiedene Kassen im Shopbereich simulieren. Klassen werden in Python durch das Schlüsselwort ‚*class*' definiert:

```
class Kassen():
 count=0 # Attribut um zu prüfen, ob Instanz vorhanden ist.
 matlist={"M001":1.23, "M002":6.99, "M003":0.89, "M004":11.67}.
 __functions=["AN - Anmelden an einer Kasse",
 "AB - Abmelden an einer Kasse",
 "IV - Inventur an einer Kasse",
 "VO - Kunden-Einkauf",
 "SH - Kassenübersicht"]
```

Die Klasse besitzt die Klassenattribute ‚*count*', ‚*matlist*' und ‚*__functions*'. Diese Attribute gelten für die ganze Klasse und werden ‚*statisch*' genannt. Im weiteren Verlauf werden auch ‚*objektspezifische Attribute*' vorgestellt. Welche Bedeutung besitzen die statischen, globalen Klassenattribute? Die Attribute gelten für alle Objekte der Klassen gleichermaßen, weswegen man sie in die Klasse verlagert. Mit ‚*count*' wird folgend überprüft, wie viele Instanziierungen es zu der Kassen-Klasse gibt. Damit kann überprüft werden, wie viele Kassen aktiv sind. Mit der ‚*matlist*' wird im Bezahlvorgang gearbeitet, um Preise der gekauften Produkte zu ermitteln. Es ist also die Preisliste der Kasse.

Die Liste ‚*__functions*' beinhaltet die Aktivitäten, die man mit einer Kasse durchführen kann – die ‚*Objektmethoden*'. Der ‚*doppelte Unterstrich __*' bedeutet, dass dieses Attribut ‚*private = privat*' ist. Es kann von außen nicht geändert werden. Bei Verwendung nur eines Unterstrichs spricht man von ‚*protected = geschützt*'. In diesem Fall ist eine Änderung möglich. Erfahrene Programmierer erhalten so Hinweise darauf, daß dieses Attribut eigentlich nicht geändert werden sollte. Ohne Unterstrich(e) ist die Bezeichnung *„public = öffentlich"* gebräuchlich. Dieses *„Unterstrich-Konzept"* gilt für Objektattribute und Methoden.

Innerhalb der Klassendefinition werden die (Objekt-)Methoden definiert. Eine bedeutsame ist die Methode *„__init__"*, die *„Konstruktor"* genannt wird. Sie wird genau einmal je Instanziierung eines Objektes durchlaufen:

```
class Kassen():
…
#  Konstruktor
 def __init__(self):
  benutzer=input("Bitte melden Sie sich mit dem
   Ihrem Namen an: ")
  bestand=input("Bitte geben Sie den Anfangsbestand ein: ")
  name=input("Bitte geben Sie den Kassennamen ein: ")
  self.money=bestand
  self.__active=True
  self.user=benutzer
  self._error=False
  self.name=name
  Kassen.count=+1
  self.__menue=Kassen.__functions
```

Innerhalb von *„__init__"* ist es üblich, die Objektattribute mit initialen Werten zu versehen. Dazu wird jeder Objektmethode mindestens der Parameter *„self"* übergeben. Dieser steht als Platzhalter für ein jetzt noch nicht bekanntes konkretes Objekt. Der Name *„self"* ist dabei eine Konvention in Python, man könnte ihn auch *„this"* (auch gebräuchlich), *„object"* etc. nennen.

In dieser Methode werden zunächst der Benutzername, der Kassenname und der Geldbestand der Kasse per input-Befehl vom Benutzer abgefragt. Anschließend folgt die Belegung der Objektattribute:

- *„self.money"* durch den eingegebenen Bestand
- *„self.__active"* (private) durch den Booleschen Wert True
- *„self.user"* durch den eingegebenen Benutzer
- *„self._error"* durch Booleschen Wert False
- *„self.name"* durch den eingegeben Kassennamen
- *„self.__menue"* durch das Kassenmenü

und das Hochzählen des Klassenattributs *„count"* um genau 1, was durch *„ = + 1"* implementiert ist. Das Instanziieren wird erst im weiteren Verlauf erläutert.

Das Gegenstück zum *„Konstruktor"* ist der *„Destruktor"*:

3.23 OOP – Objektorientierte Programmierung

```
class Kassen():
...
#  Destruktor
 def __del__(self):
  self.money=0
  self.__active=False
  self.user=""
  self._error=False
  self.name=""
  Kassen.count=Kassen.count - 1
```

Der Destruktor muss explizit im Programmablauf durch den Befehl *„del objekt"* aufgerufen werden. Diese Methode wird im weiteren Verlauf erneut aufgegriffen. Im Destruktor werden die Objektattribute wieder initialisiert, das Klassenattribut *„count"* wird um 1 verringert. Nach dem *„del"*-Befehl ist das Objekt nicht mehr instanziiert.

Folgend wird die Methode zur Anzeige der Kassenfunktionen betrachtet:

```
class Kassen():
...
#  Methode zum Anzeigen der Kassendaten
  def show(self):
  print("\n")
  print("Daten zu Kasse", self.name)
  print("…Benutzer=", self.user)
  print("…Anmeldestatus=", self.__active)
  print("…Feherstatus=", self._error)
  print("…Kassenbestand=", self.money)
  print("…Materialien und Preise: ")
  for i in range(0, len(list(Kassen.matlist.items()))):
  print("……Material ",list(Kassen.matlist.items())[i][0],
   " mit Preis ",list(Kassen.matlist.items())[i][1])
  print("…Kassenfunktionen: ")
  for i in range(0, len(Kassen.__functions)):
  print("……", self.__menue[i])
```

Die Methode besitzt als Übergabeparameter nur den Wert *„self"* und zeigt die weiter oben beschriebenen Objektattribute an. Dabei werden die Kassenfunktionen mit einer for-Schleife ermittelt und über eine print-Anweisung dargestellt. Ebenfalls kann eine for-Schleife zur Anzeige der Material-Preis-Liste, die als Dictionary definiert ist, verwendet werden. Auf Basis der Befehle *„items"* und *„list"* entsteht aus diesem Dictionary eine Liste von Paaren=2-Tupeln, so daß auf jede Komponente bis zur Länge der Liste zugegriffen werden kann.

Für die Inventur steht folgende Methode bereit:

```
class Kassen():
…
#  Methoden zur Kasseninventur
  def inventory(self):
    try:
      inv=input("Geben Sie den aktuellen Geldbestand ein: ")
      diff=float(self.money) - float(inv)
      self.money=float(inv)
      return diff
    except:
      print("Bitte geben Sie eine Dezimalzahl en.
       Inventur wird abgebrochen.")
```

Innerhalb der Methode *‚inventory'* wird eine Inventur des Geldbestandes durchgeführt. Das bedeutet, daß der aktuelle Geldbestand der Kasse physisch zu zählen und der ermittelte Betrag einzugeben ist. Die Eingabe vollzieht sich mit dem input-Befehl. Folgend wird die Differenz ermittelt, die durch den neuen Geldbestand entsteht. Die Differenz wird durch die Methode per *‚return'* zurückgegeben. Der neue Geldbestand wird in *‚self.money'* gespeichert. Die Methode ändert somit dieses Attribut des Objektes ab! Der Eingabe- und Berechnungsvorgang wird durch das Ausnahmekonzept *‚try-except'* unterstützt, falls kein sinnvoller Inventurwert eingegeben wird.

Zur Unterstützung von Bezahlvorgängen steht die Methode *‚add_money'* bereit:

```
class Kassen():
…
#  Methoden zur Erhöhung des Geldbestands
  def addmoney(self, add):
    self.money=float(self.money)+float(add)
```

Die Methode besitzt die Übergabeparameter *‚self'* und *‚add'*. Mittels *‚add'* wird der Kassenbestand des Objektes *‚self'* entsprechend erhöht.

Hauptvorgänge von Kassen sind Bezahlvorgänge, die von Kunden ausgelöst werden. Die entsprechende Methode heißt in diesem Kontext *‚action'* und besitzt als Übergabeparameter nur den Parameter *‚self'*:

```
class Kassen():
…
#  Methoden zum Kundenvorgang
  def action(self):
```

3.23 OOP – Objektorientierte Programmierung

```
mat="INIT"
money=0.0
while mat !="":
print()
mat=input("Geben Sie das Material ein
 (Beenden mit RETURN): ")
if mat !="":
stk=input("Geben Sie die Stückzahl ein: ")
if stk.isnumeric()==True:
try:
preis=Kassen.matlist[mat]
lmoney=float(stk) * float(preis)
money=money+lmoney
print("Die Anzahl ", stk, " von
 Material ", mat, " kostet ", lmoney, ".")
print("Der Einkauf kostet in Euro
 aktuell ", money, ".")
except:
print("Material unbekannt.
 Bitte erneut eingeben.")
else:
print("Anzahl ist keine natürliche Zahl.
 Bitte erneut eingeben.")
print()
if money !=0:
print("Bitte bezahlen Sie ", money, " Euro.")
self.addmoney(money)
print("Der aktuelle Kassenbestand ist
 nun ", self.money, " Euro.")
else:
print("Vorgang abgebrochen.")
```

Solange ein Material eingegeben wird (‚*while mat != ""*‘), ist die zugehörige Stückzahl des Materials ebenfalls einzugeben (in der Variablen ‚*stk*‘ gespeichert). Eine Prüfung auf ganze Zahlen ist durch den Befehl ‚*stk.isnumeric()== True*‘ implementiert. Nur in diesem Fall wird über die ‚*matlist*‘ der Stückpreis des Materials ermittelt und der Preis für die eingegebene Stückzahl berechnet (Variable ‚*lmoney*‘). Der aktuelle Einkaufspreis ist in ‚*money*‘ (als Summe aller lmoney) abgelegt. Der Preis ‚*lmoney*‘ und der aktuelle Einkaufspreis ‚*money*‘ werden per print-Anweisung auf der Konsole ausgegeben. Die ganze Logik ist mit ‚*try-except*‘ gegen Falscheingaben bzgl. des Materials geschützt.

Ist die Eingabeschleife für die Materialien beendet, ist der Preis ‚*money*‘ vom Kunden zu zahlen. Dieser wird auch im Objektattribut ‚*self.money*‘ der Kasse gespeichert. Dazu wird die Hilfsmethode ‚*add_money*‘ aufgerufen.

Wie die hier definierten Methoden für konkrete Objekte aufgerufen werden, ergibt sich innerhalb der Erklärung des Hauptprogrammes. Am Beispiel ‚*self.addmoney(money)*' erkennt man bereits die grundsätzlich zu benutzende ‚*Punktlogik*': ‚*objekt.methode(self, parameter)*'.

Eine besondere Methode ist noch innerhalb der Klasse definiert, eine sog. ‚*statische Methode*'. Diese wird durch den sog. ‚*Dekorator @staticmethod*' angekündigt:

```
class Kassen():
...
    @staticmethod # statische Methode auch über Klasse aufrufbar
    def func():
     print("Kassenfunktionen:")
     for i in range(0, len(Kassen.__functions)):
      print(Kassen.__functions[i])
```

Diese Methode kann im Unterschied zu den zuvor definierten Methoden nicht nur für ein bereits instanziiertes Objekt der Kassen-Klasse aufgerufen werden. Sie ist vielmehr universell wie eine Funktion durch den Aufruf ‚*Kassen.func()*' nutzbar. Im Unterschied zu den anderen Methoden wird ihr kein Objekt durch einen Parameter ‚*self*' übergeben.

Nach der Definition der **Klassen-Klasse** wird folgend das eigentliche Hauptprogramm definiert und erläutert.

```
...
# Hauptprogramm
if __name__=='__main__':
# Aufruf Menü
 print('LVS-Kassen-Simulation SMILE')
 print()
 answer='INIT'
 while answer !="":
  Kassen.func()
  print()
  answer=input('Bitte Ihre Aktion eingeben: ')
#    Anmelden
  if answer=='AN':
   if Kassen.count==0:
    kasse1=Kassen()
    print()
   else:
    print()
    print("Kasse ist bereits angemeldet,
```

3.23 OOP – Objektorientierte Programmierung

```
       bitte andere Funktion wählen.\n")
#    Abmelden
  elif answer=='AB':
   if Kassen.count !=0:
    del kasse1
    print()
    print("Kasse ist abgemeldet.\n")
   else:
    print()
    print("Kasse ist nicht angemeldet, bitte
      andere Funktion wählen. \n")
#    Inventur
   print()
    if Kassen.count !=0:
     if isinstance(kasse1, Kassen)==True:
      try:
       diff=kasse1.inventory()
       if diff < 0:
        diff=- diff
        print("Es gab eine Zuwachs von ", diff, " Euro.\n")
       elif diff > 0:
        print("Es gab eine Verringerung
          um ", diff, " Euro.\n")
       else:
        print("Der Kassenbestand war korrekt.")
      except:
       pass
     else:
      print("Kasse ist nicht angemeldet, bitte
        andere Funktion wählen.\n")
    else:
     print("Kasse ist nicht angemeldet, bitte
       andere Funktion wählen.\n")
#    Hauptvorgang des Erfassens eines Kundenvorgangs
   elif answer=='VO':
    if Kassen.count !=0:
     if isinstance(kasse1, Kassen)==True:
      kasse1.action()
     else:
      print("Kasse ist nicht angemeldet,
        bitte andere Funktion wählen.\n")
    else:
     print("Kasse ist nicht angemeldet,
       bitte andere Funktion wählen.\n")
```

```
#     Kassenübersicht
      elif answer=='SH':
      print()
      if Kassen.count !=0:
      if isinstance(kasse1, Kassen)==True:
      kasse1.show()
      print()
      else:
      print("Kasse ist nicht angemeldet, bitte
        andere Funktion wählen.\n")
      else:
      print("Kasse ist nicht angemeldet,
        bitte andere Funktion wählen.\n")
#     Ende
      else:
      answer=""
#  ggfs. Kasse abmelden
   if Kassen.count !=0:
    del kasse1
    print()
    print("Kasse wurde abgemeldet. Programm wird beendet")
   else:
    print()
    print("Keine Kasse angemeldet. Programm wird beendet.")
```

Innerhalb einer while-Schleife wird das Kassenmenü über die statische Methode ‚*Kassen.func()*' angezeigt. Der Benutzer kann folgend eine Funktion durch die Kürzel ‚*AN, AB, SH, IV oder VO*' auslösen. Drückt der User nur Return oder gibt ein abweichendes Kürzel ab, wird die while-Schleife verlassen. Nachfolgend werden die einzelnen Kürzel weiter erläutert, die in einem if-elif-else-Statement abgefragt werden.

AN – Anmelden
Eine Anmeldung darf nur erfolgen, wenn noch keine Instanziierung erfolgt ist. Bei einer Instanziierung durch ‚*kasse1=Kassen()*' wird einerseits ein konkretes Objekt ‚*kasse1*' der Klasse ‚*Kassen*' erzeugt. Andererseits wird die Methode ‚*__init__*' durchlaufen. Insbesondere wird das Klassenattribut ‚*count*' auf 1 gesetzt. Daher muss an dieser Stelle abgefragt werden, ob der count-Wert noch bei 0 liegt. Der Konstruktor der Klasse ist damit durchlaufen. In diesem Beispiel soll nur genau eine Kasse aktiv sein.

AB – Abmelden
Beim Abmelden wird der Destruktor verwendet, der durch den Befehl ‚*del kasse1* ausgeführt wird. Dieser darf nur im Falle einer vorherigen Anmeldung, also ‚*Kassen.count !=0*' erfolgen.

3.23 OOP – Objektorientierte Programmierung

IV – Inventur

Die Inventur darf nur ausgeführt werden, wenn die Kasse angemeldet und damit instanziiert worden ist. Dazu wird erneut das Klassenattribut ‚*Kassen.count*' abgefragt: es muss ungleich Null sein. Als zusätzliche Sicherheit wird geprüft, daß das Objekt ‚*kasse1*' aus der Kassen-Klasse instanziiert worden ist. Dazu kann der Befehl ‚*isinstance(Objekt, Klasse)*' benutzt werden. Dieser liefert ‚*True*' oder ‚*False*' zurück. Ein analoger Befehl ‚*hasinstance*' existiert nicht, weswegen das Klassenattribut ‚*count*' verwendet wird. Der eigentliche Aufruf der Inventur erfolgt anschließend durch die Methode ‚*inventory*' zum Objekt ‚*kasse1*', und zwar durch den Befehl ‚*diff = kasse1.inventory()*'. Man erkennt, daß durch die Punktlogik Methodenaufrufe zu Objekten implementiert sind. Über den Rückgabewert ‚*diff*' wird folgend eine entsprechende print-Ausgabe auf der Konsole ausgegeben. Je nachdem, ob der Wert negativ, positiv oder Null ist, wird ein anderer Text angezeigt.

SH – Kassenübersicht

Die Logik zum Aufruf der Kassenübersicht prüft analog wie die Inventur, ob die Kasse ‚*kasse1*' angemeldet und eine Instanz der Klasse ‚*Kassen*' ist. Es wird folgend die Methode ‚*show*' zum Objekt ‚*kasse1*' per Befehl ‚*kasse1.show()*' aufgerufen.

VO – Bezahlvorgang:

Auch beim Bezahlvorgang wird überprüft, ob die Kasse ‚*kasse1*' angemeldet und eine Instanz von ‚*Kassen*' ist. Folgend wird zum Objekt ‚*kasse1*' die Methode ‚*action*' durch die Punktlogik ‚*kasse1.action()*' aufgerufen.

Ende

In diesem Fall erfolgt prinzipiell eine Abmeldung der Kasse, falls sie noch angemeldet ist. Dieses Vorgehen wird durch das Klassenattribut ‚*count*' der Klasse ‚*Kassen*' geprüft: es muss ungleich Null sein.

3.23.3 Beispielaufruf

In diesem Abschnitt wird das Programm ‚*klassen_methoden.py*' im folgenden Szenario aufgerufen:

- **Hauptprogramm:** (Abb. 3.161)
  Die Funktionen = Methoden der Kasse = Objekt werden angezeigt. Momentan ist keine Instanz der Klasse ‚*Kassen*' aktiv. Die statische Methode der übergeordneten Klasse ist hier aufgerufen worden.
- **Anmelden:** (Abb. 3.162)
  Nach Eingabe des Codes ‚*AN*' werden durch den Benutzer sein Name, den der Kasse und der Kassenbestand in Euro auf der Konsole eingegeben. Diese Daten werden

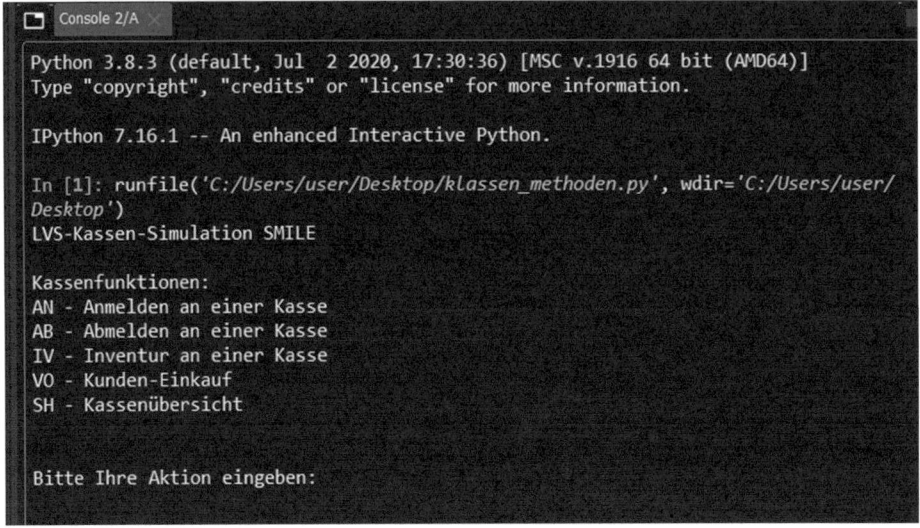

Abb. 3.161 klassen_methoden.py, Szenario-Teil 1

Abb. 3.162 klassen_methoden.py, Szenario-Teil 2

bei der Instanziierung des Objektes ‚*kasse1*' zur Klasse ‚*Kassen*' im Objekt als entsprechende Attribute abgelegt.
- **Inventur:** (Abb. 3.163)

3.23 OOP – Objektorientierte Programmierung

```
Bitte Ihre Aktion eingeben: IV

Geben Sie den aktuellen Geldbestand ein: 105
Es gab eine Zuwachs von  5.0  Euro.

Kassenfunktionen:
AN - Anmelden an einer Kasse
AB - Abmelden an einer Kasse
IV - Inventur an einer Kasse
VO - Kunden-Einkauf
SH - Kassenübersicht

Bitte Ihre Aktion eingeben:
```

Abb. 3.163 klassen_methoden.py, Szenario-Teil 3

Durch den Code ‚*IV*' wird die Inventur durchgeführt, bei der der aktuelle Kassenbestand von 105 € eingegeben worden ist. Dieser wird als Objektattribut in ‚*kasse1*' abgelegt. Die Differenz von 5 € wird in der Inventur-Methode zusätzlich ermittelt und als Geld-Zuwachs auf der Konsole angezeigt. Der korrigierte Kassenbestand ist zu sehen.

- **Bezahlvorgang 1:** (Abb. 3.164)
Es werden das Material M001 zu 12 St und das Produkt M002 zu 21 St gekauft. Über die action-Methode wird dieser Vorgang – initiiert durch den Code ‚*VO*' – datentechnisch erfasst. Dabei ergibt sich für die 12 St des Materials M001 ein Preis von 14.76 € sowie für die 21 St des Produktes M002 einen zu zahlenden Betrag von 146.79 €. Der Einkauf kostet den Kunden somit 161.55 €. Aus diesem Grund erhöht sich der Kassenbestand (Attribut ‚*money*' zu Objekt ‚*kasse1*') um diesen Betrag und beträgt nun 266.55 €.
- **Bezahlvorgang 2:** (Abb. 3.165)
Bei diesem Vorgang erfolgen fehlerhafte Eingaben. Der Kassenbestand bleibt unverändert.
- **Bezahlvorgang 3:** (Abb. 3.166)
In diesem Fall werden 100 St von M003 zu 89 € und 12 St von M002 zu 83.88 € eingekauft. Der Einkauf kostet 172.88 €, der Kassenbestand erhöht sich auf 439.43 €.
- **Inventur:** (Abb. 3.167)
In dieser Inventur wird ein Betrag von 1234 € gezählt. Das bedeutet, daß bei den 3 Bezahlvorgängen zu viel Geld in die Kasse eingezahlt worden ist. Der Differenz-

```
Bitte Ihre Aktion eingeben: VO

Geben Sie das Material ein (Beenden mit RETURN): M001

Geben Sie die Stückzahl ein: 12
Die Anzahl  12  von Material  M001  kostet  14.76  .
Der Einkauf kostet in Euro aktuell  14.76  .

Geben Sie das Material ein (Beenden mit RETURN): M002

Geben Sie die Stückzahl ein: 21
Die Anzahl  21  von Material  M002  kostet  146.79  .
Der Einkauf kostet in Euro aktuell  161.54999999999998  .

Geben Sie das Material ein (Beenden mit RETURN):

Bitte bezahlen Sie  161.54999999999998  Euro.
Der aktuelle Kassenbestand ist nun  266.54999999999995  Euro.
Kassenfunktionen:
AN - Anmelden an einer Kasse
AB - Abmelden an einer Kasse
IV - Inventur an einer Kasse
VO - Kunden-Einkauf
SH - Kassenübersicht

Bitte Ihre Aktion eingeben:
```

Abb. 3.164 klassen_methoden.py, Szenario-Teil 4

betrag liegt bei 794.57 €. Das Attribut ‚*money*' des Objektes ‚*kasse1*' besitzt jetzt den Wert 1234 €.
- **Kassenübersicht:** (Abb. 3.168)
  Mit dem Code ‚*SH*' wird die Methode ‚*show*' zum Objekt ‚*kasse1*' aufgerufen. Folgend werden alle Attribute von ‚*kasse1*' sowie die Preisliste (Klassenattribut von Kassen) angezeigt.
- **Abmelden:** (Abb. 3.169)
  Das Abmelden ruft den Destruktor zum Objekt ‚*kasse1*' auf. Damit ist zur Kassen-Klasse keine Instanz mehr vorhanden.
- **Ende:** (Abb. 3.170)
  Da die Kasse schon abgemeldet ist, wird das Programm ohne weiteren Methodenaufruf beendet.

3.23 OOP – Objektorientierte Programmierung

```
Bitte Ihre Aktion eingeben: VO

Geben Sie das Material ein (Beenden mit RETURN): M001

Geben Sie die Stückzahl ein: 12d
Anzahl ist keine natürliche Zahl. Bitte erneut eingeben.

Geben Sie das Material ein (Beenden mit RETURN): we

Geben Sie die Stückzahl ein:
Anzahl ist keine natürliche Zahl. Bitte erneut eingeben.

Geben Sie das Material ein (Beenden mit RETURN):

Vorgang abgebrochen.
Kassenfunktionen:
AN - Anmelden an einer Kasse
AB - Abmelden an einer Kasse
IV - Inventur an einer Kasse
VO - Kunden-Einkauf
SH - Kassenübersicht

Bitte Ihre Aktion eingeben:
```

Abb. 3.165 klassen_methoden.py, Szenario-Teil 5

```
Bitte Ihre Aktion eingeben: VO

Geben Sie das Material ein (Beenden mit RETURN): M003

Geben Sie die Stückzahl ein: 100
Die Anzahl  100  von Material  M003  kostet  89.0  .
Der Einkauf kostet in Euro aktuell  89.0  .


Geben Sie das Material ein (Beenden mit RETURN): M002

Geben Sie die Stückzahl ein: 12
Die Anzahl  12  von Material  M002  kostet  83.88  .
Der Einkauf kostet in Euro aktuell  172.88  .


Geben Sie das Material ein (Beenden mit RETURN):

Bitte bezahlen Sie  172.88  Euro.
Der aktuelle Kassenbestand ist nun  439.42999999999995  Euro.
Kassenfunktionen:
AN - Anmelden an einer Kasse
AB - Abmelden an einer Kasse
IV - Inventur an einer Kasse
VO - Kunden-Einkauf
SH - Kassenübersicht

Bitte Ihre Aktion eingeben:
```

Abb. 3.166 klassen_methoden.py, Szenario-Teil 6

```
Bitte Ihre Aktion eingeben: IV

Geben Sie den aktuellen Geldbestand ein: 1234
Es gab eine Zuwachs von  794.57  Euro.

Kassenfunktionen:
AN - Anmelden an einer Kasse
AB - Abmelden an einer Kasse
IV - Inventur an einer Kasse
VO - Kunden-Einkauf
SH - Kassenübersicht

Bitte Ihre Aktion eingeben:
```

Abb. 3.167 klassen_methoden.py, Szenario-Teil 7

3.23 OOP – Objektorientierte Programmierung

```
Bitte Ihre Aktion eingeben: SH


Daten zu Kasse SHOP-1
...Benutzer =  Sven Wirsing
...Anmeldestatus = True
...Feherstatus = False
...Kassenbestand = 1234.0
...Materialien und Preise:
......Material  M001  mit Preis   1.23
......Material  M002  mit Preis   6.99
......Material  M003  mit Preis   0.89
......Material  M004  mit Preis  11.67
...Kassenfunktionen:
......  AN - Anmelden an einer Kasse
......  AB - Abmelden an einer Kasse
......  IV - Inventur an einer Kasse
......  VO - Kunden-Einkauf
......  SH - Kassenübersicht

Kassenfunktionen:
AN - Anmelden an einer Kasse
AB - Abmelden an einer Kasse
IV - Inventur an einer Kasse
VO - Kunden-Einkauf
SH - Kassenübersicht


Bitte Ihre Aktion eingeben:
```

Abb. 3.168 klassen_methoden.py, Szenario-Teil 8

```
Bitte Ihre Aktion eingeben: AB

Kasse ist abgemeldet.

Kassenfunktionen:
AN - Anmelden an einer Kasse
AB - Abmelden an einer Kasse
IV - Inventur an einer Kasse
VO - Kunden-Einkauf
SH - Kassenübersicht


Bitte Ihre Aktion eingeben:
```

Abb. 3.169 klassen_methoden.py, Szenario-Teil 9

```
Kassenfunktionen:
AN - Anmelden an einer Kasse
AB - Abmelden an einer Kasse
IV - Inventur an einer Kasse
VO - Kunden-Einkauf
SH - Kassenübersicht


Bitte Ihre Aktion eingeben: ENDE

Keine Kasse angemeldet. Programm wird beendet.

In [2]:
```

Abb. 3.170 klassen_methoden.py, Szenario-Teil 10

Konzeption und Ablaufdiagramme des SMILE-CLI-Prototyps

4

Inhaltsverzeichnis

4.1	LVS.PY		138
4.2	Datenbasis		140
	4.2.1	benutzer.csv	141
	4.2.2	bewegungen.csv	142
	4.2.3	bewegungsarten.csv	143
	4.2.4	chargstamm.csv	144
	4.2.5	codes.csv	144
	4.2.6	fehlerflag.csv	144
	4.2.7	fehlertabelle.csv	146
	4.2.8	flotte.csv	147
	4.2.9	gebinde.csv	148
	4.2.10	kunde.csv	148
	4.2.11	lhmstamm.csv	149
	4.2.12	matstamm.csv	149
	4.2.13	numernkreise.csv	151
	4.2.14	plaetze.csv	152
	4.2.15	slkopf.csv	152
	4.2.16	slpos.csv	153
	4.2.17	slstati.csv	154
	4.2.18	tourkopf.csv	155
	4.2.19	tourpos.csv	156
	4.2.20	tourstati.csv	157
4.3	Klassen und Methoden		157
4.4	Pakete, Module und Importe		158
4.5	Übersicht der Unterprogramme		164
4.6	Hauptprogramm		165
4.7	Unterprogramm init		165

© Der/die Autor(en), exklusiv lizenziert an Springer-Verlag GmbH, DE, ein Teil von Springer Nature 2025
S. Wirsing, *SMILE Prototyp zur Lagerverwaltung – Command Line Interface (CLI) – Version 1.0,* Schule für Mathematik, Informatik, Logistik und Erfolg, https://doi.org/10.1007/978-3-662-71438-6_4

4.8	Unterprogramm mainloop	165
4.9	Unterprogramm gebindewe	167
4.10	Unterprogramm pruefchargeneu	169
4.11	Unterprogramm gebindeavis	170
4.12	Unterprogramm lieferantenret	171
4.13	Unterprogramm verschrotten	171
4.14	Unterprogramm gebindelabel	171
4.15	Unterprogramm transportschuppe	175
4.16	Unterprogramm platzfindung	175
4.17	Unterprogramm einlagern	177
4.18	Unterprogramm huweauto	179
4.19	Unterprogramm bewegungen_schreiben	180
4.20	Unterprogramm platzaendern	181
4.21	Unterprogramm stichdialog	181
4.22	Unterprogramm gebindeinfo	182
4.23	Unterprogramm matstamminfo	182
4.24	Unterprogramm chargstamminfo	182
4.25	Unterprogramm bestplatz	183
4.26	Unterprogramm bestmat	184
4.27	Unterprogramm nummernkreise	185
4.28	Unterprogramm kuehlgut	186
4.29	Unterprogramm ipunktdialog	187
4.30	Unterprogramm kpunktdialog	189
4.31	Unterprogramm badischtozahl	192
4.32	Unterprogramm zahltobadisch	192

In diesem Kapitel werden Konzepte und Ablaufdiagramme zum SMILE-CLI-Prototyp bzgl. folgender Themen vorgestellt:

- **Datengrundlage mittels CSV-Dateien**
- **eigene Klassen und Methoden zur Bearbeitung der CSV-Dateien**
- **verwendete Module, Pakete und Imports**
- **Hauptprogramm**
- **sämtliche Unterprogramme**
- **die Datei *LVS.PY* im Spyder.**

4.1 LVS.PY

Die Datei *LVS.PY* ist die CLI-Version des SMILE-Lagerverwaltungsprototyp. Anbei ein Bild im Spyder-Editor (Abb. 4.1):

Mit dem Programm können folgende Aktionen ausgeführt werden (Abb. 4.2):

Die Aktionen werden mittels entsprechender Unterprogramme folgend erläutert. Sie stehen im Zusammenhang mit den im Kompaktband dargestellten Themen *Wareneingangskontrolle*, *Chargenschnittstelle* und *Kühlguteinlagerung*. Die Disposition von

4.1 LVS.PY

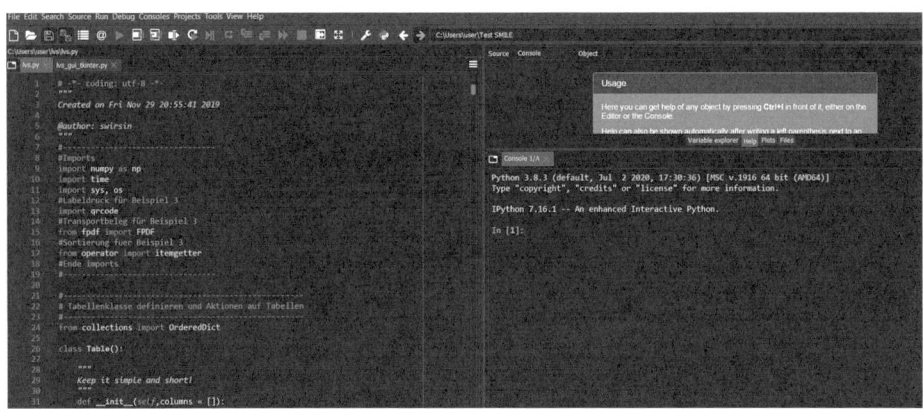

Abb. 4.1 CLI-Version LVS.PY, im Spyder-Editor

```
[1, 'ENDE', 'Programmende']
[2, 'AVIS', 'Gebinde anlegen']
[3, 'STICH', 'Fehlerflag am WE-Stich setzen']
[4, 'IPUNKT', 'MFS am I-Punkt simulieren']
[5, 'KPUNKT', 'Bearbeitung am K-Punkt']
[6, 'INFO', 'Gebindeinfo zu einem Gebinde']
[7, 'FLAGS', 'Anzeige mögliche Fehlerflags am WE-Stich']
[8, 'FEHLER', 'Anzeige mögliche Fehler am I-Punkt']
[9, 'BEST', 'Anzeige aller Gebinde']
[10, 'PLATZ', 'Platz von Gebinde ändern']
[11, 'PLAETZE', 'mögliche Plätze anzeigen']
[12, 'RET', 'Lieferantenretoure für ein Gebinde']
[13, 'BEWE', 'alle Bewegungen anschauen']
[14, 'CHAR', 'Chargenstamm anzeigen']
[15, 'MATS', 'Materialstamm anzeigen']
[16, 'BMAT', 'Bestand zum Material']
[17, 'BPLA', 'Bestand zum Platz']
[18, 'WEMA', 'Wareneingang manuell']
[19, 'SNRO', 'Nummernkreise anzeigen']
[20, 'SCHR', 'Verschrotten']
[21, 'KUHL', 'Kühlgut im Lager']
[22, 'LABL', 'Labeldruck']
[23, 'EINLAG', 'Einlagern']
```

Abb. 4.2 CLI-Version LVS.PY, Aktionen

LKWs und alle folgenden Beispiele (auch in weiteren SMILE-Bänden) werden nur noch in der ‚*GUI*'-Version ‚*LVS_GUI_TKINTER*' verfügbar sein.

4.2 Datenbasis

Die Datenbasis von SMILE ist in den CSV-Dateien im Ordner ‚*Datenbank*' verankert (Abb. 4.3):

Achtung – wichtiger Hinweis zum Umgang mit CSV-Dateien
Ohne genaue Analyse sollten keine Änderungen an den Daten der CSV-Dateien vorgenommen werden. Das beinhaltet, keine zusätzlichen Spalten einzuführen oder vorhandene zu entfernen. Nach genauem Studium des kommentierten Codings sollte der

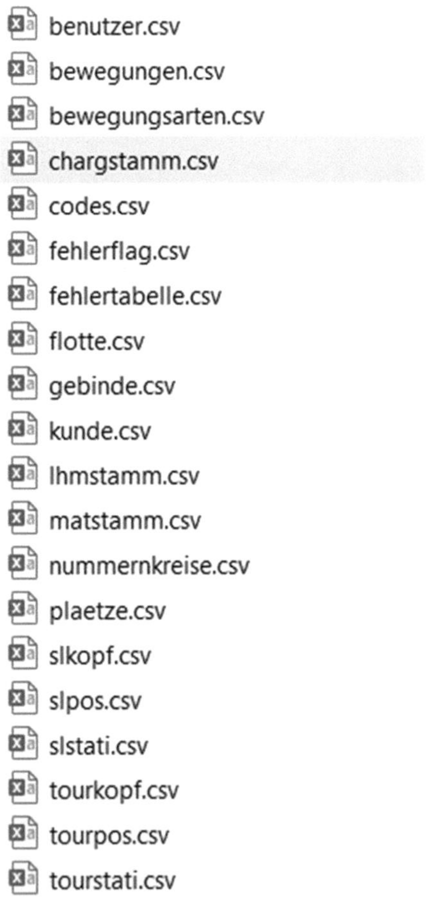

Abb. 4.3 SMILE-Datenbank

- benutzer.csv
- bewegungen.csv
- bewegungsarten.csv
- chargstamm.csv
- codes.csv
- fehlerflag.csv
- fehlertabelle.csv
- flotte.csv
- gebinde.csv
- kunde.csv
- lhmstamm.csv
- matstamm.csv
- nummernkreise.csv
- plaetze.csv
- slkopf.csv
- slpos.csv
- slstati.csv
- tourkopf.csv
- tourpos.csv
- tourstati.csv

4.2 Datenbasis

Leser dann jedoch in der Lage sein, derartige Modifikationen selbstständig durchführen zu können.

Ist eine Änderung wegen Inkonsistenzen innerhalb der Daten notwendig, sollte man Änderungen nur im Textmodus durchführen. Bei CSV-Dateien werden durch Bearbeitung in Excel die führenden Nullen gelöscht. Dies führt zu weiteren Inkonsistenzen. In den folgenden Unterabschnitten wird auf die Themenbereiche *,neue Daten einfügen'* und *,vorhandene Daten ändern'* explizit pro CSV-Datei eingegangen.

Es ist empfehlenswert, sich eine Sicherheitskopie der Datenbank zu speichern. Aus diesem Grund sind bereits die Ordner *,Sicherung'*

und

angelegt. In Abständen sollten alle CSV-Dateien derart abgelegt werden. Zusätzlich wird programmintern der Stand vorm Speichern aller CSV-Dateien im Ordner *,Previous'* gespeichert.

4.2.1 benutzer.csv

(siehe Abb. 4.4)
In dieser Tabelle sind *,User-Stammdaten'* abgelegt. Dazu gehören der Benutzer mit zugehörigem *,Hashcode'* (für den *,Login'*) sowie eine Mailadresse für Mailversand im Rahmen der Auslieferungsanlage. Die Tabelle wird nur von der GUI-Version verwendet.

Neue User können problemlos in die CSV-Datei eingetragen werden. Eine Mailadresse muss nicht zwingend erfasst werden. Die Berechnung des *,Hashwertes'* erfolgt auf der Konsole durch den Befehl.

Abb. 4.4 Benutzer

A	B	C	D
Benutzer	Hash	Mail	
Sven Wirsing	55832555	svenbodo75@gmail.com	

```
int(hashlib.sha256(passwortdesusers.encode('utf-8')).
hexdigest(), 16) % 10**8
```

wobei ‚*passwortdesusers*' durch das Passwort in Anführungsstrichen (also etwa ‚*SMILE42*') zu ersetzen ist. Das verwendete Passwort muss dem User geheim mitgeteilt werden. Der ermittelte Hashwert zum Passwort ist zwecks Login-Prüfung in die Spalte ‚*Hash*' einzutragen.

4.2.2 bewegungen.csv

(siehe Abb. 4.5 und 4.6)
Die Tabelle beinhaltet ‚*Bewegungsdaten*' und wird sowohl in der CLI- als auch in der GUI-Version verwendet. In ihr dürfen keine Datenänderungen vorgenommen werden.

Folgende Felder werden gespeichert:

- **Bewegung** – gibt die Art der Bewegung an, wie etwa ‚*HU_LRET*' für Lieferantenretoure, ‚*HU_SCHR*' für Verschrottung oder ‚*HU_TA*' für eine Umlagerung im Lager
- **HU** – Gebindenummer

A	B	C	D	E	F	G	H
Bewegung	HU	Lieferant	User	Fehlerflag	Fehlercode	von-Platz	an-Platz
HU_SCHR	4722	TIP-TOP	Sven Wirsing			SCHROTT	
HU_LRET	4733	TIP-TOP	Sven Wirsing			RETOURE	
HU_TA	4720	TIP-TOP	sven	O		42 WE_STICH	TRANSPORT_
HU_TA	4720	TIP-TOP	sven	O		42 TRANSPORT_	WE_STICH
HU_TA	4717	ABC-TOP		C		110 WE_STICH	I_PUNKT
HU_TA	4717	ABC-TOP		C		110 I_PUNKT	TRANSPORT_
HU_TA	4717	ABC-TOP	Sven Wirsing	C		110 TRANSPORT_	I_PUNKT

Abb. 4.5 Bewegungen, Teil 1

I	J	K	L	M	N	O	P
Zeitstempel	Material	Charge	Split	Menge	Einheit	Grund	Referenz
time.struct_ti	M002	CH002	0	42	ST	Schrott	
time.struct_ti	M002	CH002	0	42	ST		
time.struct_ti	M002	CH002	0	42	ST		
time.struct_ti	M002	CH002	0	42	ST		
time.struct_ti	M004	CH004	0	42	L	Interne Umla	4717
time.struct_ti	M004	CH004	0	42	L	Interne Umla	4717
time.struct_ti	M004	CH004	0	42	L	Interne Umla	4717

Abb. 4.6 Bewegungen, Teil 2

4.2 Datenbasis

- **Lieferant** – für eingehende Prozesse
- **User** – Benutzer der Bewegung
- **Fehlerflag** – vom Wareneingangsstich
- **Fehlercode** – vom Informations-Punkt = ‚*I-Punkt*'
- **Von-Platz** – Quellplatz der Bewegung
- **An-Platz** – Ziel-Platz der Bewegung
- **Zeitstempel** – Zeit und Datum der Bewegung
- **Material** – Material, das bewegt wurde
- **Charge** – Charge, die bewegt wurde
- **Split** – Split, der bewegt wurde
- **Menge** – Menge, die bewegt wurde
- **Einheit** – Einheit der Menge
- **Grund** – Grund der Bewegung (z. B. Schrott, in diversen Dialogen mitzugeben)
- **Referenz** – Referenz der Bewegung (z. B. Gebindenummer, in diversen Dialogen mitzugeben).

4.2.3 bewegungsarten.csv

(siehe Abb. 4.7)
Die Tabelle fast mögliche ‚*Bewegungsarten*' und ihre Bedeutung zusammen. Es handelt sich um Stammdaten. Die Bewegungsart wird beim Schreiben der Bewegung in diversen Prozessen intern im Programm-Coding fest vergeben. Die Tabelle wird sowohl in der CLI- als auch in der GUI-Version verwendet. Es dürfen keine Änderungen an bestehenden Daten vorgenommen werden. Neue Einträge können bei einer Implementie-

Abb. 4.7 Bewegungsarten

Bewegungsart	Bedeutung
CH_01	Charge anlegen
HU_WE	Wareneingang zu Gebinde buchen
HU_AVIS	AVIS zu Gebinde erstellen
HU_LRET	Lieferantenretoure zu Gebinde
HU_SCHR	Verschrotten zu Gebinde
HU_TA	Umlagerung zu Gebinde
HU_FLAG	Fehlerflag zu Gebinde setzen
HU_CODE	Fehlercode zu Gebinde automatisch setzen
SL_01	Auslieferung anlegen
TU_01	Tour anlegen

rung von neuen Funktionen notwendig werden.

4.2.4 chargstamm.csv

(siehe Abb. 4.8)

Der ‚*Chargenstamm*' ist ein Stammdatum, das beim Wareneingang angelegt wird. Es wird sowohl in der CLI- als auch in der GUI-Version verwendet.

Der Chargenstamm besteht aus den Attributen ‚*Material*', ‚*Charge*', ‚*Split*', ‚*Verfallsdatum*' und ‚*ERP-Charge*'. Letztere wird bei der Chargenprüfung verwendet.

An der Tabelle dürfen keine Änderungen an bestehenden Daten vorgenommen werden. Neue Chargen werden im Rahmen des Wareneingangsprozesses automatisch angelegt und müssen in die CSV-Datei für eine Avisierung eingetragen werden. Es ist unbedingt darauf zu achten, daß das Eintragen im Text- und nicht im Excel-Modus erfolgt, da führende Nullen sonst fehlen und es zu Inkonsistenzen kommen kann. Zusätzlich müssen die Regeln bei einer Chargenanlage für die Chargenbezeichnung (wie im Kompaktband dargestellt) eingehalten werden.

4.2.5 codes.csv

(siehe Abb. 4.9)

Die ‚*Menücodes*' sind Stammdaten, werden nur für die CLI-Version verwendet und zeigen die vom User auswählbaren Codes = Funktionen im Menü und deren Bedeutung an. Es dürfen keine Änderungen an bestehenden Daten vorgenommen werden. Neue Codes sind einzutragen, wenn neue Funktionen im CLI-Prototyp entwickelt werden.

4.2.6 fehlerflag.csv

(siehe Abb. 4.10)

A	B	C	D	E
Material	Charge	Split	Verfall	ERP_Charge
M000	CH000	0	01.02.2020	CH00000
M001	CH001	1	01.01.2021	CH00101
M002	CH002	0	01.01.2022	CH00100
M002	CH010	10	01.01.2023	CH01010
M003	CH003	0	01.01.2019	CH003
M004	CH004	0	01.01.2099	CH00400
M001	Sven	2	30.07.2021	Sven02
M001	sven	12	14.08.2020	sven12
M001	der	1	18.08.2020	der01

Abb. 4.8 Chargenstamm

4.2 Datenbasis

Abb. 4.9 Menücodes

Funktion	Bedeutung
ENDE	Programmende
AVIS	Gebinde anlegen
STICH	Fehlerflag am WE-Stich setzen
IPUNKT	MFS am I-Punkt simulieren
KPUNKT	Bearbeitung am K-Punkt
INFO	Gebindeinfo zu einem Gebinde
FLAGS	Anzeige mögliche Fehlerflags am WE-Stich
FEHLER	Anzeige mögliche Fehler am I-Punkt
BEST	Anzeige aller Gebinde
PLATZ	Platz von Gebinde ändern
PLAETZE	mögliche Plätze anzeigen
RET	Lieferantenretoure für ein Gebinde
BEWE	alle Bewegungen anschauen
CHAR	Chargenstamm anzeigen
MATS	Materialstamm anzeigen
BMAT	Bestand zum Material
BPLA	Bestand zum Platz
WEMA	Wareneingang manuell
SNRO	Nummernkreise anzeigen
SCHR	Verschrotten
KUHL	Kühlgut im Lager
LABL	Labeldruck
EINLAG	Einlagern

Abb. 4.10 Fehlerflags am Wareneingangsstich

Fehlerflag	Fehlerflagtext
	fördertechniktauglich
F	fördertechnikuntauglich
D	Mengenfehler
M	Materialfehler
C	Chargenfehler
B	Barcodefehler
K	Kartonage defekt
P	Palette defekt
O	Stretchfolie defekt

,*Fehlerflags*' werden am Wareneingangsstich in der CLI- und GUI-Version verwendet, um Paletten als fehlerhaft zu kennzeichnen. Es sind Stammdaten, die gefahrlos geändert (neue anlegen, vorhandene ändern & löschen) werden können. Die Struktur der Datei muss erhalten bleiben.

4.2.7 fehlertabelle.csv

(siehe Abb. 4.11)
,*Fehlernummern*' werden am I-Punkt in der CLI- und GUI-Version verwendet, um eine Palette als fehlerhaft zu kennzeichnen. Dabei sind 19 mögliche Fehler definiert, aus denen per Zufallszahlen einige ausgewählt werden. Die 2er-Potenzen der Fehlernummern werden addiert und als Fehlercode zum K-Punkt übermittelt. Aus diesem

A	B
Fehlernumme	Fehlertext
0	Barcode nicht scannbar
1	doppelter Barcode existent
2	Barcodedaten fehlerhaft übermittelt
3	Paletten-Konturendaten fehlerhaft übermittelt
4	PalettenKonturenkontrolle nicht durchführbar
5	Paletten-Konturenfehler links
6	Paletten-Konturenfehler rechts
7	Paletten-Konturenfehler vorne
8	Paletten-Konturenfehler hinten
9	Überhang links
10	links
11	rechts
12	vordere Kante
13	hintere Kante
14	Höhe nicht ermittelbar
15	Höhe zu gross
16	Gewicht nicht ermittelbar
17	Gewicht zu gross
18	Palettenfuß defekt
19	Palettenfußfreiraum verdeckt

Abb. 4.11 Fehlercodes

4.2 Datenbasis

Grund wird die Binärzerlegung verwendet, um die Fehlernummern aus dem Fehlercode zu rekonstruieren und die zugehörigen Texte anzeigen zu können.

Fehlernummern sind Stammdaten.

Es können gefahrlos Änderungen am Fehlertext vorgenommen werden. Die Struktur der Datei sowie die Anzahl und Nummerierung der Fehler muss bestehen bleiben.

4.2.8 flotte.csv

(siehe Abb. 4.12)

Die ‚*Flotte = Fahrzeuge*' wird erst in der GUI-Version verwendet.

Ein Teil der Daten sind Stammdaten:

- **Kennzeichen** – Fahrzeugkennzeichen
- **Art** – Art des Fahrzeugs, wie etwa Caddy, Sprinter etc.
- **Zuladung** – maximales Zuladungsgewicht
- **Einheit** – Einheit zum maximalen Zuladungsgewicht (in ‚*KG*')
- **Stellplätze** – maximale Anzahl der Stellplätze im Fahrzeug
- **Stellplatzeinheit** – Einheit der der Stellplätze (meist Europalette ‚*EPAL*')
- **Bilddatei** – von der Firma mobilog bereitgestellte Bilddatei für die Fahrzeuge.

Der andere Teil besteht aus Bewegungsdaten:

- **Status** – Status des Fahrzeugs: offen, erledigt, unterwegs
- **aktuelle Tour** – aktuell zum Fahrzeug zugeordnete Tour
- **letzte Tour** – die zuletzt durch das Fahrzeug erledigte Tour.

Neue Flotten-Einträge können vorgenommen werden, wobei zugehörige Stammdaten zu pflegen sind. An den bestehenden Daten dürfen keine Änderungen vorgenommen werden.

A	B	C	D	E	F	G	H	I	J	K
Kennzeichen	Art	Zuladung	ZulEinheit	Stellplaetze	StelEinheit	Status	Bilddatei	aktTour	lTour	
LI-MS-0001	Caddy	800	KG	2	EPAL	offen	TRSP_DSC302	1		
LI-MS-0002	Sprinter	1300	KG	5	EPAL	offen	TRSP_DSC306	2		
LI-MS-0003	Sprinter mit Pl	1300	KG	6	EPAL	offen	TRSP_DSC306	3		
LI-MS-0004	7,5-Tonner	3200	KG	16	EPAL	unterwegs	FLZ_DSC3569	4		
LI-MS-0005	12-Tonner	5500	KG	18	EPAL	unterwegs	FLZ_DSC3626	5		
LI-MS-0006	Sattelzug	24000	KG	34	EPAL	unterwegs	Logo_mobilog	6		
LI-MS-0007	LKW mit Anhä	3500	KG	10	EPAL	offen	Logo_mobilog	11	7	
LI-MS-0008	LKW ohne Anl	1500	KG	5	EPAL	erledigt	Logo_mobilog.jpg		8	
LI-MS-0009	Auto	250	KG	1	EPAL	offen	Logo_mobilog	9		
LI-MS-0010	Auto mit Anhä	500	KG	2	EPAL	offen	Logo_mobilog	10		

Abb. 4.12 Flotte

4.2.9 gebinde.csv

Die ‚*Gebindetabelle*' bildet den Bestand sowohl im CLI- als auch im GUI-LVS ab. Dabei ist pro Gebinde nur ein sog. ‚*Quant*' vorhanden. Er wird durch Material, Charge, Split, Menge und Einheit festgelegt. Zusätzlich zeigt der Status an, ob das Gebinde avisiert (Status=A) oder schon im Lager (Status=L) ist. Der Lieferant wird aus der Wareneingangsbuchung, der Fehlercode vom I-Punkt und das Fehlerflag vom WE-Stich ins Quant übernommen. Der Platz zeigt den aktuellen Standort=Lagerplatz des Gebindes an.

Die Daten sind Bewegungsdaten und dürfen nicht geändert werden (Abb. 4.13).

Der Status ‚*A*' wird beim Avisieren vergeben. Derartige Gebinde können nur am Wareneingangsstich und am I-Punkt weiterverarbeitet werden. Der Statuswechsel zu ‚*L*' vollzieht sich am I-Punkt, da dort automatisch der Wareneingang für avisierte Gebinde gebucht wird.

4.2.10 kunde.csv

(siehe Abb. 4.14)

A	B	C	D	E	F	G	H	I	J	K
Nummer	Lieferant	Platz	Fehlerflag	Fehlercode	Status	Material	Charge	Split	Menge	Einheit
4712	123-TOP	HRL_01_01_0	D	0	L	M001	CH001		10	42 ST
4713	123-TOP	NIO		98428	L	M000	CH000		0	120 ST
4714	123-TOP	TRANSPORT_	B	164368	A	M001	CH001		10	42 ST
4715	ABC-TOP	I_PUNKT	K	259	A	M002	CH002		0	42 ST
4716	ABC-TOP	WE_STICH	P	259	A	M003	CH003		0	42 M
4718	ABC-TOP	WE_STICH		0	A	M002	CH002		0	42 ST
4719	TIP-TOP	NIO	C	23	L	M002	CH0010		10	42 ST
4721	TIP-TOP	NIO		606248	L	M002	CH002		0	42 ST
4723	TIP-TOP	TRANSPORT_K_PUNKT		591104	L	M002	CH002		0	42 ST
4724	TIP-TOP	TRANSPORT_HRL			L	M002	CH002		0	42 ST
4728	TIP-TOP	SCHROTT			A	M002	CH002		0	42 ST

Abb. 4.13 Gebinde – Bestand

A	B	C	D	E	F
Kunde	Land	Stadt	StrNr	Mail	
Sven	Deutschland	Eberbach	Bahnhofstr. 3	svenbodo@hotmail.com	
Alex	Deutschland	Marburg	Haupstr. 1	svenbodo@hotmail.com	
Lena	Deutschland	Eberbach	Bahnhofstr. 3	svenbodo@hotmail.com	
Erhard	Deutschland	Hittfeld	Eisstr. 7	svenbodo@hotmail.com	
Dominik	Deutschland	Ober-Erlenba	Flußweg 7	svenbodo@hotmail.com	

Abb. 4.14 Kundenstamm

4.2 Datenbasis

Der *Kundenstamm* ist ein Stammdatum, das nur innerhalb der GUI-Version Anwendung findet. Es werden zu Kunden *Adressdaten* sowie *Mailadressen* abgelegt. Letztere können als Ziel einer *Mail* im Rahmen von Auslieferungsprozessen verwendet werden, um Kunden über den Status ihrer Auslieferungen zu informieren.

Neue Kunden können eingetragen werden. Bei den bestehenden Kundendaten dürfen keine Änderungen vorgenommen werden.

4.2.11 lhmstamm.csv

(siehe Abb. 4.15)
LHM bedeutet Ladehilfsmittel. Sie werden erst in der GUI-Version verwendet und sind Stammdaten. Zu einem LHM gehören folgende Attribute:

- **LHM** – technische Bezeichnung des LHMs, z. B. EPAL
- **Name** – Name des LHM, z. B. Europalette
- **Stellplatz** – Stellplatzverbrauch in einem Fahrzeug, z. B. 1
- **StellEinheit** – Einheit des Stellplatzverbrauches, meist EPAL
- **Gewicht** – Gewicht des LHMs
- **Einheit** – Einheit des Gewichtes, meist KG
- **Bilddatei** – Produktdatenblatt, das von der Firma *EPAL* bereitgestellt worden ist
- **Bild** – Bilddatei, die ebenfalls von der Firma *EPAL* bereitgestellt worden ist.

An bestehenden Daten dürfen keine Änderungen vorgenommen werden. Weitere LHMs können durch entsprechende Pflege der CSV-Datei angelegt werden.

4.2.12 matstamm.csv

(siehe Abb. 4.16 und 4.17)

LHM	Name	Stellplatz	StelEinheit	Gewicht	GewEinheit	Bilddatei	Bild
EPAL	Europalette	1.0	EPAL	25	KG	EPAL_Europal	EPAL normal.gif
EPALG	Gitterbox	1.0	EPAL	70	KG	EPAL_GiBo_P	EPAL Gitter.gif
EPAL7	Halbpalette	0.5	EPAL	50	KG	EPAL7_Produl	EPAL Halb.gif
EPAL3	Industriepalet	1.5	EPAL	30	KG	EPAL_EPAL3_	EPAL 3.gif
EPAL2	Industriepalet	1.5	EPAL	35	KG	EPAL_EPAL2_	EPAL 2.gif
EPALC	Europalette C	1.5	EPAL	27	KG	EPAL_CP1_Pr	EPAL CP9.gif

Abb. 4.15 LHM-Stamm

A	B	C	D	E	F
Material	Labor	Split00	BME	Chargenpflich	Kuehlpflicht
M000	LAB000	JA	ST	JA	JA
M001	LAB001	NEIN	ST	JA	NEIN
M002	LAB002	JA	ST	JA	NEIN
M003	LAB003	NEIN	M	JA	NEIN
M004	LAB004	JA	L	JA	JA
M005	LAB005	NEIN	ST	NEIN	NEIN

Abb. 4.16 Materialstamm, Teil 1

G	H	I	J	K	L	M	N	O
vonTemp	bisTemp	TempEinheit	Einlstrat	Einltyp	LHM	Gewicht	GewEinheit	Palette
1	4	°C	LEERAB	KUEHL	EPAL	0.1	KG	1000
		°C	LEERAUF	HRL	EPAL7	10.0	KG	100
		°C	LEERAB	HRL	EPALG	100.0	KG	2
		°C	LEERAB	BLOCK	EPAL3	2,3.0	KG	30
-2	1	°C	LEERAUF	KUEHL	EPAL2	0.5	KG	10
		°C	LEERAUF	BLOCK	EPALC	13.0	KG	5

Abb. 4.17 Materialstamm, Teil 2

Der *‚Materialstamm'* ist ein Stammdatum, das sowohl in der CLI- als auch GUI-Version verwendet wird. Attribute sind:

- **Material** – die Materialnummer
- **Labor** – das Labor ist die Instanz der Qualitätskontrolle zum Material
- **Split00** – wird Split00 an die Charge konkateniert oder nicht, um die ERP-Charge zu bilden (siehe Chargenprüfungsthema)
- *‚BME'* – Basismengeneinheit des Materials, z. B. *‚KG'* oder *‚ST'*
- **Chargenpflicht** – zeigt an, ob das Material in Chargen zu führen ist
- **Kuehlpflicht** – zeigt an, ob das Material temperiert gelagert und transportiert werden muss
- **VonTemp** – untere Grenze der Temperatur bei Kühlpflicht
- **bisTemp** – obere Grenze der Temperatur bei Kühlpflicht
- **TempEinheit** – Einheit der Temperatur, meist Grad Celsius
- **Einlstrat** – Einlagerstrategie für die Einlagerung
    - *‚LEERAUF'* – ausgewählte Plätze werden nach Restkapazität aufsteigend sortiert
    - *‚LEERAB'* – ausgewählte Plätze werden nach Restkapazität absteigend sortiert

4.2 Datenbasis

- **Einltyp** – Einlagertyp für die Einlagerung, z. B. HRL oder KUEHL; nur dort werden Plätze für die Einlagerung berücksichtigt
- **LHM** – LHM zur Verpackung des Materials, z. B. EPAL
- **Gewicht** – Bruttogewicht des Materials
- **GewEinheit** – zugehörige Einheit
- **Palette** – Anzahl in BME für ein komplettes LHM, z. B. 1000 ST auf einer EPAL (wird für die Heuristik bei der Disposition benötigt).

An bestehenden Daten dürfen keine Änderungen vorgenommen werden. Weitere Produkte können durch Pflege der CSV-Datei angelegt werden.

4.2.13 numernkreise.csv

(siehe Abb. 4.18)
Die Tabelle zeigt die ‚*Nummernkreise*' an, die aktiv in SMILE verwendet werden bzw. deaktiviert sind. Das Objekt zeigt den Kontext an, also z. B. ‚*TRAPO*' für Umlagerungen im Lager. Der Stand ist der aktuelle Nummernstand. Die erste Umlagerung im Lager besitzt die Nummer ‚*1*', die im aktuellen Stand abgelegt wird. Die nächste Umlagerung erhält die um Eins größere Nummer, also ‚*2*' usw. Daher handelt es sich hierbei sowohl um Stamm- als auch Bewegungsdaten. Sie werden sowohl in der CLI- als auch in der GUI-Version verwendet.

An bestehenden Daten dürfen keine Änderungen vorgenommen werden. Weitere Nummernkreise können durch Pflege der CSV-Datei angelegt werden. Allerdings sind sie erst dann wirksam, wenn sie im Coding zu neuen Funktionen implementiert werden.

Abb. 4.18 Nummernkreise

A	B	C	D
Objekt	Stand	Beschreibung	Aktiv
TRAPO	27	interne Transp	JA
WE	0	Wareneingang	NEIN
AUSL	20	Auslieferung	JA
INTL	0	interne Umlag	NEIN
BELE	0	Materialbeleg	NEIN
ANLI	0	Anlieferung	NEIN
GEBE	0	Gebinde	NEIN
TOUR	11	Touren	JA
WA	0	Warenausgan	NEIN
PICK	0	Kommissionie	NEIN

4.2.14 plaetze.csv

(siehe Abb. 4.19)
Die Tabelle zeigt die *'Lagerplätze'* im Lager an, die fast ausschließlich Stammdaten sind und sowohl in der CLI- als auch in der GUI-Version ihre Anwendung finden.

Neben *'Lagerplatznamen und seiner Bedeutung'* sind weitere Attribute *'Lagertyp'* (für die Einlagerung relevant), *'Belegt-Kennzeichen'* (zeigt an, ob der Platz belegt ist oder nicht: Achtung: Bewegungsdatum), *'garantierte Temperatur'* (wichtig für die Kühlguteinlagerung), *'dimensionslose Kapazität'* (für Anzahl Gebinde, auch wichtig für die Einlagerung) und *'aktuelle Anzahl'* (entspricht der dimensionslosen Anzahl an Gebinden auf dem Platz, Achtung: Bewegungsdatum).

Bestehende Daten dürfen nicht geändert werden. Neue Lagerplätze können durch Pflege der CSV-Datei erfasst werden.

4.2.15 slkopf.csv

(siehe Abb. 4.20)
'Auslieferungen' sind Bewegungsdaten und werden bei der Disposition von Auslieferungen nur im GUI-LVS verwendet. Folgende Attribute sind relevant:

A	B	C	D	E	F	G
Platz	Bedeutung	Lagertyp	belegt	Temperatur	Kapazitaet	aktAnzahl
WE_STICH	Wareneingang	WE	NEIN	ungeprüft	unbegrenzt	0
TRANSPORT_	Transport zum	WE	NEIN	ungeprüft	unbegrenzt	0
I_PUNKT	I-Punkt	WE	NEIN	ungeprüft	unbegrenzt	0
NIO	Kontroll-Platz	WE	NEIN	ungeprüft	1	-4
TRANSPORT_	Transport ins	WE	NEIN	ungeprüft	unbegrenzt	0
TRANSPORT_	Transport zum	WE	NEIN	ungeprüft	unbegrenzt	0
K_PUNKT	K-Punkt	WE	NEIN	ungeprüft	unbegrenzt	1
TRANSPORT_	Transport zum	RETOURE	NEIN	ungeprüft	10	0
RETOURE	Retouren-Plat	RETOURE	NEIN	ungeprüft	unbegrenzt	0
WE_LIEF	manueller Wa	WE	NEIN	ungeprüft	unbegrenzt	0
HRL_01_01_0	HRL, Gang 1, S	HRL	JA	20	2	2
HRL_01_01_0	HRL, Gang 1, S	HRL	NEIN	20	2	1
HRL_01_01_0	HRL, Gang 1, S	HRL	NEIN	20	2	1
HRL_01_01_0	HRL, Gang 1, S	HRL	NEIN	20	2	1
HRL_01_01_0	HRL, Gang 1, S	HRL	NEIN	20	2	1
HRL_01_01_0	HRL, Gang 1, S	HRL	NEIN	20	2	1
KUEHL_1	Kühlturm, Plat	KUEHL	NEIN	-1	5	0

Abb. 4.19 Lagerplätze

4.2 Datenbasis

Lieferung	Tour	Kunde	Status	Gewicht	GewEinheit	Stellplaetze	StelEinheit	Anlagedatum	Dispodatum
1	1	Sven	disponiert	2345,2	KG	6	EPAL	01/23/2021	01/23/2021
2	2	Alex	zusammenste	353,5	KG	9	EPAL	01/15/2021	01/15/2021
3	3	Sven	kommissionie	66	KG	1,5	EPAL	01.10.2021	01.11.2021
4	4	Alex	unterwegs	25,1	KG	1	EPAL	01.05.2021	01.06.2021
5	5	Lena	unterwegs	25,1	KG	1	EPAL	01.05.2021	01.06.2021
6	5	Erhard	unterwegs	25,1	KG	1	EPAL	01.05.2021	01.06.2021
7	6	Dominik	erledigt	200	KG	1	EPAL	01.01.2021	01.01.2021
8	6	Dominik	erledigt	280	KG	1	EPAL	01.01.2021	01.01.2021
9	7	Dominik	erledigt	400	KG	1	EPAL	01.01.2021	01.01.2021
10	8	Dominik	erledigt	1260	KG	3	EPAL	01.01.2021	01.01.2021
11		Lena	angelegt	1322	KG	4,5	EPAL	01/24/2021	
12	9	Sven	disponiert	4121.0	KG	12	EPAL	08/22/2021	08/22/2021
13	10	Sven	disponiert	246.7	KG	2	EPAL	09.11.2021	09/14/2021
14	unbekannt	Sven	angelegt	1420.5	KG	2	EPAL	09/14/2021	unbekannt
15	unbekannt	Sven	angelegt	1010.5	KG	1	EPAL	02/20/2022	unbekannt
16	unbekannt	Sven	angelegt	3270.5	KG	13	EPAL	02/25/2022	unbekannt
17	11	Sven	disponiert	3000.5	KG	12	EPAL	01/22/2023	01/22/2023
18	unbekannt	Sven	angelegt	170.0	KG	1	EPAL	01/23/2023	unbekannt
18	unbekannt	Sven	angelegt	170.0	KG	1	EPAL	01/23/2023	unbekannt
20	unbekannt	Sven	angelegt	26. Feb	KG	1	EPAL	01/23/2023	unbekannt

Abb. 4.20 Auslieferungs-Kopfdaten

- **Lieferung** – Lieferungsnummer aus dem Nummernkreis zum Objekt ‚*AUSL*'
- **Tour** – zugewiesene Tournummer
- **Kunde** – Kunde, an den ausgeliefert werden muss (und ggfs. auch per Mail (siehe Kundentabelle) der Lieferungs-Status avisiert wird)
- **Status** – Status der Lieferung (siehe Tab. 5.17)
- **Gewicht und Einheit** – Gewicht der Lieferung mit Einheit, heuristisch bei Anlage der Auslieferung berechnet
- **Stellplätze und Einheit** – Stellplätze der Lieferung mit Einheit, heuristisch bei Anlage der Auslieferung berechnet
- **Anlagedatum** – Datum der Anlage der Auslieferung
- **Dispodatum** – Datum, an dem die Disposition der Lieferung durchgeführt worden ist.

An existierenden Daten dürfen keine Änderungen vorgenommen und weitere Lieferungen dürfen nur über den zugehörigen GUI-Dialog erstellt werden.

4.2.16 slpos.csv

(siehe Abb. 4.21)
Zum Kopf der Lieferung gehören die ‚*Positionen*', die Bewegungsdaten sind und ebenfalls nur in der GUI-Version Verwendung finden. Ihre Attribute sind:

A	B	C	D	E	F
Lieferung	Position	Material	Menge	Einheit	Status
1	1	M001	102	ST	disponiert
1	2	M002	11	ST	disponiert
1	3	M000	2	ST	disponiert
2	1	M004	23	L	zusammenstellen
2	2	M005	12	ST	zusammenstellen
3	1	M005	3	ST	kommissioniert
4	1	M000	1	ST	unterwegs
5	1	M000	1	ST	unterwegs
6	1	M000	1	ST	unterwegs
7	1	M001	13	ST	erledigt
8	1	M001	21	ST	erledigt
9	1	M001	33	ST	erledigt
10	1	M002	12	ST	erledigt
11	1	M002	12	ST	angelegt
11	2	M005	3	ST	angelegt

Abb. 4.21 Auslieferungs-Positionsdaten

- **Lieferung** – zugehörige Lieferungsnummer
- **Position** – Positionsnummer
- **Material** – Material, das geliefert werden soll
- **Menge und Einheit** – Menge des zu liefernden Materials mit Einheit
- **Status** – siehe Abschn. 5.2.17.

An existenden Daten dürfen keine Änderungen vorgenommen werden. Weitere Lieferungspositionen sollten nur über den entsprechenden GUI-Dialog erstellt werden.

4.2.17 slstati.csv

(siehe Abb. 4.22)
In diesem Kontext sind ‚*Status*' bzgl. der Auslieferungsabwicklung angegeben, die Stammdaten sind und nur in der GUI-Version Verwendung finden.

Momentan werden nur die Status ‚*angelegt*' bei Anlage der Auslieferung und ‚*disponiert*' nach Dispositionsende verwendet.

An bestehenden Daten dürfen keine Änderungen vorgenommen werden. Neue Lieferungsstatus können zwar eingetragen werden, bedingen aber Coding-Änderungen zu deren Nutzung.

4.2 Datenbasis

Abb. 4.22 Status der Auslieferung

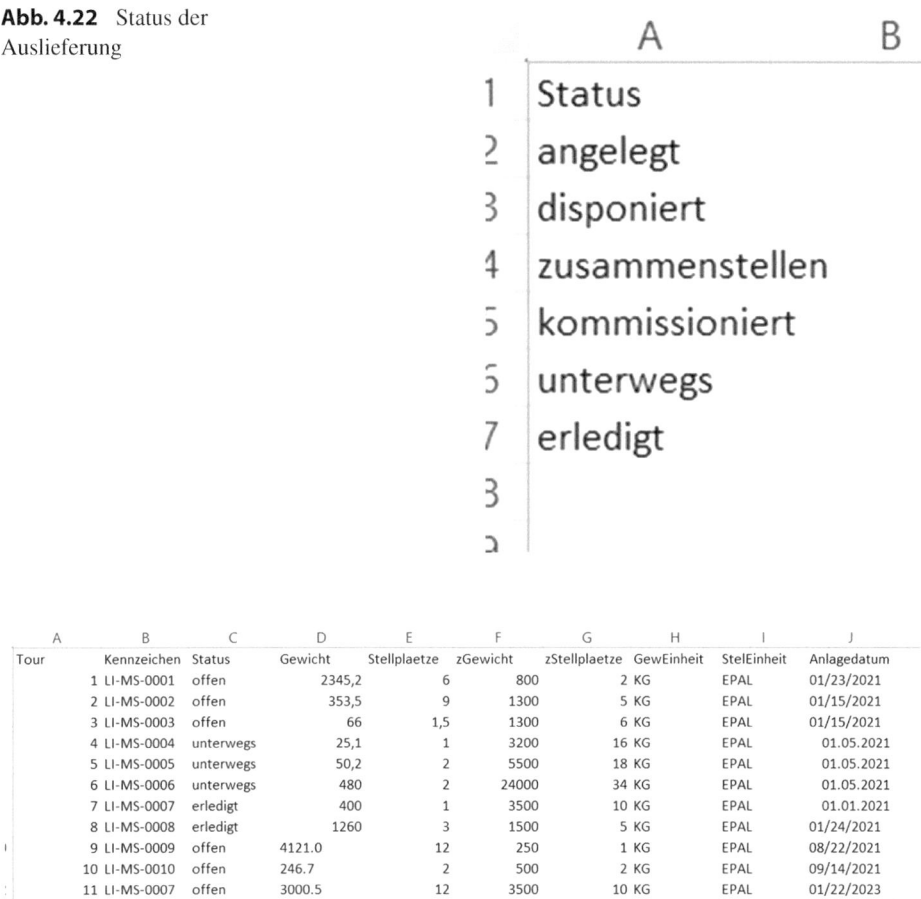

Abb. 4.23 Tour. Kopfdaten

4.2.18 tourkopf.csv

(siehe Abb. 4.23)
Durch eine ‚*Tour*' werden eine oder mehrere Lieferungen mit einem Fahrzeug zu einem Kunden transportiert. Die Daten sind Bewegungsdaten, die nur in der GUI-Version verwendet werden. Ihre Attribute sind:

- **Tour** – Tournummer aus dem Nummernkreis zum Objekt ‚*TOUR*'
- **Kennzeichen** – Kennzeichen aus der Flottentabelle
- **Status** – siehe Abschn. 5.2.20
- **Gewicht** – aktuelles Gewicht, aus den Lieferungen addiert

- **Stellplätze** – aktuelle Stellplätze, aus den Lieferungen addiert
- **zGewicht** – zulässiges Gewicht aus den Fahrzeugdaten
- **zStellplätze** – zulässige Stellplätze, aus den Fahrzeugdaten
- **Gewichtseinheit** – zugehörige Einheit
- **Stellplatzeinheit** – zugehörige Einheit
- **Anlagedatum** – Datum der Touranlage.

Für die Änderung dieser Daten gelten dieselben Regeln wie für Auslieferungen.

4.2.19 tourpos.csv

(siehe Abb. 4.24)
In den *Positionen zur Tour* sind die zugeordneten *Auslieferungen* abgespeichert.
 Es sind Bewegungsdaten, die nur in der GUI-Version Anwendung finden.
 Für die Änderung der Daten gelten dieselben Regeln wie für Auslieferungspositionen.

Abb. 4.24 Tour-Positionsdaten

	A	B
	Tour	Lieferung
2	1	1
3	2	2
4	3	3
5	4	4
6	5	5
7	5	6
8	6	7
9	6	8
10	7	9
11	8	10
12	9	12
13	10	13
14	11	17
15		
16		

4.2.20 tourstati.csv

(siehe Abb. 4.25)

Die *Status der Tour* sind Stammdaten, die nur in der GUI-Version benutzt werden. Eine Tour ist

- *offen* – wenn sie nicht beendet oder unterwegs ist
- *unterwegs* – wenn das Fahrzeug vom Lager abgefahren ist
- *erledigt* – wenn das Fahrzeug alle Lieferungen ausgeliefert hat.

Für die Änderung der Daten gelten dieselben Regeln wie für Auslieferungsstatus.

4.3 Klassen und Methoden

Es werden zwei Klassen definiert, die für Interaktionen mit der SMILE-Datenbasis 5.1 verwendet werden.

In der Klasse *Datenbank* gibt es je eine Methode zum Laden und zum Sichern der kompletten CSV-Dateien. Das Laden vollzieht sich zu Anfang des Hauptprogramms im Unterprogramm *init()* und lädt alle CSV-Dateien in den Zwischenspeicher. Das Sichern

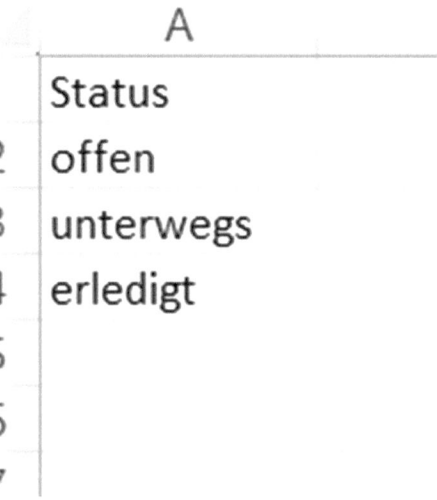

Abb. 4.25 Status der Tour

wird am Ende des Unterprogramms ‚*mainloop*' durchgeführt, wenn per Menü-Code ‚*ENDE*' das Unterprogramm ‚*mainloop*' und damit die CLI-Version beendet wird.

In der Klasse ‚*Table*' stehen diverse Methoden zur Verfügung. Einerseits sind Methoden vorhanden, die programmintern agieren und deshalb bei zukünftigen Erweiterungen der CLI-Version vermutlich keine Verwendung finden:

- ‚*load*' – wird in Methode ‚*laden*' verwendet
- ‚*save*' – wird in Methode ‚*sichern*' verwendet
- ‚__init__' – zum Instanziieren der Klasse
- ‚*clear*' – wird momentan nicht benutzt
- ‚*set_header*' – wird programmintern etwa bei ‚*get_empty*' zum Initialisieren der Felder verwendet.

Andererseits existieren Methoden, die sehr häufig im bisherigen Code verwendet und somit bei zukünftigen Erweiterungen der CLI-Version relevant werden:

- ‚*show*' – zeigt den Inhalt einer CSV-Datei an
- ‚*select*' – selektiert den Inhalt einer CSV-Datei nach Feldinhalten, um diese folgend anzuzeigen, zu ändern, zu löschen oder separate Logiken auszuführen
- ‚*modify*' – ändert eine konkrete Zeile einer CSV-Datei ab (meist zuvor mit ‚*select*' ermittelt)
- ‚*delete*' – löscht eine konkrete Zeile einer CSV-Datei (meist zuvor mit ‚*select*' ermittelt)
- ‚*get_empty*' – legt eine Variable mit leerem Inhalt zu einer neuen Zeile einer CSV-Datei an, um diese nachfolgend zu befüllen und mit ‚*insert*' anzulegen
- *insert* – legt eine neue Zeile in einer CSV-Datei an (vorher ‚*get_empty*' nutzen)

Anbei entsprechende Übersichtsdiagramme zu den hier betrachteten Klassen und Methoden (Abb. 4.26, 4.27, 4.28 und 4.29):

4.4 Pakete, Module und Importe

Für einige SMILE-Anwendungen ist es notwendig, sog. ‚*Python – Pakete*' zu installieren. Das geschieht auf der Konsole (hier mittels Spyder-Editors) durch den Befehl.

```
pip install <<Paketname>>
```

, also etwa

```
pip install numpy
```

4.4 Pakete, Module und Importe

Klasse ‚Table'	
Tabellenklasse	
Methode ‚show'	**Methode ‚load'**
Zeigt den kompletten Inhalt einer CSV-Datei an	Wird in der Methode ‚laden' programmintern verwendet, um eine CSV-Datei in den Zwischenspeicher zu laden
Beispiel Gebindetabelle aus Datenbank: db.gebinde.show()	Beispiel: current.load(name,folder)
Methode ‚select'	**Methode ‚save'**
Ermittelt (selektiert) Daten aus einer CSV-Datei zu vorgegebenen Parametern	Wird in Methode ‚sichern' programmintern verwendet, um eine CSV-Datei (nach Anpassung) wieder zu sichern
Beispiel: toSelect5 = db.gebinde.select({'Nummer':hunr11})	Beispiel: item.save(name,folder)
Methode ‚modify'	**Methode ‚clear'**
Ändert eine Zeile in einer CSV-Datei ab	-- wird momentan nicht verwendet --
Beispiel: db.gebinde.modify(row)	
Methode ‚delete'	**Methode ‚__init__'**
löscht eine Zeile aus einer CSV-Datei	Instanzierung der Klasse
Beispiel: db.gebinde.delete(row)	
Methode ‚insert'	**Methode ‚set_header'**
Fügt eine Zeile einer CSV-Datei hinzu	programmintern
Beispiel: db.bewegungen.insert(bew)	
Methode ‚get_empty'	
Legt programmintern eine leere Zeile zu einer CSV-Datei ab, die nachfolgend per insert hinzugefügt wird	*Methoden, die eigentlich nicht weiter verwendet werden und eher prgrammintern sind*
Beispiel: bew = db.bewegungen.get_empty()	
Methoden, die häufig benutzt werden für neue Funktonen	

Abb. 4.26 Klasse ‚Table' – Methoden-Übersicht

zur Installation des *‚numpy-Paketes'*. Erst nach der Installation können die Funktionen des Paketes, wie etwa *‚random'* zur Erzeugung von Zufallszahlen, in einem Python-Programm verwendet werden. Ohne entsprechende Installation kommt es zu einer Fehlermeldung (Abb. 4.30):

Eine Installation auf der Konsole des Pakets *‚mlpy'* mit.

Klasse ‚Datenbank'   **_Datenbankklasse_**
Methode ‚laden'   Zeigt den kompletten Inhalt einer Tabelle an   Beispiel: db.laden()
Methode ‚sichern'   Zeigt den kompletten Inhalt einer Tabelle an   Beispiel:db.sichern()
Methoden werden in der CLI-Version nur programmintern verwendet

Abb. 4.27 Klasse ‚Datenbank' – Methodenübersicht

```
pip install mlpy
```

könnte Details zur und den Erfolg der Installation anzeigen (Abb. 4.31):

Bei erneuter Installation würde Python auf bereits durchgeführte Installationen hinweisen und ggfs. nur ‚*Updates*' installieren (Abb. 4.32 und 4.33):

Die bereits installierten Pakete sind mit dem pip-Befehl ‚*list*' auf der Konsole anzeigbar (Abb. 4.34):

Im Zuge von SMILE mussten folgende Pakete installiert werden:

- *pip install numpy*
- *pip install qrcode*
- *pip install opencv-python*
- *pip install gTTS*
- *pip install tk-tools*

4.4 Pakete, Module und Importe

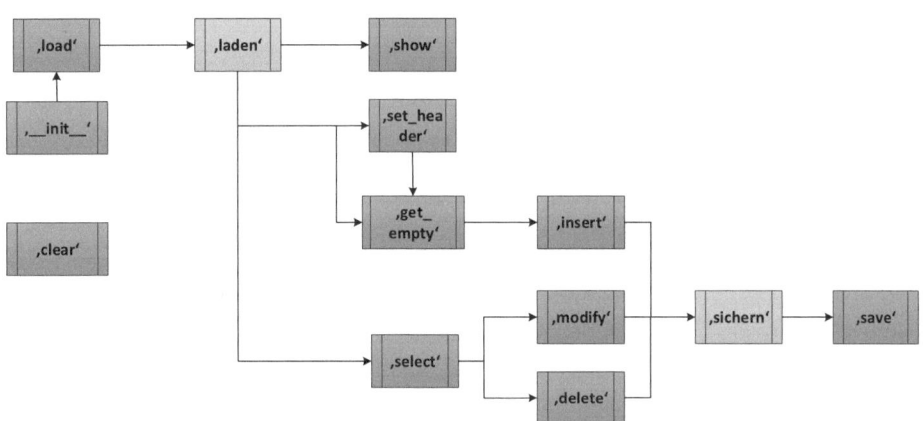

Abb. 4.28 Klassen und Methoden – kompakte Übersicht

Abb. 4.29 Klassen und Methoden – Zusammenhänge

- *pip install tkcalendar*
- *pip install playsound*
- *pip install fpdf*
- *pip install matplotlib.*

```
In [9]: sorted(["%s==%s" % (i.key, i.version) for i in pip.get_installed_distributions()])
Traceback (most recent call last):

  File "<ipython-input-9-8f6eb6d38aeb>", line 1, in <module>
    sorted(["%s==%s" % (i.key, i.version) for i in pip.get_installed_distributions()])

NameError: name 'pip' is not defined

In [10]: import pip

In [11]:
```

Abb. 4.30 pip, Fehlermeldung

```
In [4]: pip install mlpy
Collecting mlpy
  Downloading mlpy-0.1.0.tar.gz (4.4 MB)
Requirement already satisfied: numpy>=1.6.2 in c:\users\user\anaconda3\lib\site-packages (from mlpy) (1.18.5)
Requirement already satisfied: scipy>=0.11 in c:\users\user\anaconda3\lib\site-packages (from mlpy) (1.5.0)
Requirement already satisfied: matplotlib in c:\users\user\anaconda3\lib\site-packages (from mlpy) (3.2.2)
Requirement already satisfied: scikit-learn in c:\users\user\anaconda3\lib\site-packages (from mlpy) (0.23.1)
Requirement already satisfied: six>=1.9.0 in c:\users\user\anaconda3\lib\site-packages (from mlpy) (1.15.0)
Requirement already satisfied: python-dateutil>=2.1 in c:\users\user\anaconda3\lib\site-packages (from matplotlib->mlpy) (2.8.1)
Requirement already satisfied: pyparsing!=2.0.4,!=2.1.2,!=2.1.6,>=2.0.1 in c:\users\user\anaconda3\lib\site-packages (from matplotlib->mlpy) (2.4.7)
Requirement already satisfied: cycler>=0.10 in c:\users\user\anaconda3\lib\site-packages (from matplotlib->mlpy) (0.10.0)
Requirement already satisfied: kiwisolver>=1.0.1 in c:\users\user\anaconda3\lib\site-packages (from
```

Abb. 4.31 pip install

```
In [4]: pip install numpy
Requirement already satisfied: numpy in c:\users\user\anaconda3\lib\site-packages (1.18.5)
Note: you may need to restart the kernel to use updated packages.
```

Abb. 4.32 pip install, erneut

Es müssen diese Pakete direkt nach der Installation von Python durch ‚*pip*' auf der Konsole installiert werden.

Folgende Importe werden zu Beginn der CLI-Version in ‚*lvs.py*' durchgeführt, um installierte Pakete und Module nutzbar zu machen:

4.4 Pakete, Module und Importe

```
In [7]: pip install matplotlib
Requirement already satisfied: matplotlib in c:\users\user\anaconda3\lib\site-packages (3.2.2)
Requirement already satisfied: kiwisolver>=1.0.1 in c:\users\user\anaconda3\lib\site-packages (from
matplotlib) (1.2.0)
Requirement already satisfied: pyparsing!=2.0.4,!=2.1.2,!=2.1.6,>=2.0.1 in c:\users\user\anaconda3\lib
\site-packages (from matplotlib) (2.4.7)
Requirement already satisfied: python-dateutil>=2.1 in c:\users\user\anaconda3\lib\site-packages (from
matplotlib) (2.8.1)
Requirement already satisfied: numpy>=1.11 in c:\users\user\anaconda3\lib\site-packages (from matplotlib)
(1.18.5)
Requirement already satisfied: cycler>=0.10 in c:\users\user\anaconda3\lib\site-packages (from
matplotlib) (0.10.0)
Requirement already satisfied: six>=1.5 in c:\users\user\anaconda3\lib\site-packages (from python-
dateutil>=2.1->matplotlib) (1.15.0)
Note: you may need to restart the kernel to use updated packages.
```

Abb. 4.33 pip install, erneut II

```
In [8]: pip list
Package                        Version
------------------------------ -------------------
alabaster                      0.7.12
anaconda-client                1.7.2
anaconda-navigator             1.9.12
anaconda-project               0.8.3
argh                           0.26.2
asn1crypto                     1.3.0
astroid                        2.4.2
astropy                        4.0.1.post1
atomicwrites                   1.4.0
attrs                          19.3.0
autopep8                       1.5.3
Babel                          2.8.0
backcall                       0.2.0
Note: you may need to restart the kernel to use updated packages.backports.functools-lru-cache
backports.shutil-get-terminal-size 1.0.0
backports.tempfile             1.0
backports.weakref              1.0.post1

bcrypt                         3.1.7
beautifulsoup4                 4.9.1
bitarray                       1.4.0
bkcharts                       0.2
bleach                         3.1.5
bokeh                          2.1.1
```

Abb. 4.34 pip list

- *import numpy as np*
- *import time*
- *import sys, os*
- *import qrcode*
- *from fpdf import FPDF*
- *from operator import itemgetter*
- *from collections import OrderedDict.*

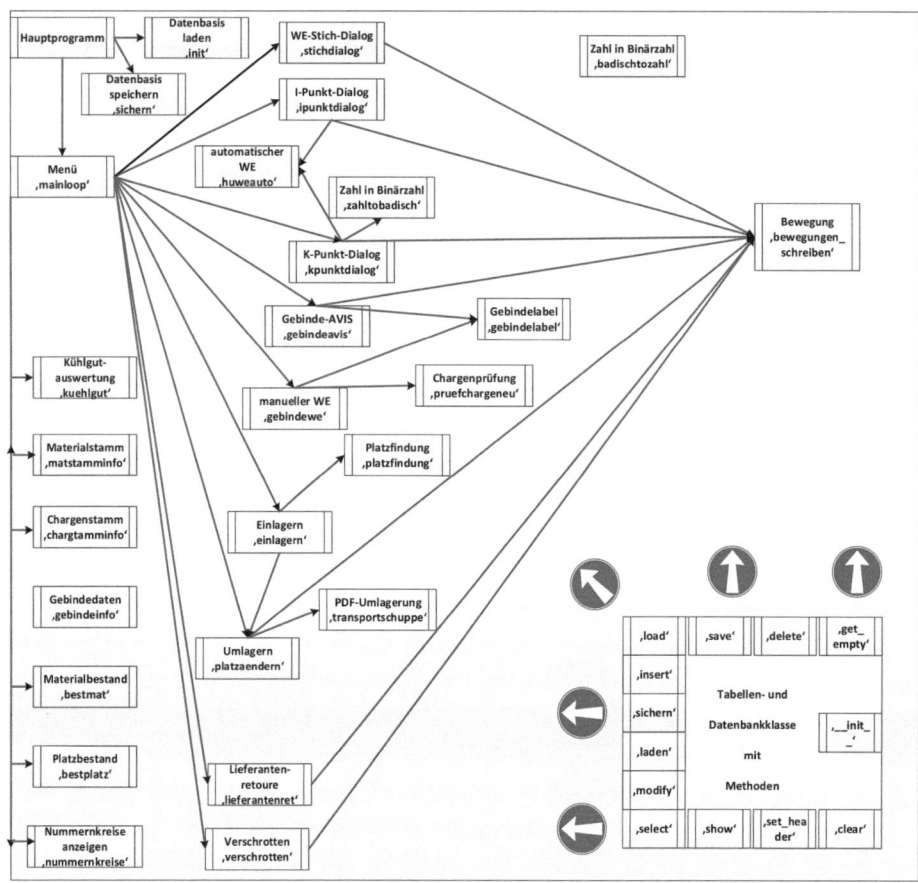

Abb. 4.35 Übersicht aller Unterprogramme CLI-Version

4.5 Übersicht der Unterprogramme

Im folgenden Schaubild werden die *‚Zusammenhänge aller Unterprogramme'* der CLI-Version dargestellt. Man erkennt, dass von einigen Unterprogrammen – wie etwa dem mainloop – viele Verbindungen ausgehen. Umgekehrt werden Unterprogramme – wie etwa das Bewegungen-Schreiben – sehr oft aufgerufen. Gleichzeitig ist dieses Unterprogramm eine *‚Senke':* von ihm gehen keine Verbindungen aus. Es gibt weitere Senken, wie etwa alle Auswertungen auf der linken Seite des Diagramms. Ein Unterprogramm wird nicht verwendet: *‚badischtozahl'*.

Zusätzlich sind unten rechts die eigenen Klassen mit ihren Methoden aufgeführt, die von fast allen Unterprogrammen verwendet werden. Dieses Gefüge ist nicht grafisch dargestellt (Abb. 4.35):

4.6 Hauptprogramm

Das Hauptprogramm lädt die CSV-Daten und führt das Menü aus. Sein Ablaufdiagramm hat folgende Gestalt (Abb. 4.36):

4.7 Unterprogramm init

Innerhalb von ‚*init*' wird die Methode ‚*laden*' aus der Klasse ‚*Datenbank*' ausgeführt, um die Datenbasis = alle CSV-Dateien in den Zwischenspeicher zu transferieren. Anbei das zugehörige Ablaufdiagramm (Abb. 4.37):

4.8 Unterprogramm mainloop

Das Unterprogramm ‚*mainloop*' stellt das Menü dar, aus dem User Menücodes auswählen können. Die Codes sind im Konzept blau dargestellt. Nach deren Auswahl wird entweder ein entsprechendes Unterprogramm oder direkt eine Datenanzeige aufgerufen. Danach kehrt man wieder ins Menü zurück. Die Menücodes werden für eine erneute User-Eingabe angezeigt.

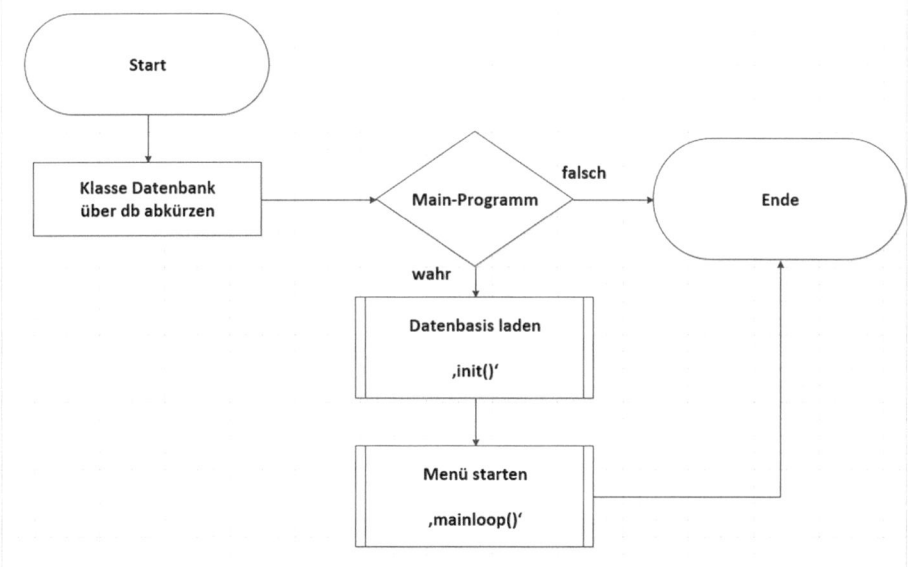

Abb. 4.36 Hauptprogramm – Ablaufdiagramm

Abb. 4.37 Unterprogramm ‚init' – Ablaufdiagramm

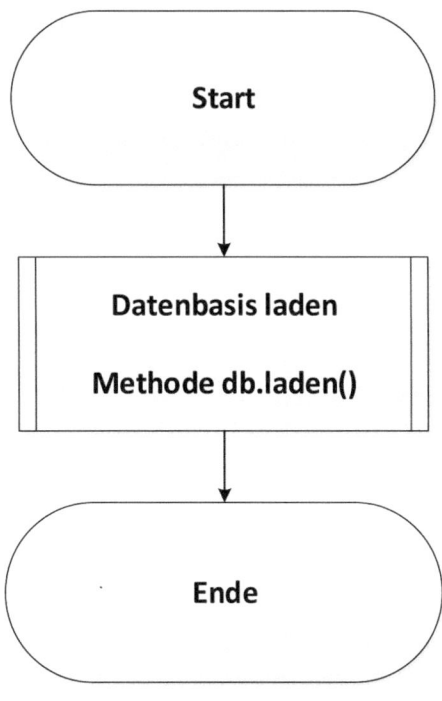

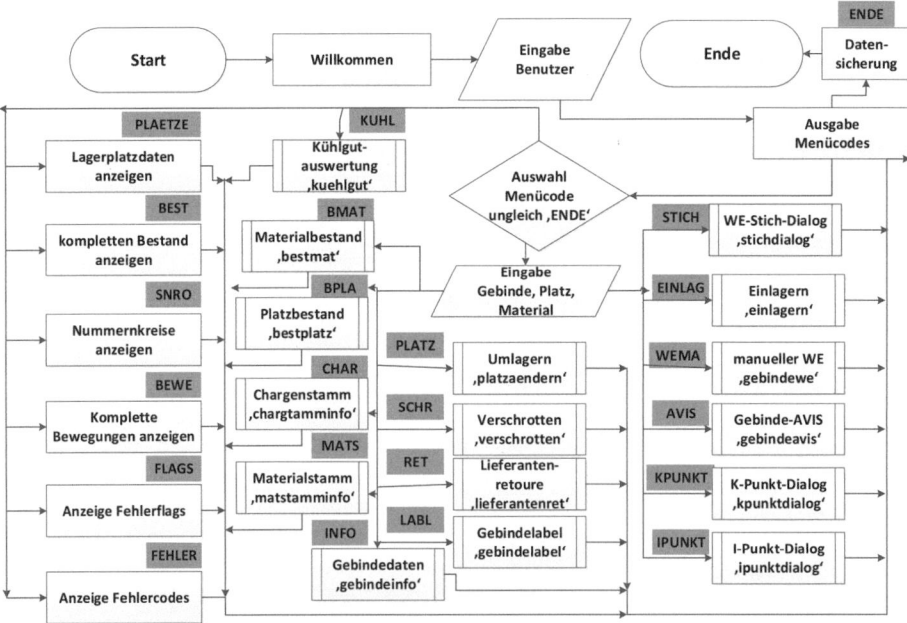

Abb. 4.38 Unterprogramm ‚mainloop' – Ablaufdiagramm

Die Benutzerwahl *‚ENDE'* schließt das Programm ab. Es erfolgt die Datenspeicherung der ggfs. geänderten CSV-Dateien.

Das Ablaufdiagramm von *‚mainloop'* ist nachfolgend dargestellt (Abb. 4.38):

4.9 Unterprogramm gebindewe

Das Unterprogramm *‚gebindewe'* prüft zunächst die Nicht-Existenz der eingegebenen Gebindenummer. Anschließend werden Material und Lieferant hinzugelesen. Ist das Material chargenpflichtig, müssen Charge und Split eingegeben werden. Liegt eine bekannte Chargen-Split-Kombination vor oder ist das Material nicht chargenpflichtig, ist der Folgeschritt die Mengeneingabe.

Liegt eine nicht-existente Chargen-Split-Kombination vor, wird diese geprüft und nach Eingabe des Verfallsdatums im Falle einer positiven Prüfung angelegt. Anschließend wird ein Bewegungssatz erzeugt und die Mengeneingabe gestartet.

Nach der Mengeneingabe wird das Gebinde angelegt. Dieser Schritt stellt die Wareneingangsbuchung inkl. Bewegungssatz dar.

Abschließend kann der User entscheiden, ein Gebindelabel zu drucken. Der Druck wird bei Antwort *‚JA'* ausgeführt.

Eine Zusammenfassung des Unterprogramms ‚gebindewe' zeigt das folgende Brainstorming-Konzept (Abb. 4.39):

Die Programmlogik ist im folgenden Ablaufdiagramm dargestellt (Abb. 4.40):

Aufgabenliste zur Integration in den LVS-Prototyp II		
Thema	**Objekt**	**Aktionen**

Prozesse	Wareneingang manuell
	Dialog erstellen
		- Übergabe Gebinde und User
		- Gebinde darf nicht existieren
		- Lieferant und Material eingeben
		- Material muss existieren und Materialstamm zulesen
		- Bei Chargenpflicht im Materialstamm
		   - Charge und Split zulesen
		   - Nur bei neuer Charge eine Chargenprüfung durchführen
		   - Chargenstamm und zugehörigen Bewegungssatz anlegen
		- Menge hinzulesen; Einheit dazulesen aus Materialstamm
		- Gebindestamm anlegen inkl. neue Felder
		- Bewegungssatz anlegen zur Wareneingangsbuchung inkl. neue Felder

	Unterprogramm Chargenprüfung	- Übergabe Material, Charge, Split - Materialstammexistenz prüfen - Split00 dazulesen - Chargenalphabet definieren - Chargenbuchstaben und –länge prüfen - Splitalphabet definieren - Splitbuchstaben und –länge prüfen - ERP-Charge nach Schnittstellenfunktion ermitteln - ERP-Charge darf noch nicht existieren - ERP-Chargen-Länge prüfen

Abb. 4.39 Unterprogramm ‚gebindewe' – Brainstorming

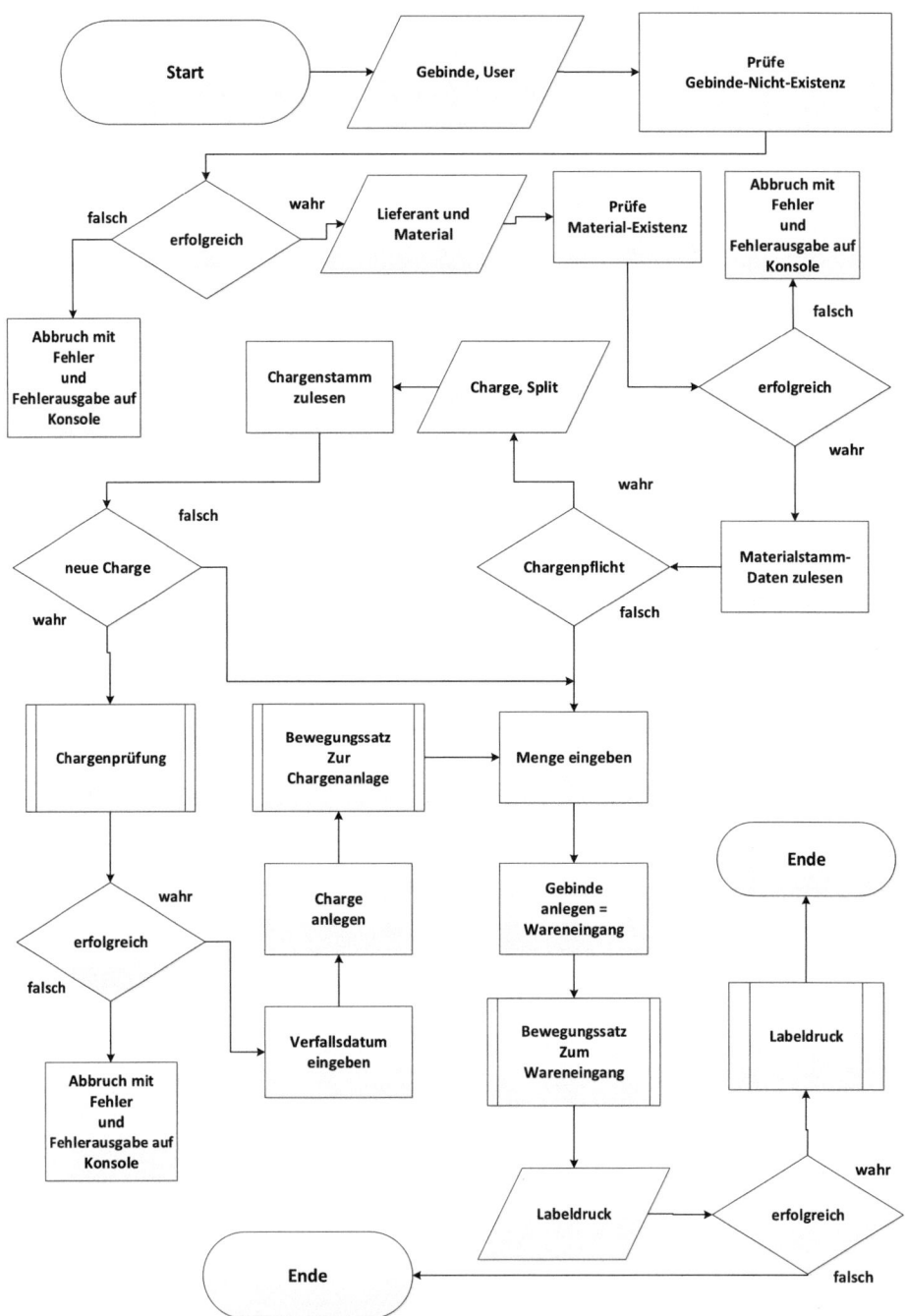

Abb. 4.40 Unterprogramm ‚gebindewe' – Ablaufdiagramm

4.10 Unterprogramm pruefchargeneu

Das Unterprogramm ‚*pruefchargeneu*' prüft beim manuellen Wareneingang nach Eingabe von im System technisch nicht-existenter Chargen, ob

- **zugehörige Materialien existieren**
- **Chargen dem Chargenalphabet genügen**
- **Chargen maximal die Länge 10 besitzen**
- **zugehörige Splits dem Splitalphabet genügen**
- **Splits genau die Länge 2 besitzen**
- **zugehörige ‚*ERP-Chargen*' maximal die Länge 10 besitzen und**
- **ERP-Chargen noch nicht existieren.**

Die Prüfungen entscheiden, ob neuen Chargen angelegt werden dürfen. Im nächsten Bild sind die Prüfungen nebst Beispielen zusammengefasst (Abb. 4.41):

Das Ablaufdiagramm der Chargenprüfung ist wie folgt (Abb. 4.42):

Chargenanlage		
Schritt	**Prüfung**	**Beispiel**
Labor-Indikator ermitteln pro Material	q=0 oder q=1	1,0: okay 9,M,+, . : nicht okay
Split im LVS	genau 2 Zeichen jeweils 0,...,9 zulässig	00, 01, 10, 11, 23: okay 0, H1, , O9O: nicht okay
Charge im LVS	maximal 10 Zeichen, minimal 1 Zeichen jeweils A,...Z,a,...,z,0,...,9 zulässig	ABBA, 4711, DG5rtTZ1: okay Pö-ß0=, 1234567890, , Ä09opPO: nicht okay
prüfe Chargen-Split-Kombination im LVS	darf nicht bereits angelegt sein	(4711;00) sei angelegt (47;11), (4711;01): okay (4711;00): nicht okay
mögliche ERP-Charge ermitteln	Chargenschnittstellenfunktion ausführen	q=0; (4711;00) -> 4711 q=1; (47;00) -> 4700 q=0; (47;11) -> 4711
prüfe mögliche ERP-Charge	Existenz Länge Buchstaben	4711 darf es nur einmal geben 12345678911: nicht okay Po=98(): nicht okay
lege LVS-Charge-Split an	keine	(47;11)
lege ERP-Charge an	keine	4711
merke ERP-Charge in LVS-Charge-Split als Funktionswert	keine	Attribut mit Wert 4711 in (47;11)

Abb. 4.41 Unterprogramm ‚pruefchargeneu' – Prüfungen und Beispiele

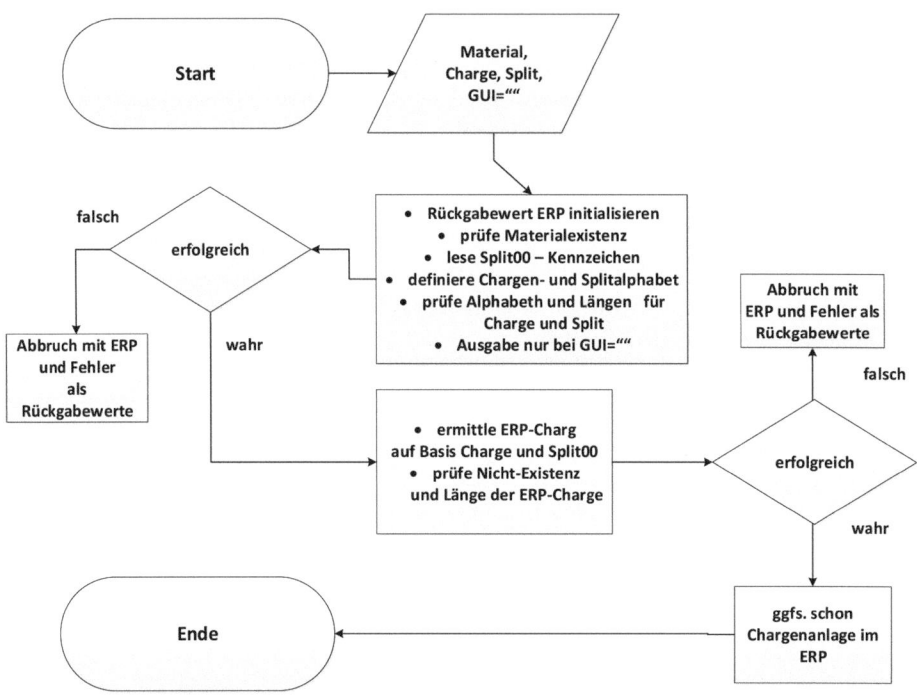

Abb. 4.42 Unterprogramm ‚pruefchargeneu' – Ablaufdiagramm

Abb. 4.43 Unterprogramm ‚gebindeavis' – Brainstorming I

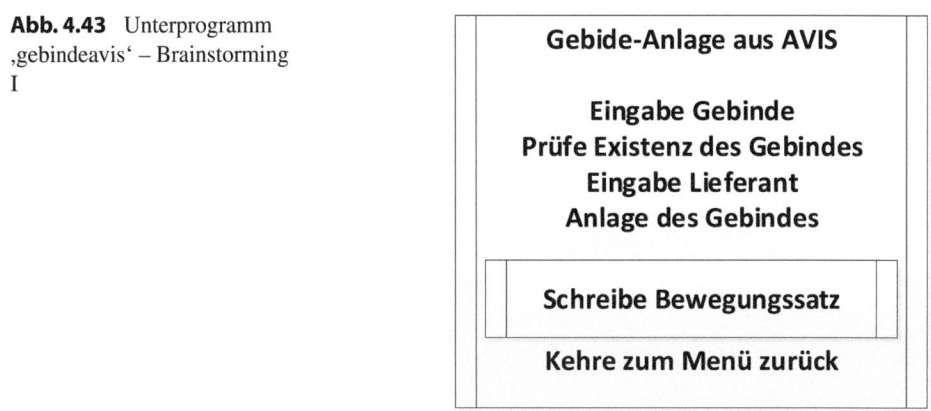

4.11 Unterprogramm gebindeavis

Das Unterprogramm *‚gebindeavis'* prüft zunächst, daß eingegebene Gebinde nicht existieren. Anschließend werden Material und Lieferant hinzugelesen. Ist das Material chargenpflichtig, müssen Charge und Split eingegeben werden. Liegt eine bekannte

4.14 Unterprogramm gebindelabel

Aufgabenliste zur Integration in den LVS-Prototyp III		
Thema	**Objekt**	**Aktionen**
Prozesse	AVIS-Anlage anpassen	- Material eingeben und Chargenpflicht auswerten - falls Chargenpflicht vorhanden, dann Charge und Split eingeben und Existenz prüfen (Charge muss existieren) - Menge eingeben und Einheit dazulesen vom Material - Gebinde angepasst anlegen (siehe Stammdaten) - Bewegungssatz anpassen (siehe Prozesse)

Abb. 4.44 Unterprogramm ‚gebindeavis' – Brainstorming II

Chargen-Split-Kombination vor oder ist das Material nicht chargenpflichtig, so folgt die Mengeneingabe.

Liegt eine nicht-existente Chargen-Split-Kombination vor, wird das Unterprogramm mit einem Fehler abgebrochen. Ebenso erfolgt ein Abbruch, wenn Kühlgut vorliegt.

Daraufhin wird das Gebinde avisiert (Status =,A') angelegt und ein Bewegungssatz geschrieben.

Der User wird zum Druck eines Gebindelabel befragt, dass bei Antwort „*JA*' erzeugt wird.

Die folgenden zwei Grafiken sind Brainstorming-Konzepte (Abb. 4.43 und 4.44):

Folgend das Ablaufdiagramm (Abb. 4.45):

4.12 Unterprogramm lieferantenret

Das Unterprogramm ‚*lieferantenret*' dient dazu, beim Wareneingang als fehlerhaft erkannte Gebinde an Lieferanten zu retournieren (Abb. 4.46):

4.13 Unterprogramm verschrotten

Das Unterprogramm ‚*verschrotten*' hat den Zweck, Gebinde unter Eingabe eines Grundes zu verschrotten. Eine zugehörige Bewegung speichert u. a. den eingegebenen Grund. Die Gebinde sind nach Verschrottung gelöscht, wie folgendes Ablaufdiagramm zeigt (Abb. 4.47):

4.14 Unterprogramm gebindelabel

Das Unterprogramm ‚*gebindelabel*' erzeugt einen ‚*QR-Barcode*' zu eingegebenen Gebinden auf Basis zugehöriger Gebindedaten (Abb. 4.48):

Ein Brainstorming-Konzept ist folgend dargestellt (Abb. 4.49):

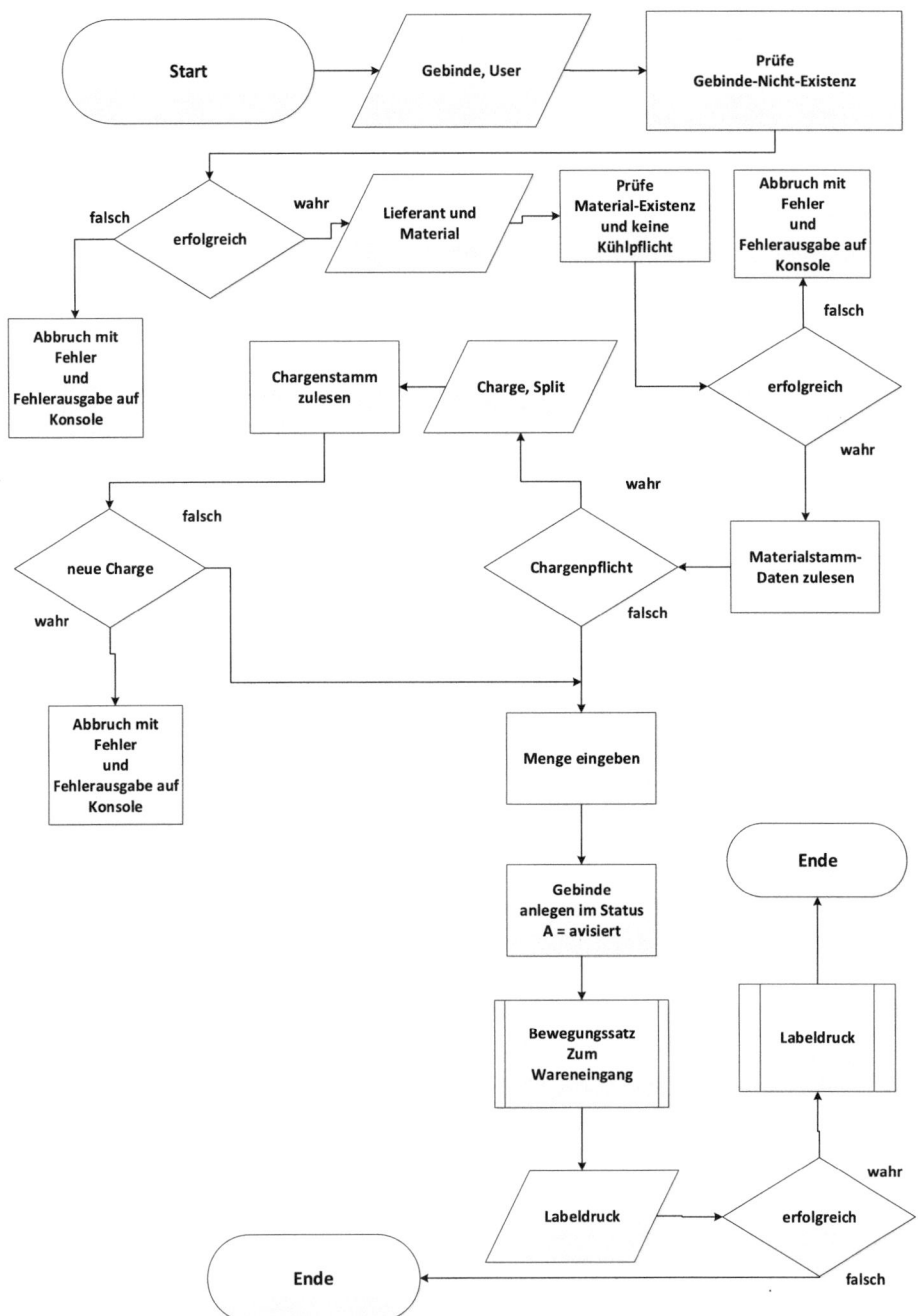

Abb. 4.45 Unterprogramm ‚gebindeavis' – Ablaufdiagramm

4.14 Unterprogramm gebindelabel

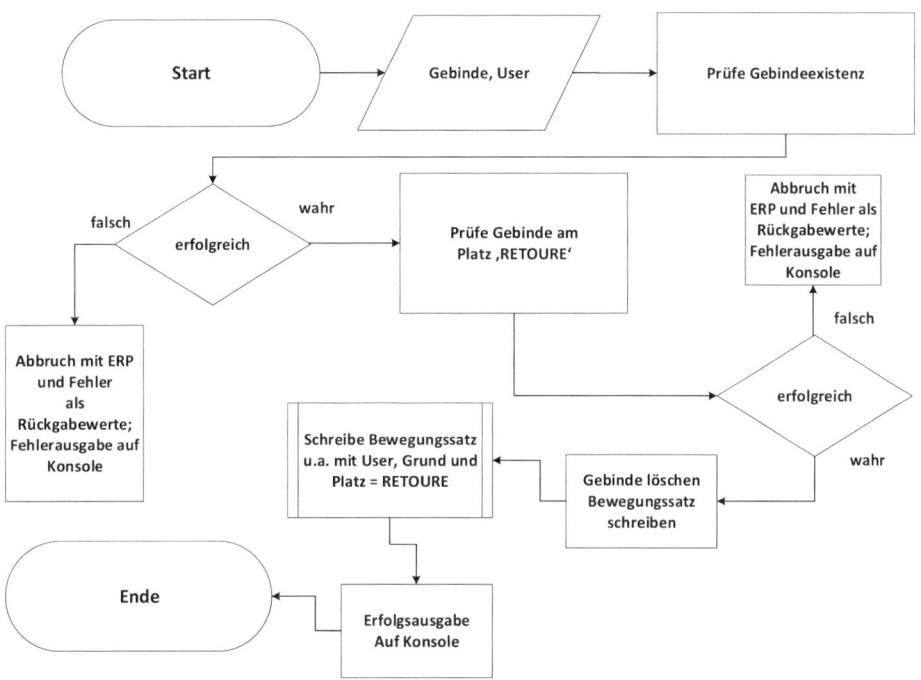

Abb. 4.46 Unterprogramm ‚lieferantenret' – Ablaufdiagramm

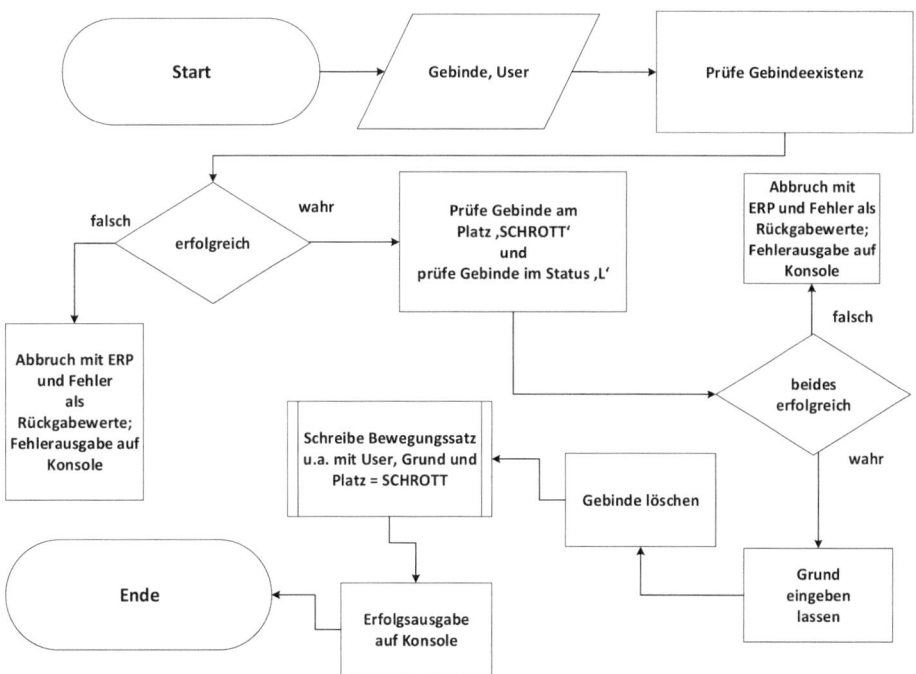

Abb. 4.47 Unterprogramm ‚verschrotten' – Ablaufdiagramm

Gebinde-QR-Code

- Eingabe Gebinde und User

- Gebindedaten aus CSV-Datei lesen
- Prüfe Gebinde-Existenz -> Abbruch, wenn es nicht existiert und Ausgabe eines Fehlertextes

- QR-Code-Text zusammensetzen, und zwar: SMILE/Gebinde/Material/Charge/Split

- QR-Code auf Basis des QR-Code-Textes in Python erzeugen (qrcode.make())

- Bild mit save-Methode ablegen, Dateiname = Gebindenumer.PNG

- Bild mit show-Methode anzeigen

Abb. 4.48 Unterprogramm ‚gebindelabel' – Konzept

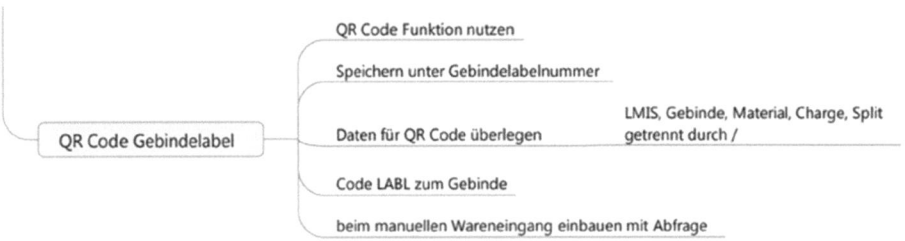

Abb. 4.49 Unterprogramm ‚gebindelabel' – Brainstorming

Ein erzeugtes QR-Label hat folgende Gestalt (Abb. 4.50):

Abb. 4.50 Unterprogramm
'gebindelabel' – Beispiel

4.15 Unterprogramm transportschuppe

Das Unterprogramm *‚transportschuppe'* erzeugt zu einer Lagerplatz-Umlagerung ein PDF-Dokument. Es besitzt den Namen.

<<Transportnummer>>_<<Gebindenummer>>.PDF

und hat folgenden Inhalt:

- **Überschrift ‚SMILE LVS-Prototyp'**
- **‚Transport:' und Nummernstand**
- **‚Gebinde:' und seine Nummer**
- **‚Hinweise:' mit ‚Kühlpflicht' oder ‚keine Kühlpflicht'**
- **‚von-Platz:' mit dem Quellplatz**
- **‚an-Platz:' mit dem Zielplatz**
- **‚Ersteller:' mit dem Benutzer**
- **‚Ausführender: …'**
- **‚Anmerkungen: …'**
- **‚Datum, Uhrzeit, Unterschrift: …'.**

Folgend ein Brainstorming-Dokument zum Konzept (Abb. 4.51):
  Ein Beispiel-PDF-Dokument hat folgende Gestalt (Abb. 4.52):
  Das vollständige Konzept ist wie folgt (Abb. 4.53):

4.16 Unterprogramm platzfindung

Das Unterprogramm *‚platzfindung'* sucht geeignete Plätze im Einlagertyp zum Material eines Gebindes. Ist kein Einlagertyp oder keine Einlagerstrategie vorhanden, wird das Unterprogramm abgebrochen. Das ist auch dann der Fall, wenn es im Einlagertyp keine freien oder keine geeignet temperierten Plätze gibt. Ansonsten werden die vorhandenen möglichen Lagerplätze mittels der Einlagerstrategie aufsteigend oder absteigend bzgl. ihrer Restkapazität sortiert. Der erste der Liste wird als Einlagerplatz ausgewählt.

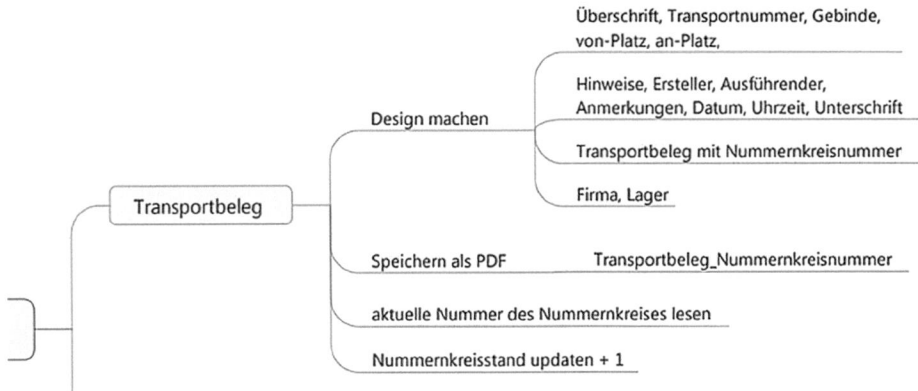

Abb. 4.51 Unterprogramm ‚transportschuppe' – Brainstorming

Abb. 4.52 Unterprogramm ‚transportschuppe' – PDF-Dokument

SMILE LVS-Prototyp

Transport: 35

Gebinde: 7115

Hinweise: keine Kühlpflicht

von-Platz: BLOCK

an-Platz: SCHROTT

Ersteller: SMILE002

Ausführender: ...

Anmerkungen: ...

Datum, Uhrzeit, Unterschrift: ...

Bei jedem Schritt erfolgt eine Protokollierung sowie – falls keine GUI-Version vorliegt – eine Ausgabe auf der Konsole.

Der ermittelte Lagerplatz (ev. auch keiner) sowie das Protokoll werden vom Unterprogramm zurückgegeben.

Nachfolgend ein Brainstorming-Ansatz zur Platzfindung (Abb. 5.54):

Das ausführliche Konzept ist wie folgt (Abb. 4.55):

4.17 Unterprogramm einlagern

Abb. 4.53 Unterprogramm ‚transportschuppe' – Konzept

Transportschuppe

- Eingabe Gebinde, Benutzer, von- und an-Platz, GUI-Kennzeichen

- Prüfe Gebinde-Existenz -> Abbruch, wenn es nicht existiert und Ausgabe eines Fehlertextes, falls in CLI-Version

- Nummernkreis zum Objekt ‚TRAPO' selektieren -> Abbruch wenn es nicht existiert und Ausgabe eines Fehlertextes, falls in CLI-Version

- Nummernstand ermitteln, um 1 erhöhen und speichern

- PDF erzeugen mit Modul FPDF:
    Überschrift ‚SMILE LVS-Prototyp'
    ‚Transport:' und Nummernstand
    ‚Gebinde:' und seine Nummer
    ‚Hinweise:' mit ‚Kühlpflicht' oder ‚keine Kühlpflicht'
    ‚von-Platz:' mit dem Quellplatz
    ‚an-Platz:' mit dem Zielplatz
    ‚Ersteller:' mit dem Benutzer
    ‚ Ausführender: ...'
    ‚ Anmerkungen: ...'
    ‚ Datum, Uhrzeit, Unterschrift: ...'
- PDF speichern mit Dateinamen
  <<Transportnummer>>_<<Gebindenummer>>.PDF

- Erfolgsmeldung bei CLI-Version ausgeben

4.17 Unterprogramm einlagern

Das Unterprogramm ‚*einlagern*' führt zunächst zu eingegebenen Gebinden eine Platzfindung aus und lagert sie anschließend auf den ermittelten Lagerplatz ein.

Das zugehörige Konzept (Abb. 4.56):

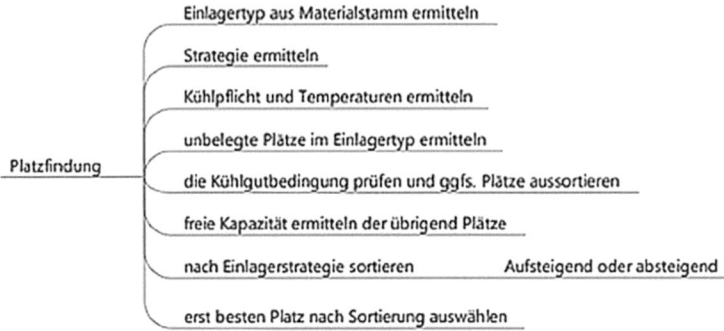

Abb. 4.54 Unterprogramm ‚platzfindung' – Brainstorming

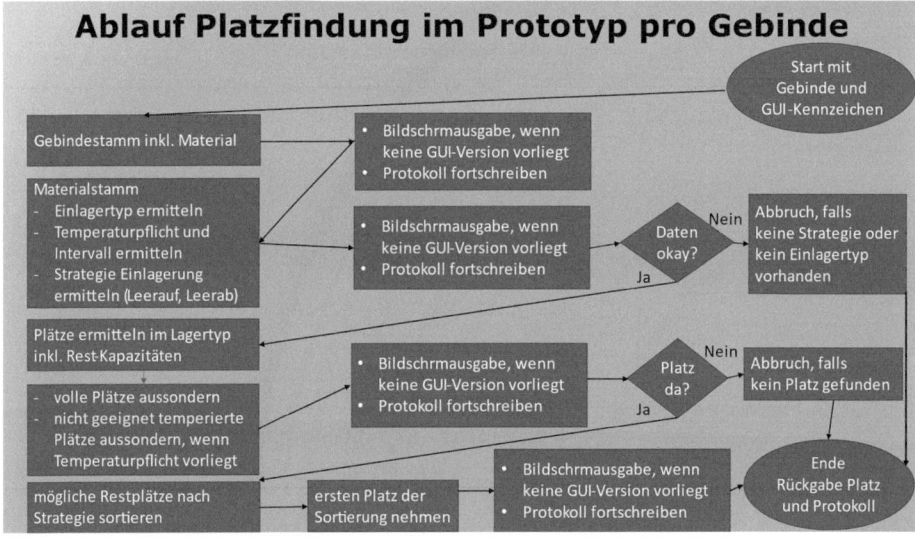

Abb. 4.55 Unterprogramm ‚platzfindung' – Konzept

Abb. 4.56 Unterprogramm ‚einlagern' – Konzept

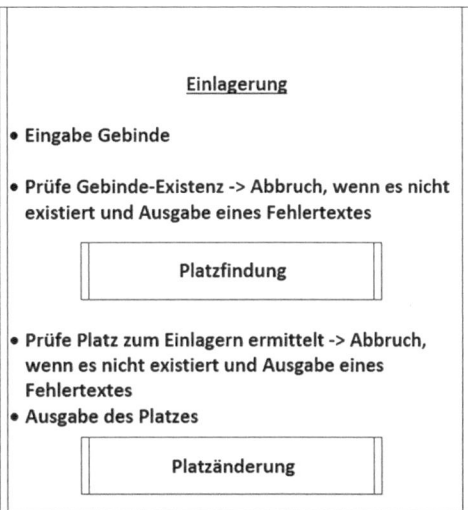

Abb. 4.57 Unterprogramm ‚huweauto' – Konzept

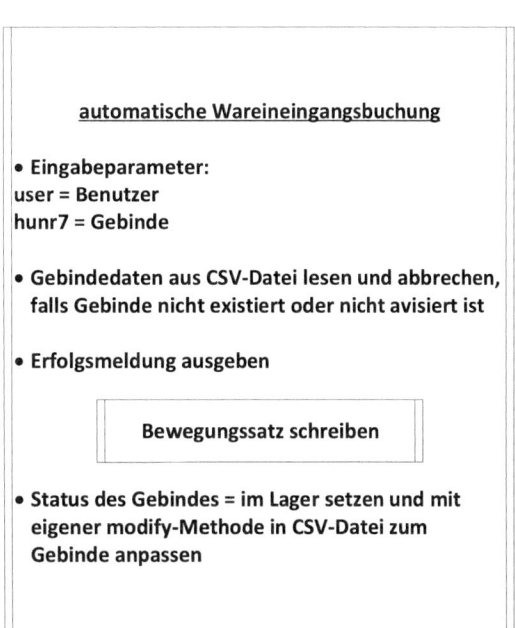

4.18 Unterprogramm huweauto

Das Unterprogramm ‚*huweauto*' setzt zur Wareneingangsbuchung den Status eines Gebindes auf ‚*L*'= im Lager und speichert einen entsprechenden Bewegungssatz (Abb. 4.57):

4.19 Unterprogramm bewegungen_schreiben

Das Unterprogramm *‚bewegungen_schreiben'* erstellt einen Bewegungssatz für einen Vorgang im SMILE-LVS, wie etwa zur Verschrottung, Lieferantenretoure, Umlagerung oder Wareneingang (Abb. 4.58):

Abb. 4.58 Unterprogramm ‚bewegungen_schreiben' – Konzept

Bewegungssatz schreiben

- Eingabeparameter:
  a = Bewegungsart, b = Gebinde, c = Lieferant,
  d = Benutzer, e = Fehlerflag, f = Fehlercode
  g = Quellplatz, h = Zielplatz, i = Material,
  j = Charge, k= Split. l = Menge, m = Mengeneinheit,
  n = Grund der Bewegung, o = GUI-Parameter,
  p = Referenz

- Text zum Unterprogramm in der CLI-Version ausgeben

- leeren Datensatz anlegen

- Eingabeparameter an leeren Satz übergeben, Zeitstempel aktuell ermitteln

- Daten des Bewegungssatzes auf Konsole anzeigen in der CLI-Version
- Insert-Methode zum Speichern in CSV-Datei

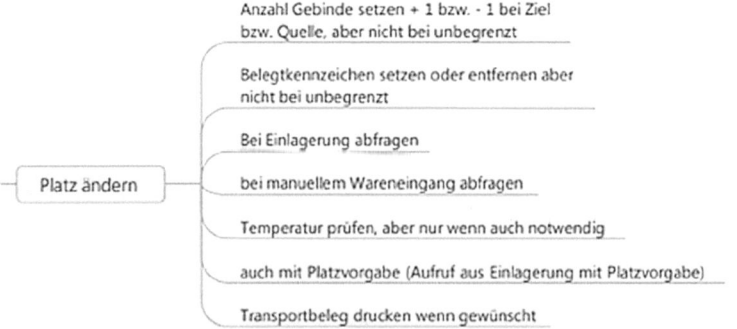

Abb. 4.59 nterprogramm ‚platzaendern' – Brainstorming I

Abb. 4.60 Unterprogramm ‚platzaendern' – Brainstorming II

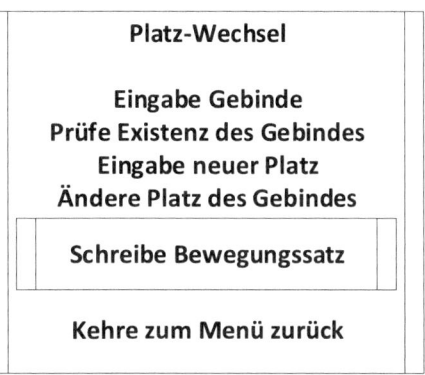

4.20 Unterprogramm platzaendern

Das Unterprogramm ‚*platzaendern*' wird zu einem Gebinde und ggfs. zu einem Zielplatz ausgeführt. Das Gebinde muss im Lager vorhanden sein. Anderenfalls wird die Funktion beendet. Erfolgt der Aufruf von ‚*platzaendern*' ohne Zielplatz, muss er vom Benutzer manuell eingegeben werden. Der Zielplatz muss existieren, geeignet temperiert sein (falls Kühlgut vorliegt) und freie Kapazität für eine Zulagerung besitzen. Ist eine dieser drei Voraussetzung nicht gegeben, erfolgt ein Abbruch des Unterprogramms. Nachfolgend werden die Kapazitäten und ggfs. das Belegtheitskennzeichen von Quell- und Zielplatz sowie der Lagerplatz des Gebindes angepasst. Das Ändern des Belegtheitkennzeichens wird durch eine Bewegung festgehalten. Falls der Benutzer es wünscht, wird ein Transportbeleg erzeugt.

Nachfolgend zwei Brainstorming – Konzepte zum Unterprogramm (Abb. 4.59 und 4.60):

Die folgende Grafik beinhaltet das Ablaufdiagramm der ‚*platzaendern*'-Funktion (Abb. 4.61):

4.21 Unterprogramm stichdialog

Das Unterprogramm ‚*stichdialog*' weist eingegebenen Gebinden ein vom Benutzer auszuwählendes Fehlerflag zu. Die Zuweisung des Fehlerflags führt dazu, daß die Gebinde nach dem I-Punkt-Scan jedenfalls zum Richtplatz gefahren wird. Das Konzept zum Unterprogramm ist wie folgt (Abb. 4.62):

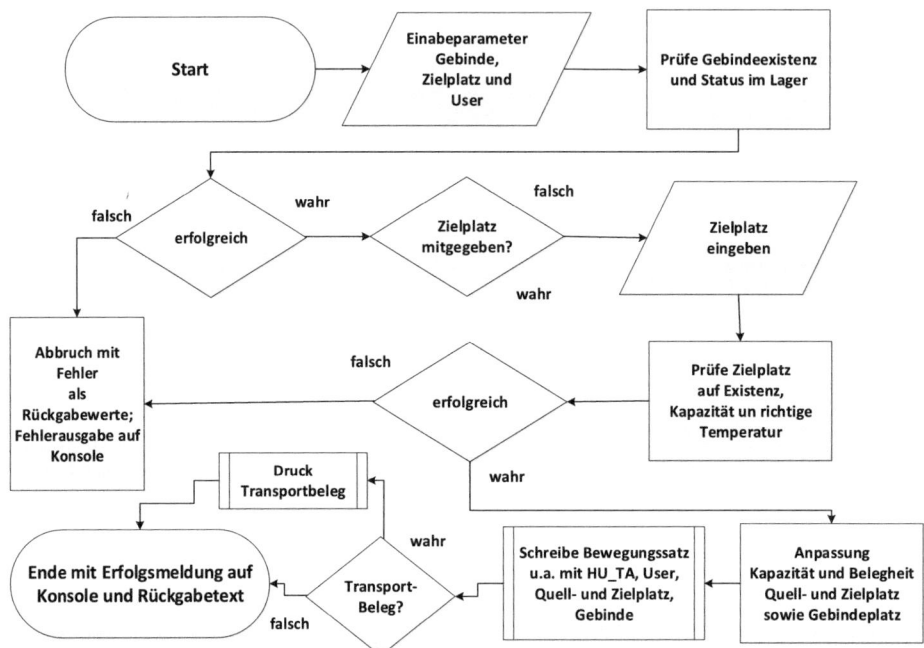

Abb. 4.61 Unterprogramm ‚platzaendern' – Ablaufdiagramm

4.22 Unterprogramm gebindeinfo

Das Unterprogramm ‚*gebindeinfo*' zeigt zu eingegebenen Gebinden aktuelle Gebindedaten an (Abb. 4.63):

4.23 Unterprogramm matstamminfo

Das Unterprogramm ‚*matstamminfo*' dient dazu, zu eingegebenen Materialien aktuelle Materialstammdaten zu präsentieren (Abb. 4.64):

4.24 Unterprogramm chargstamminfo

Zur eingegebenen Kombination aus Material-Charge-Split ermittelt das Unterprogramm ‚*chargstamminfo*' die Chargenstammdaten und zeigt sie auf der Konsole an (Abb. 4.65):

4.25 Unterprogramm bestplatz

```
                    WE-Stich-Dialog

        • Eingabe Gebinde

        • Prüfe Gebinde-Existenz -> Abbruch, wenn es nicht
          existiert und Ausgabe eines Fehlertextes

        • Ausgabe der Gebindedaten

        • Prüfe Platz des Gebinde -> Abbruch, wenn es nicht
          auf ‚WE_STICH' liegt und Ausgabe eines
          Fehlertextes

        • Eingabe Fehlerflag

        • Speichern Fehlerflag und Platz
          ‚TRANSPORT_I_PUNKT' zum Gebinde (=Transport
          zum I-Punkt)

        • Ausgabe der angepassten Gebindedaten und
          Erfolgsmeldung

              ┌─────────────────────────────┐
              │   Schreibe Bewegungssatz    │
              │       zum Fehlerflag        │
              └─────────────────────────────┘

        • Rückgabe erfolgreich (Text = ‚ohne Fehler')
```

Abb. 4.62 Unterprogramm ‚stichdialog' – Konzept

4.25 Unterprogramm bestplatz

Das Unterprogramm ‚*bestplatz*' zeigt zu eingegebenen Lagerplätzen aktuelle Bestände im Lager (Status=‚*L*') an. Zu diesem Zweck werden alle Bestände aus der Gebindetabelle zum Platz selektiert und dem User aufgelistet (Abb. 4.66):

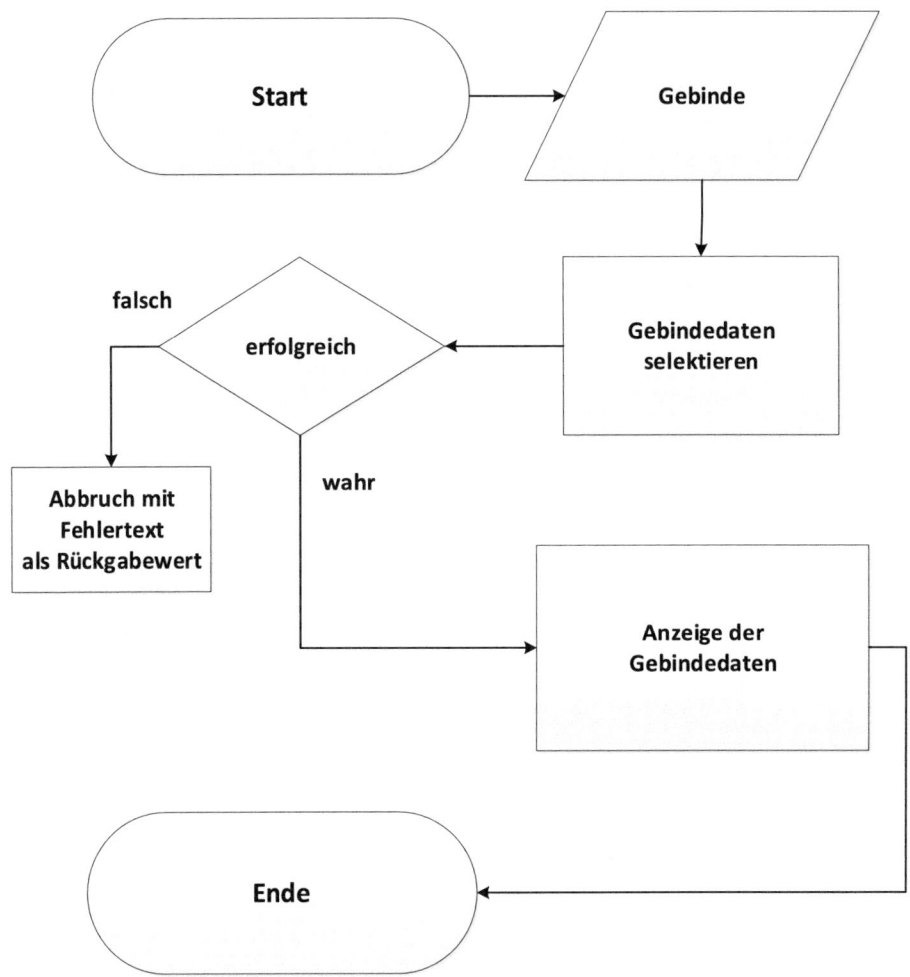

Abb. 4.63 Unterprogramm ‚gebindeinfo' – Ablaufdiagramm

4.26 Unterprogramm bestmat

Die Funktion ‚*bestmat*' ermittelt zum eingegebenen Material alle Lagerbestände (Status = ‚***L***'). Aus diesem Grund werden alle Bestände aus der Gebindetabelle zum Material selektiert und dem Benutzer angezeigt (Abb. 4.67):

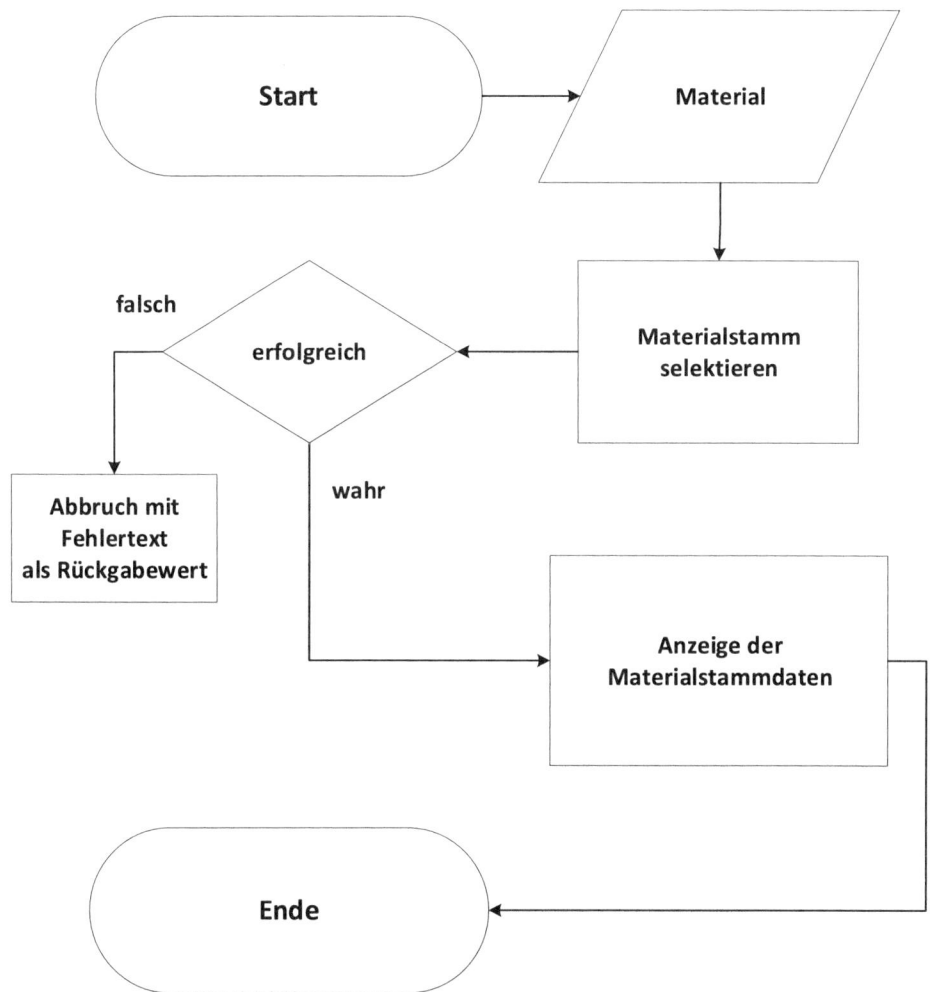

Abb. 4.64 Unterprogramm ‚matstamminfo' – Ablaufdiagramm

4.27 Unterprogramm nummernkreise

Das Unterprogramm *‚nummernkreise'* visualisiert alle Daten aus der CSV-Datei *‚nummernkreise'* (Abb. 4.68):

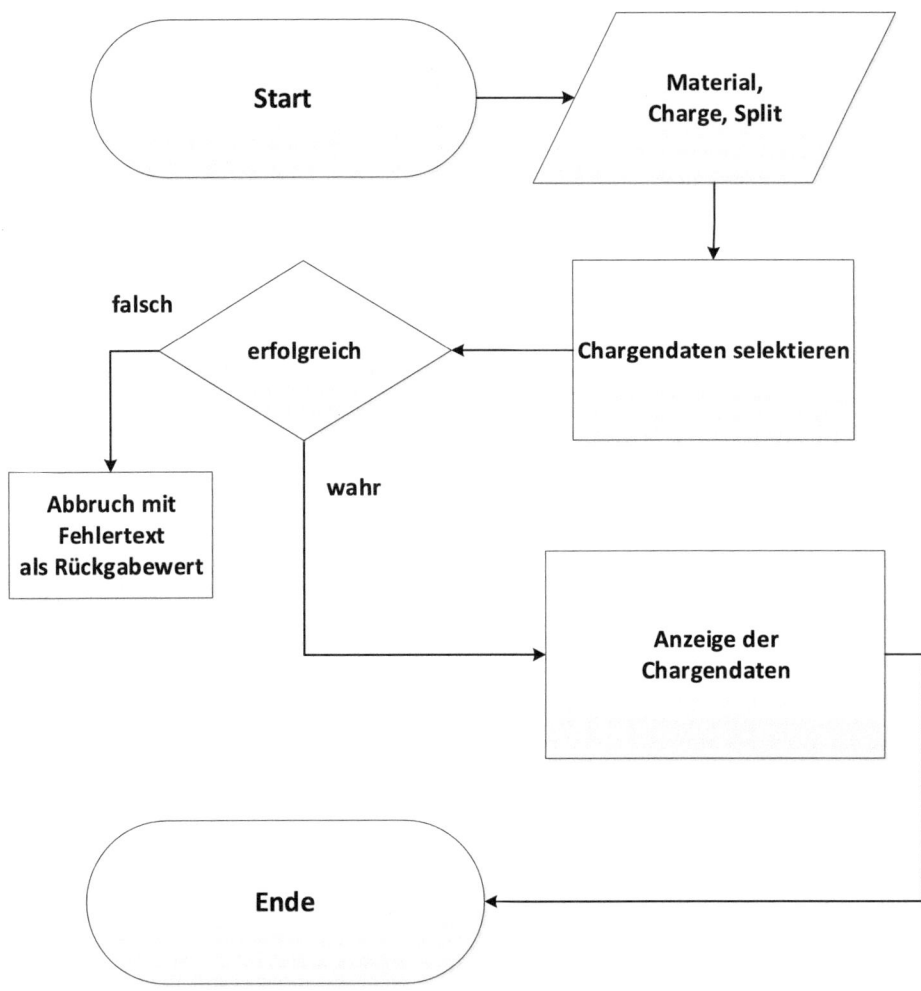

Abb. 4.65 Unterprogramm ‚chargstamminfo' – Ablaufdiagramm

4.28 Unterprogramm kuehlgut

Das Unterprogramm *‚kuehlgut'* selektiert alle Gebinde im Lager, anschließend zu jedem Gebinde das auf ihm befindliche Material und prüft, ob Kühlgut vorliegt. Ist dies der Fall, wird die mittlere Platztemperatur mit der aus dem Materialstamm verglichen. Liegt keine korrekte Kühlung vor, wird ein Fehlertext ausgegeben. Anbei ein erstes Brainstorming-Diagramm (Abb. 4.69):

Nachfolgend das Ablaufdiagramm (Abb. 4.70):

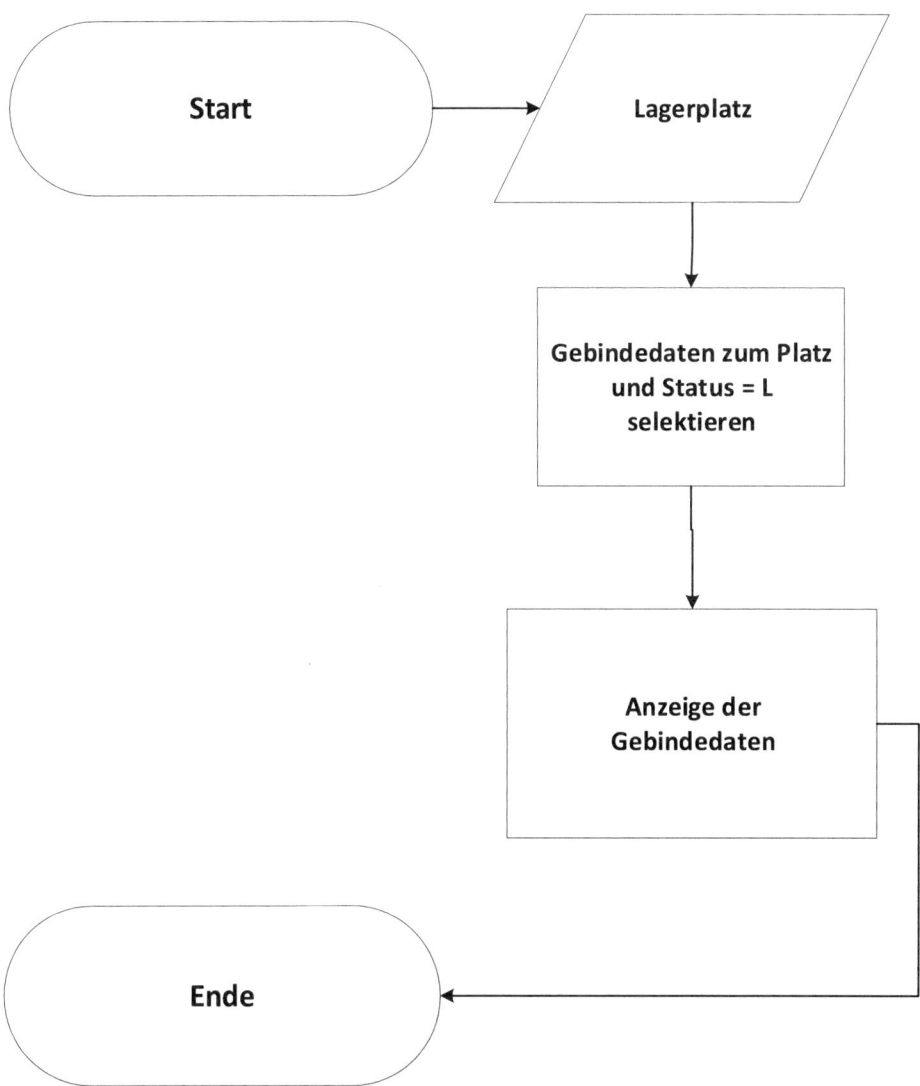

Abb. 4.66 Unterprogramm ‚bestplatz' – Ablaufdiagramm

4.29 Unterprogramm ipunktdialog

Das Unterprogramm ‚*ipunktdialog*' ermittelt zu Gebinden, die vom Wareneingangsstich zum I-Punkt befördert werden, zufällig eine Fehleranzahl zwischen 0 und 19. Je Fehler wird folgend eine Fehlerausprägung = Fehler wiederum zufällig zwischen 1 und 19 ermittelt. Der Gebinde-Fehlercode ist die Summe aller 2er-Potenzen der Fehler. Dieser Fehlercode wird im Gebindestamm gespeichert. Liegt ein Fehlercode oder ein Fehlerflag

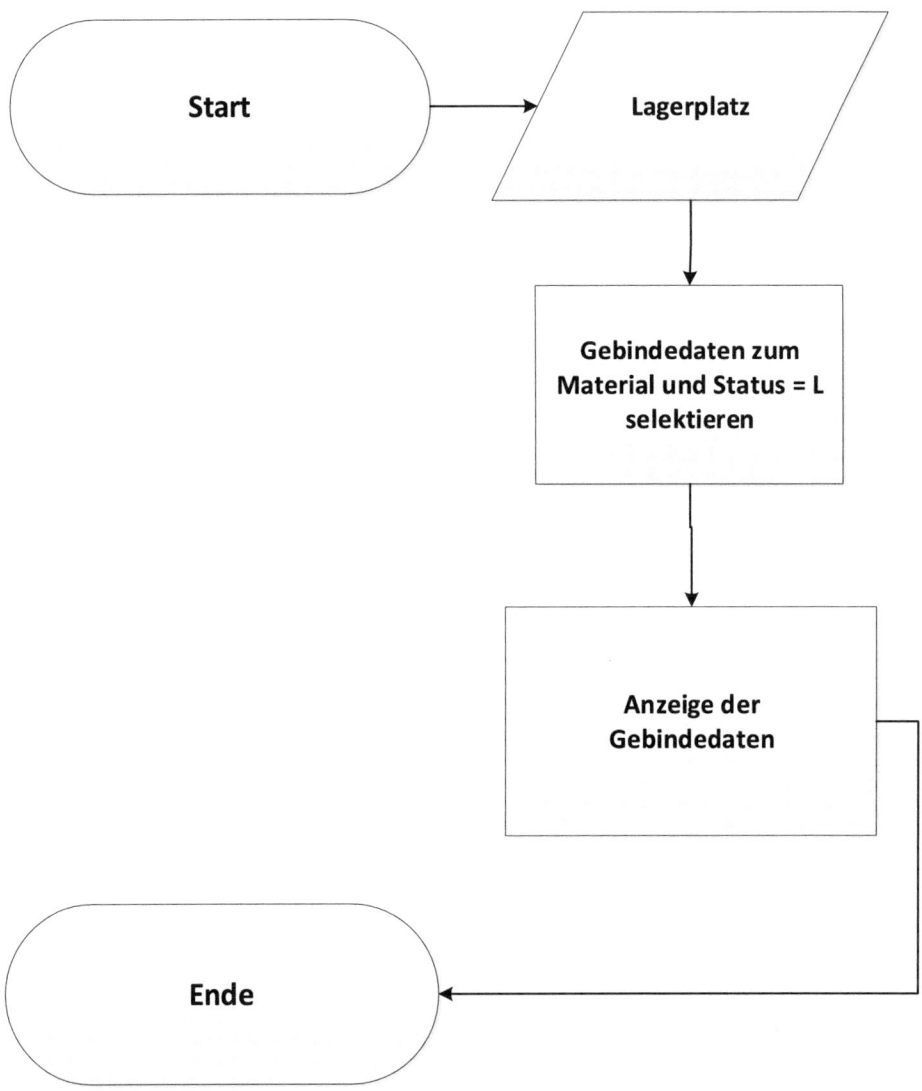

Abb. 4.67 Unterprogramm ‚bestmat' – Ablaufdiagramm

vom WE-Stich vor, wird das Gebinde automatisch über die Fördertechnik zum Richtplatz gefahren. Anderenfalls kann es mittels Fördertechnik ins HRL eingelagert werden.

Das Konzept des Unterprogramms ist nachfolgend dargestellt (Abb. 4.71):

Abb. 4.68 Unterprogramm ‚nummernkreise' – Ablaufdiagramm

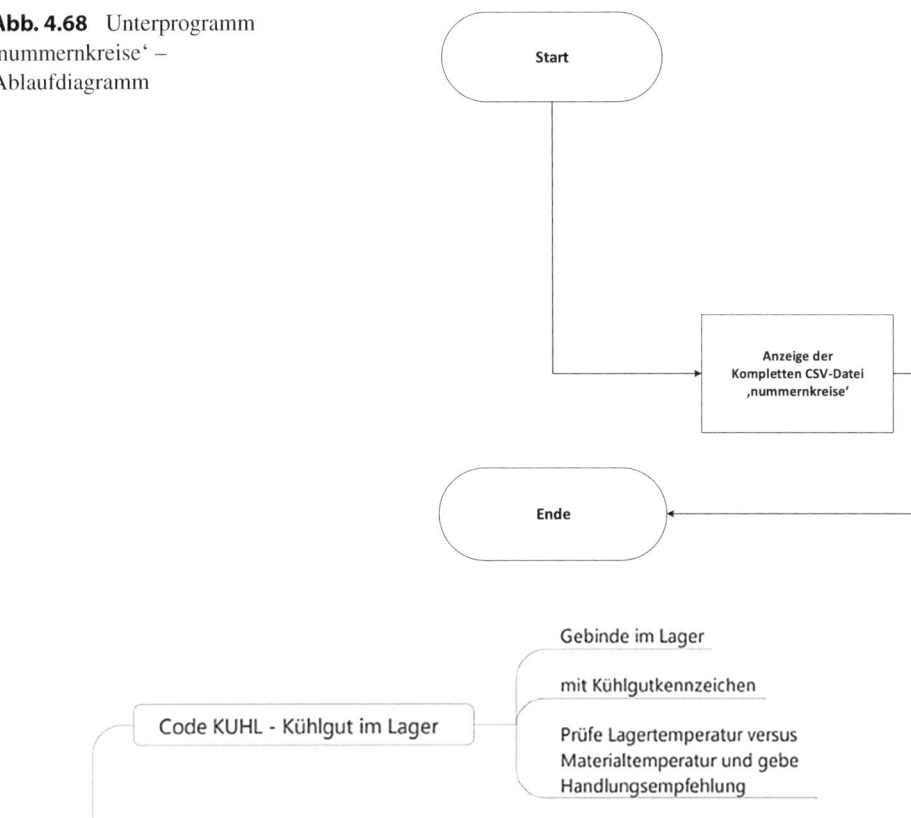

Abb. 4.69 Unterprogramm ‚kuehlgut' – Brainstorming

4.30 Unterprogramm kpunktdialog

Das Unterprogramm *‚kpunktdialog'* ermittelt zu vom I-Punkt ankommenden Gebinden Fehlertexte zu Fehlerflags sowie Fehlertexte zu Fehlercodes. Fehlercodes müssen zu diesem Zweck zunächst als Binärzahlen dargestellt werden. Alle ermittelten Texte werden am K-Punkt-Dialog Nutzern angezeigt. Je nach Fehlerbehebung erfolgt ein Transport zum Retourenplatz oder ins HRL.

Das Konzept zum K-Punkt-Dialog ist wie folgt (Abb. 4.72):

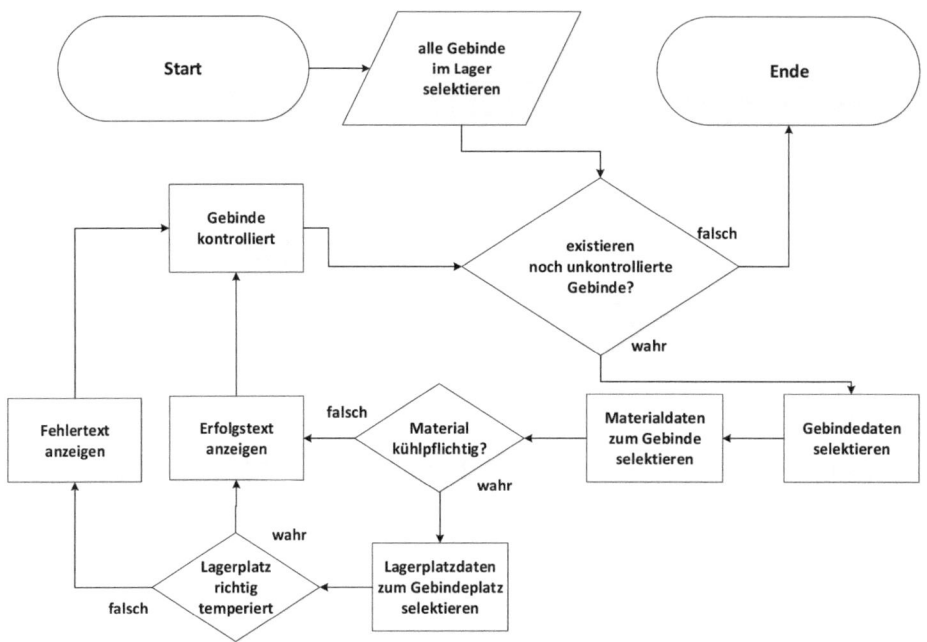

Abb. 4.70 Unterprogramm ‚kuehlgut' – Ablaufdiagramm

Abb. 4.71 Unterprogramm ‚ipunktdialog' – Konzept

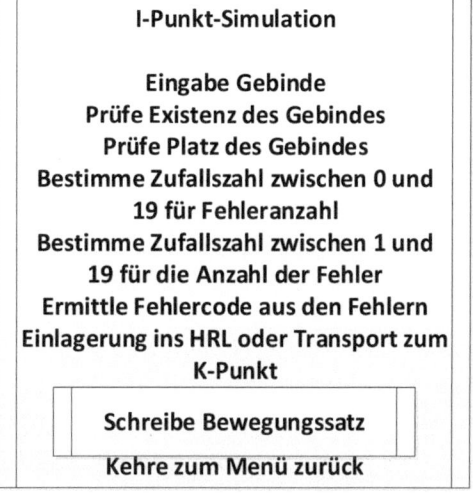

4.30 Unterprogramm kpunktdialog

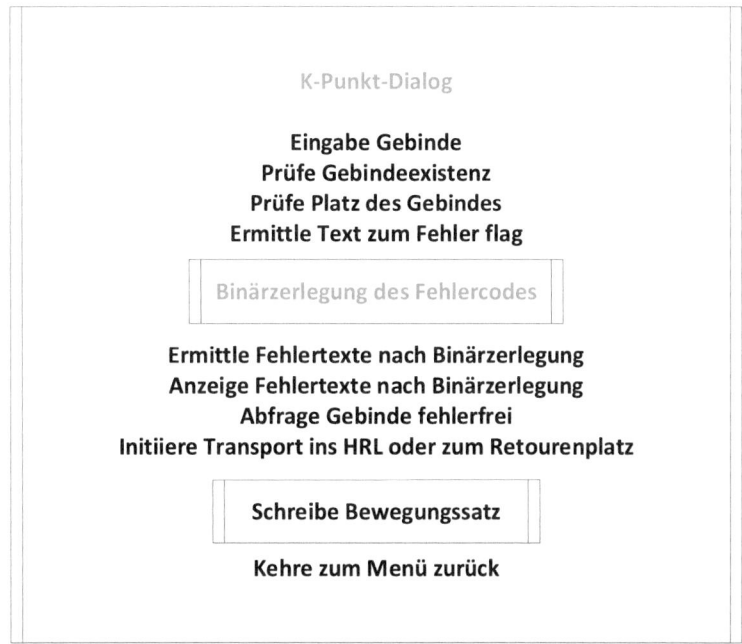

Abb. 4.72 Unterprogramm ‚kpunktdialog' – Konzept

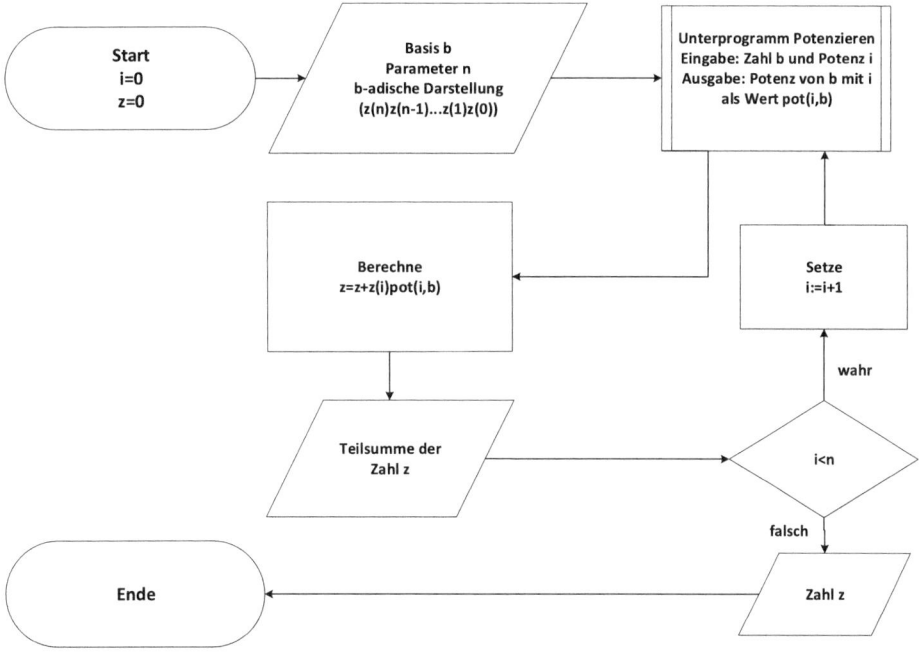

Abb. 4.73 Unterprogramm ‚badischtozahl' – Ablaufdiagramm

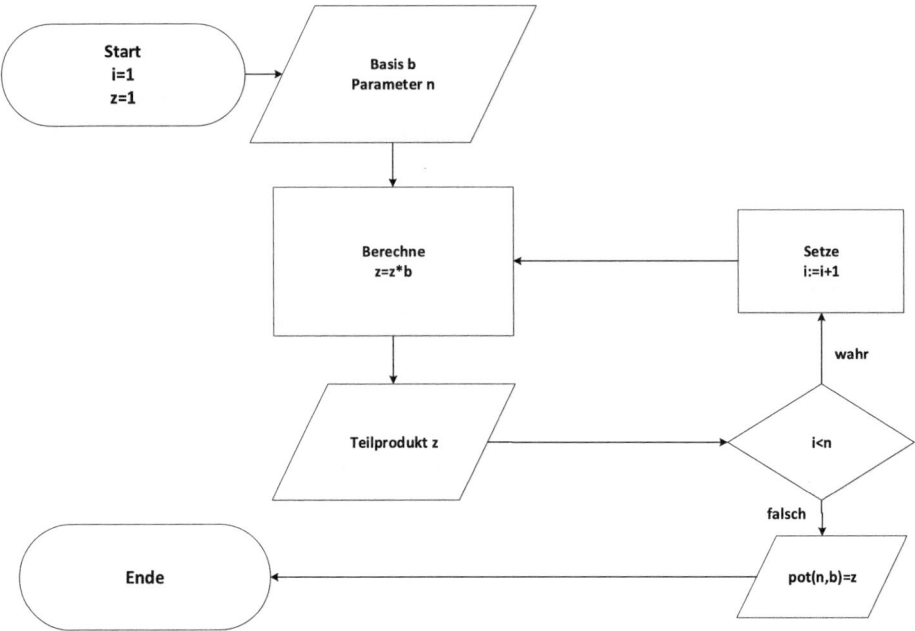

Abb. 4.74 Unterprogramm Potenzieren einer Zahl – Ablaufdiagramm

4.31 Unterprogramm badischtozahl

Das Unterprogramm ‚*badischtozahl*' berechnet algorithmisch die Dezimalzahl einer b-adischen Darstellung zur Basis ‚*b*'. Besonders der Fall ‚*b* = 2' ist in SMILE interessant – die Binärdarstellung.

Anbei sein Ablaufdiagramm, in dem auch das Unterprogramm zum Potenzieren einer Zahl ‚*b*' mit Potenz ‚*i*' aufgerufen wird. Das Potenzieren kann in Python auch durch den Befehl ‚*b**i*' realisiert werden (Abb. 4.73):

4.32 Unterprogramm zahltobadisch

Das Unterprogramm ‚*zahltobadisch*' berechnet algorithmisch die b-adische Darstellung einer natürlichen Zahl ‚*z*'. Wiederum ist der Fall ‚*b* = 2' in SMILE interessant – die Binärdarstellung.

Anbei sein Ablaufdiagramm (Abb. 4.74 und 4.75):

4.32 Unterprogramm zahltobadisch

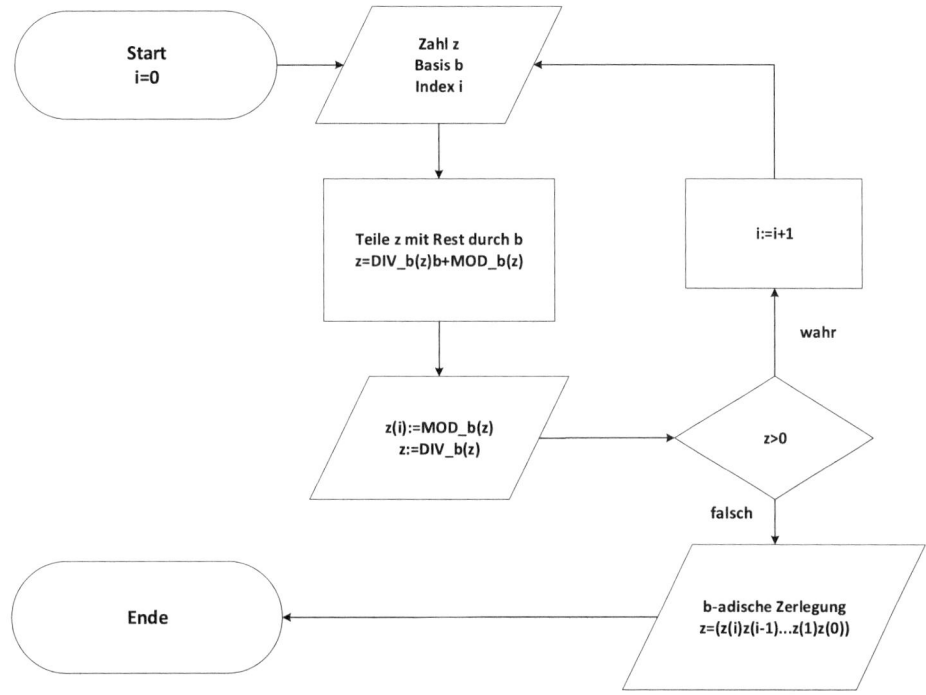

Abb. 4.75 Unterprogramm ‚zahltobadisch' – Ablaufdiagramm

Kommentiertes Coding des SMILE-CLI-Prototyps

5

Inhaltsverzeichnis

5.1	Hauptprogramm	196
5.2	Unterprogramm init	197
5.3	Unterprogramm mainloop	198
5.4	Unterprogramm gebindewe	198
5.5	Unterprogramm pruefchargeneu	198
5.6	Unterprogramm gebindeavis	198
5.7	Unterprogramm lieferantenret	220
5.8	Unterprogramm verschrotten	228
5.9	Unterprogramm gebindelabel	231
5.10	Unterprogramm transportschuppe	231
5.11	Unterprogramm platzfindung	237
5.12	Unterprogramm einlagern	238
5.13	Unterprogramm huweauto	247
5.14	Unterprogramm bewegungen_schreiben	251
5.15	Unterprogramm platzaendern	253
5.16	Unterprogramm stichdialog	258
5.17	Unterprogramm gebindeinfo	259
5.18	Unterprogramm matstamminfo	262
5.19	Unterprogramm chargstamminfo	264
5.20	Unterprogramm bestplatz	267
5.21	Unterprogramm bestmat	267
5.22	Unterprogramm nummernkreise	268
5.23	Unterprogramm kuehlgut	268
5.24	Unterprogramm ipunktdialog	272
5.25	Unterprogramm kpunktdialog	273
5.26	Unterprogramm badischtozahl	280
5.27	Unterprogramm zahltobadisch	281

© Der/die Autor(en), exklusiv lizenziert an Springer-Verlag GmbH, DE, ein Teil von Springer Nature 2025
S. Wirsing, *SMILE Prototyp zur Lagerverwaltung – Command Line Interface (CLI) – Version 1.0,* Schule für Mathematik, Informatik, Logistik und Erfolg,
https://doi.org/10.1007/978-3-662-71438-6_5

5.28 Klasse Table 284
5.29 Klasse Datenbank. 295
5.30 Liste aller benutzten Befehle 297

In diesem Kapitel ist das vollständige *‚Coding'* des *‚SMILE-CLI-Prototyps'* aufgeführt. Der Code wird pro *‚Objekt = Unterprogramm, Hauptprogramm, Klasse und Methode'* ausführlich kommentiert. Zum Vergleich ist das bei Schlüsselwörtern farblich markierte sowie strukturierte *‚Coding im Spyder-Editor'* dargestellt. Eine Liste der benutzten *‚Python-Befehle'* wird zu jedem Objekt erstellt. Die Liste hat den Zweck, die Python-Grundlagen aus dem Grundlagen-Kapitel gezielt zu jedem Objekt durcharbeiten zu können.

5.1 Hauptprogramm

Das *‚Hauptprogramm'* lädt die CSV-Dateien und ruft das Menü auf (Abb. 5.1):
   Zum Vergleich das Coding aus dem Python-Editor *‚Spyder'*: (Abb. 5.2)
   Verwendete *‚Python-Befehle'* sind: (Tab. 5.1)

Das *‚Hauptprogramm'* lädt die CSV-Dateien und ruft das Menü auf:

```
#----------------------------------------- # Kommentar zur Überschrift
#eigentlicher Aufruf des LVS-Prototyps # Kommentar zur Überschrift
db = Datenbank() # Abkürzung Datenbank-Klasse
if __name__ == '__main__': # Python-Systemvariable abfragen, ob Hauptprogramm vorliegt
    init() # Aufruf Unterprogramm ‚init' zum Laden der CSV-Dateien
    mainloop() # Aufruf Unterprogramm ‚mainloop' zur Anzeige des Menüs
#-------------------------------------------
```

Abb. 5.1 Hauptprogramm – kommentiertes Coding

Zum Vergleich das Coding aus dem Python-Editor *‚Spyder'*:

```
1450    #-------------------------------------------
1451    #eigentlicher Aufruf des LVS-Prototyps
1452
1453    db = Datenbank()
1454
1455
1456    if __name__ == '__main__':
1457        init()
1458        mainloop()
1459
1460    #-------------------------------------------
1461
```

Abb. 5.2 Hauptprogramm – Coding im Spyder

5.2 Unterprogramm init

Das Unterprogramm ‚*init*' dient zum Initialisieren = Laden der CSV-Dateien (Abb. 5.3):
Zum Vergleich das ‚*Spyder-Coding*': (Abb. 5.4)
In folgender Liste sind verwendete ‚***Python-Befehle***' aufgeführt : (Tab. 5.2):

Tab. 5.1 Hauptprogramm – Python-Grundlagen

Befehl	Bedeutung
#	Kommentar
'Text'	das Wort Text als String
__name__	Systemvariable von Python
db=	Umgang mit Variablen
def Beispiel(…)	Unterprogramm definieren
if	wenn-dann-Operator
Datenbank()	Klasse ‚Datenbank'
init()	Aufruf Unterprogramm
mainloop()	Aufruf Unterprogramm

Das Unterprogramm ‚*init*' dient zum Initialisieren = Laden der CSV-Dateien:

```
def init(): # Kommentar zur Überschrift
    #We can live with one global variable # Kommentar zur Überschrift
    db.laden() # Aufruf Methode ‚laden' zum Laden der Datenbank = CSV-Dateien
```

Abb. 5.3 Unterprogramm ‚init' – kommentiertes Coding

Abb. 5.4 Unterprogramm ‚init' – Coding im Spyder

Zum Vergleich das ‚*Spyder-Coding*':

```
250  def init():
251      #We can live with one global variable
252      db.laden()
253
```

Tab. 5.2 Unterprogramm ‚init' – Python-Grundlagen

Befehl	Bedeutung
#	Kommentar
def Beispiel(…)	Unterprogramm definieren
laden	Eigene Methode aus Klasse ‚*Datenbank*'

5.3 Unterprogramm mainloop

Das Unterprogramm ‚*mainloop*' beinhaltet das Menü. Es zeigt mögliche ‚*Menü-Codes*' und führt sie nach Benutzerwahl aus. Nach Ausführung gelangt man zur Menüanzeige zurück. Ausnahme ist, daß das Menü mit ‚*ENDE*' beendet wird. Nur bei Verwendung des Menücodes ‚ENDE' werden die angepassten CSV-Dateien gespeichert und der SMILE-CLI-Prototyp beendet. Anbei das ‚*kommentierte Coding*' (Abb. 5.5):
   Zum Vergleich das Coding dargestellt im ‚*Spyder-Editor*': (Abb. 5.6, 5.7, 5.8, 5.9, 5.10 und 5.11)
   Folgend die Liste der ‚*verwendeten Python-Befehle*' (Tab. 5.3):

5.4 Unterprogramm gebindewe

Das Unterprogramm ‚*gebindewe*' dient zur manuellen Wareneingangsbuchung von Gebinden inkl. Labeldruck. Eingegebene Gebinde dürfen nicht existieren. Bei chargenpflichtigen Materialien werden ggfs. Chargen im Prozessablauf angelegt.
   Das ‚*kommentierte Coding*' ist nachfolgend dargestellt (Abb. 5.12):
   Zum Vergleich das ‚*Spyder-Coding*' (Abb. 5.13):
   Verwendete ‚*Python-Befehle*' sind (Tab. 5.4):

5.5 Unterprogramm pruefchargeneu

Das Unterprogramm ‚*pruefchargeneu*' wird beim manuellen Wareneingang bei Eingabe nicht-existierender SMILE-Chargen aufgerufen. In diesem Kontext werden diverse Prüfungen durchlaufen. Sie entscheiden, ob die Eingabe neuer Chargen erlaubt wird.
   Das kommentierte ‚*Coding*' ist folgend dargestellt:
   Zum Vergleich das Coding im ‚*Spyder-Editor*'(Abb. 5.15 und 5.16):
   Die im Unterprogramm benutzten ‚*Python – Befehle*' sind (Tab. 5.5):

5.6 Unterprogramm gebindeavis

Im Unterprogramm ‚*gebindeavis*' wird anfangs geprüft, ob eingegebene Gebindenummern nicht als SMILE-Stammdaten existieren. Anschließend werden Material und Lieferant hinzugelesen. Ist das dabei verwendete Material chargenpflichtig, müssen Charge und Split eingegeben werden. Liegt eine bekannte Chargen-Split-Kombination vor oder ist keine Chargenpflicht gegeben, ist der nächste Schritt die Mengeneingabe.
   Liegt eine nicht-existente Chargen-Split-Kombination vor, wird das Unterprogramm mit einem Fehler abgebrochen. Ebenso erfolgt ein Abbruch, wenn Kühlgut vorliegt.

5.6 Unterprogramm gebindeavis

'kommentierte Coding':

```
def mainloop():
    #-------------------------------------------- # Kommentar für Überschrift
    #---------------------------------------------------------------------- # Kommentar für Überschrift
    #Hauptroutine der Menücodes # Kommentar für Überschrift
    #---------------------------------------------------------------------- # Kommentar für Überschrift
    print() # Leerzeile auf Konsole ausgeben
    print('LVS-Simulation SMILE') # Informationstext ausgeben
    print() # Leerzeile auf Konsole ausgeben
    user=input('Willkommen! Wie heissen Sie? ') # Eingabe und Übergabe des Benutzers
    print() # Leerzeile auf Konsole ausgeben
    answer='' # Antwortvariable initialisieren (mit leer)
    while answer!='ENDE': # solange die Eingabe nicht ‚ENDE' ist ...
        print('Übersicht möglicher Aktionen') # Informationstext ausgeben
        print() # Leerzeile auf Konsole ausgeben
        db.codes.show() # Anzeige CSV-Datei ‚codes' mittels eigener show-Methode aus Klasse ‚Table'
        print() # Leerzeile auf Konsole ausgeben
        answer=input('Bitte Ihre Aktion eingeben: ') # Eingabe und Übergabe des Menü-Codes
        if answer=='ENDE': # falls der gewählte Menücode = ‚ENDE' ist
            print() # Leerzeile auf Konsole ausgeben
            print("Programm wird beendet.") # Informationstext ausgeben
            print() # Leerzeile auf Konsole ausgeben

        elif answer=='STICH': # falls der gewählte Menücode = ‚STICH' ist
            print() # Leerzeile auf Konsole ausgeben
            print('Fehlerbearbeitung am WE-Stich') # Informationstext ausgeben
            print() # Leerzeile auf Konsole ausgeben
            hu=input('Gebinde eingeben: ') # Eingabe und Übergabe des Gebindes
            stichdialog(hu,user) # Aufruf Unterprogramm ‚stichdialog'
            print() # Leerzeile auf Konsole ausgeben
            input('Bitte eine Taste drücken: ') # Taste drücken, um zum Menü zurückzukehren
            print() # Leerzeile auf Konsole ausgeben
```

Abb. 5.5 Unterprogramm ‚mainloop' – kommentiertes Coding

```
elif answer=='IPUNKT':  # falls der gewählte Menücode = ‚IPUNKT' ist
    print()  # Leerzeile auf Konsole ausgeben
    print('Simulation Fehlercodes am I-Punkt')  # Informationstext ausgeben
    print()  # Leerzeile auf Konsole ausgeben
    hu3=input('Bitte Gebinde eingeben: ')  # Eingabe und Übergabe des Gebindes
    ipunktdialog(hu3,user)  # Aufruf Unterprogramm ‚ipunktdialog'
    print()  # Leerzeile auf Konsole ausgeben
    input('Bitte eine Taste drücken: ')  # Taste drücken, um zum Menü zurückzukehren
    print()  # Leerzeile auf Konsole ausgeben

elif answer=='KPUNKT':  # falls der gewählte Menücode = ‚KPUNKT' ist
    print()  # Leerzeile auf Konsole ausgeben
    print('Fehlerbearbeitung am K-Punkt')  # Informationstext ausgeben
    print()  # Leerzeile auf Konsole ausgeben
    hu4=input('Bitte Gebinde eingeben: ')  # Eingabe und Übergabe des Gebindes
    kpunktdialog(hu4,user)  # Aufruf Unterprogramm ‚kpunktdialog'
    print()  # Leerzeile auf Konsole ausgeben
    input('Bitte eine Taste drücken: ')  # Taste drücken, um zum Menü zurückzukehren
    print()  # Leerzeile auf Konsole ausgeben

elif answer=='INFO':  # falls der gewählte Menücode = ‚INFO' ist
    print()  # Leerzeile auf Konsole ausgeben
    print('Gebinde-Information')  # Informationstext ausgeben
    print()  # Leerzeile auf Konsole ausgeben
    hu2=input('Bitte Gebinde eingeben: ')  # Eingabe und Übergabe des Gebindes
    gebindeinfo(hu2)  # Aufruf Unterprogramm ‚gebindeinfo'
    print()  # Leerzeile auf Konsole ausgeben
    input('Bitte eine Taste drücken: ')  # Taste drücken, um zum Menü zurückzukehren
    print()  # Leerzeile auf Konsole ausgeben

elif answer=='FLAGS':  # falls der gewählte Menücode = ‚FLAGS' ist
    print()  # Leerzeile auf Konsole ausgeben
    print('Mögliche Fehler am WE-Stich')  # Informationstext ausgeben
    print()  # Leerzeile auf Konsole ausgeben
```

Abb. 5.5 (Fortsetzung)

```
    db.fehlerflag.show() # Anzeige CSV-Datei ‚fehlerflag' mittels eigener
                         # show-Methode aus Klasse ‚Table'
    print() # Leerzeile auf Konsole ausgeben
    input('Bitte eine Taste drücken: ') # Taste drücken, um zum Menü zurückzukehren
    print() # Leerzeile auf Konsole ausgeben


elif answer=='FEHLER': # falls der gewählte Menücode = ‚FEHLER' ist
    print() # Leerzeile auf Konsole ausgeben
    print('Mögliche Fehler am I-Punkt') # Informationstext ausgeben
    print() # Leerzeile auf Konsole ausgeben
    db.fehlertabelle.show() # Anzeige CSV-Datei ‚fehlertabelle' mittels eigener
                            #show-Methode aus Klasse ‚Table'
    print() # Leerzeile auf Konsole ausgeben
    input('Bitte eine Taste drücken: ') # Taste drücken, um zum Menü zurückzukehren
    print() # Leerzeile auf Konsole ausgeben


elif answer=='BEST': # falls der gewählte Menücode = ‚BEST' ist
    print() # Leerzeile auf Konsole ausgeben
    print('Anzeige aller Gebinde') # Informationstext ausgeben
    print() # Leerzeile auf Konsole ausgeben
    db.gebinde.show() # Anzeige CSV-Datei ‚gebinde mittels eigener
                      #show-Methode aus Klasse ‚Table'
    print() # Leerzeile auf Konsole ausgeben
    input('Bitte eine Taste drücken: ') # Informationstext ausgeben
    print() # Leerzeile auf Konsole ausgeben


elif answer=='PLATZ': # falls der gewählte Menücode = ‚PLATZ' ist
    print() # Leerzeile auf Konsole ausgeben
    print('Platz von Gebinde ändern') # Informationstext ausgeben
    print() # Leerzeile auf Konsole ausgeben
    hu4=input('Bitte Gebinde eingeben: ') # Eingabe und Übergabe des Gebindes
    platzaendern(hu4,user,'') # Aufruf Unterprogramm ‚platzaendern'
    print() # Leerzeile auf Konsole ausgeben
    input('Bitte eine Taste drücken ') #Taste drücken, um zum Menü zurückzukehren
```

Abb. 5.5 (Fortsetzung)

```
    print() # Leerzeile auf Konsole ausgeben


    #Einlagern für Beispiel 3 # Kommentar
    elif answer=='EINLAG': # falls der gewählte Menücode = ‚EINLAG' ist
        print() # Leerzeile auf Konsole ausgeben
        print('Gebinde einlagern') # Informationstext ausgeben
        print() # Leerzeile auf Konsole ausgeben
        hu4=input('Bitte Gebinde eingeben: ') # Eingabe und Übergabe des Gebindes
        einlagern(hu4,user) # Aufruf Unterprogramm ‚einlagern'
        print() # Leerzeile auf Konsole ausgeben
        input('Bitte eine Taste drücken ') # Taste drücken, um zum Menü zurückzukehren
        print() # Leerzeile auf Konsole ausgeben


    #Verschrotten für Beispiel 3 # Kommentar
    elif answer=='SCHR': # falls der gewählte Menücode = ‚SCHR' ist
        print() # Leerzeile auf Konsole ausgeben
        print('Gebinde verschrotten') # Informationstext ausgeben
        print() # Leerzeile auf Konsole ausgeben
        hu4=input('Bitte Gebinde eingeben: ') # Eingabe und Übergabe des Gebindes
        print() # Leerzeile auf Konsole ausgeben
        verschrotten(hu4,user) # Aufruf Unterprogramm ‚verschrotten'
        input('Bitte eine Taste drücken ') # Taste drücken, um zum Menü zurückzukehren
        print() # Leerzeile auf Konsole ausgeben


    #Nummernkreise für Beispiel 3 # Kommentar
    elif answer == 'SNRO': # falls der gewählte Menücode = ‚SNRO' ist
        print() # Leerzeile auf Konsole ausgeben
        print('Nummernkreise anzeigen') # Informationstext ausgeben
        print() # Leerzeile auf Konsole ausgeben
        nummernkreise() # Aufruf Unterprogramm ‚nummernkreise'
        print() # Leerzeile auf Konsole ausgeben
        input('Bitte eine Taste drücken ') # Taste drücken, um zum Menü zurückzukehren
        print() # Leerzeile auf Konsole ausgeben
```

Abb. 5.5 (Fortsetzung)

5.6 Unterprogramm gebindeavis

```python
#Kühlgut im Lager anzeigen für Beispiel 3  # Kommentar
elif answer == 'KUHL':  # falls der gewählte Menücode = ‚KUHL' ist
    print()  # Leerzeile auf Konsole ausgeben
    print('Kühlgut im Lager anzeigen und analysieren')  # Informationstext ausgeben
    print()  # Leerzeile auf Konsole ausgeben
    kuehlgut()  # Aufruf Unterprogramm ‚kuehlgut'
    print()  # Leerzeile auf Konsole ausgeben
    input('Bitte eine Taste drücken: ')  # Taste drücken, um zum Menü zurückzukehren
    print()  # Leerzeile auf Konsole ausgeben

elif answer=='PLAETZE':  # falls der gewählte Menücode = ‚PLAETZE' ist
    print()  # Leerzeile auf Konsole ausgeben
    print('Übersicht aller Plätze')  # Informationstext ausgeben
    print()  # Leerzeile auf Konsole ausgeben
    db.plaetze.show()  # Anzeige CSV-Datei ‚plaetze' mittels eigener
                       #show-Methode aus Klasse ‚Table'
    print()  # Leerzeile auf Konsole ausgeben
    input('Bitte eine Taste drücken: ')  # Taste drücken, um zum Menü zurückzukehren
    print()  # Leerzeile auf Konsole ausgeben

elif answer=='AVIS':  # falls der gewählte Menücode = ‚AVIS' ist
    print()  # Leerzeile auf Konsole ausgeben
    print('Gebinde avisiert anlegen')  # Informationstext ausgeben
    print()  # Leerzeile auf Konsole ausgeben
    hu5=input('Bitte Gebinde eingeben: ')  # Eingabe und Übergabe des Gebindes
    gebindeavis(hu5,user)  # Aufruf Unterprogramm ‚gebindeavis'
    print()  # Leerzeile auf Konsole ausgeben
    input('Bitte eine Taste drücken: ')  # Taste drücken, um zum Menü zurückzukehren
    print()  # Leerzeile auf Konsole ausgeben

elif answer=='RET':  # falls der gewählte Menücode = ‚RET' ist
    print()  # Leerzeile auf Konsole ausgeben
    print('Gebinde zum Lieferant retournieren')  # Informationstext ausgeben
    print()  # Leerzeile auf Konsole ausgeben
```

Abb. 5.5 (Fortsetzung)

```
hu6=input('Bitte Gebinde eingeben: ')  # Eingabe und Übergabe des Gebindes
lieferantenret(hu6,user)  # Aufruf Unterprogramm ‚lieferantenret'
print()  # Leerzeile auf Konsole ausgeben
input('Bitte eine Taste drücken: ')  # Taste drücken, um zum Menü zurückzukehren
print()  # Leerzeile auf Konsole ausgeben

#manueller WE fuer Beispiel 2  # Kommentar
elif answer=='WEMA':  # falls der gewählte Menücode = ‚WEMA' ist
    print()  # Leerzeile auf Konsole ausgeben
    print('Gebinde manueller Wareneingang')  # Informationstext ausgeben
    print()  # Leerzeile auf Konsole ausgeben
    hu11=input('Bitte Gebinde eingeben: ')  # Eingabe und Übergabe des Gebindes
    gebindewe(hu11,user)  # Aufruf Unterprogramm ‚gebindewe'
    print()  # Leerzeile auf Konsole ausgeben
    input('Bitte eine Taste drücken: ')  # Taste drücken, um zum Menü zurückzukehren
    print()  # Leerzeile auf Konsole ausgeben

elif answer=='BEWE':  # falls der gewählte Menücode = ‚BEWE' ist
    print()  # Leerzeile auf Konsole ausgeben
    print('Übersicht aller Bewegungen:')  # Informationstext ausgeben
    print()  # Leerzeile auf Konsole ausgeben
    db.bewegungen.show()  # Anzeige CSV-Datei ‚bewegungen' mittels eigener
                          #show-Methode aus Klasse ‚Table'
    print()  # Leerzeile auf Konsole ausgeben
    input('Bitte eine Taste drücken: ')  # Taste drücken, um zum Menü zurückzukehren
    print()  # Leerzeile auf Konsole ausgeben

#Materialstamm fuer Beispiel 2 eingefügt im Buch  # Kommentar
elif answer=='MATS':  # falls der gewählte Menücode = ‚MATS' ist
    print()  # Leerzeile auf Konsole ausgeben
    print('Materialstamm anzeigen:')  # Informationstext ausgeben
    print()  # Leerzeile auf Konsole ausgeben
    material=input('Bitte Material eingeben: ')  # Eingabe und Übergabe des Materials
    matstamminfo(material)  # Aufruf Unterprogramm ‚matstamminfo'
```

Abb. 5.5 (Fortsetzung)

```
    print() # Leerzeile auf Konsole ausgeben
    input('Bitte eine Taste drücken: ') # Taste drücken, um zum Menü zurückzukehren
    print() # Leerzeile auf Konsole ausgeben


    #Chargenstamm fuer Beispiel 2 eingefügt im Buch # Kommentar
    elif answer=='CHAR': # falls der gewählte Menücode = ‚CHAR' ist
     print() # Leerzeile auf Konsole ausgeben
     print('Chargenstamm anzeigen:') # Informationstext ausgeben
     print() # Leerzeile auf Konsole ausgeben
     material=input('Bitte Material eingeben: ') # Eingabe und Übergabe des Materials
     charge=input('Bitte Charge eingeben: ') # Eingabe und Übergabe der Charge
     split=input('Bitte Split eingeben: ') # Eingabe und Übergabe des Splits
     chargstamminfo(material,charge,split) # Aufruf Unterprogramm ‚chargstamminfo'
     print() # Leerzeile auf Konsole ausgeben
     input('Bitte eine Taste drücken: ') # Taste drücken, um zum Menü zurückzukehren
     print() # Leerzeile auf Konsole ausgeben


    #Bestand zum Platz fuer Beispiel 2 eingefügt # Kommentar
    elif answer=='BPLA': # falls der gewählte Menücode = ‚BPLA' ist
     print() # Leerzeile auf Konsole ausgeben
     print('Platzbestand anzeigen:') # Informationstext ausgeben
     print() # Leerzeile auf Konsole ausgeben
     platz=input('Bitte Platz eingeben: ') # Eingabe und Übergabe des Lagerplatzes
     bestplatz(platz) # Aufruf Unterprogramm ‚bestplatz'
     print() # Leerzeile auf Konsole ausgeben
     input('Bitte eine Taste drücken: ') # Taste drücken, um zum Menü zurückzukehren
     print() # Leerzeile auf Konsole ausgeben


    #Bestand zum Material fuer Beispiel 2 eingefügt # Kommentar
    elif answer=='BMAT': # falls der gewählte Menücode = ‚BMAT' ist
     print() # Leerzeile auf Konsole ausgeben
     print('Materialbestand anzeigen:') # Informationstext ausgeben
     print() # Leerzeile auf Konsole ausgeben
     material=input('Bitte Material eingeben: ') # Eingabe und Übergabe des Materials
```

Abb. 5.5 (Fortsetzung)

```
    bestmat(material) # Aufruf Unterprogramm ‚bestmat'
    print() # Leerzeile auf Konsole ausgeben
    input('Bitte eine Taste drücken: ') # Taste drücken, um zum Menü zurückzukehren
    print() # Leerzeile auf Konsole ausgeben


    #Gebindelabel drucken fuer Beispiel 3 # Kommentar
    elif answer=='LABL': # falls der gewählte Menücode = ‚LABL' ist
        print() # Leerzeile auf Konsole ausgeben
        print('Gebindelabel drucken als QR-Code') # Informationstext ausgeben
        print() # Leerzeile auf Konsole ausgeben
        hu=input('Bitte Gebinde eingeben: ') # Eingabe und Übergabe des Gebindes
        gebindelabel(hu,user) # Aufruf Unterprogramm ‚gebindelabel'
        print() # Leerzeile auf Konsole ausgeben
        input('Bitte eine Taste drücken: ') # Taste drücken, um zum Menü zurückzukehren
        print() # Leerzeile auf Konsole ausgeben


    else: # ansonsten...
        answer='ENDE' # Menücode = ‚ENDE' wird gesetzt bei abweichender Eingabe
        print() # Leerzeile auf Konsole ausgeben
        print("Programm wird beendet.") # Informationstext ausgeben
        print() # Leerzeile auf Konsole ausgeben
    #Datenbanken speichern nach Ende der Abwicklung für Beispiel 3 # Kommentar
    db.sichern() # Abspeichern aller CSV-Dateien mittels eigener
                 # sichern-Methode aus Klasse ‚Datenbank'
    #------------------------------------------- # Kommentar zum Ende des Unterprogramms
    #Ende Hauptloop der Menücodes # Kommentar zum Ende des Unterprogramms
    #------------------------------------------- # Kommentar zum Ende des Unterprogramms
```

Abb. 5.5 (Fortsetzung)

5.6 Unterprogramm gebindeavis

```python
def mainloop():
    #---------------------------------------------
    
    #---------------------------------------------
    #Hauptroutine der Menücodes
    #---------------------------------------------
    print()
    print('LVS-Simulation SMILE')
    print()
    user=input('Willkommen! Wie heissen Sie? ')
    print()
    answer=''
    while answer!='ENDE':
        print('Übersicht möglicher Aktionen')
        print()
        db.codes.show()
        print()
        
        answer=input('Bitte Ihre Aktion eingeben: ')
        
        if answer=='ENDE':
         print()
         print("Programm wird beendet.")
         print()
         
        elif answer=='STICH':
         print()
         print('Fehlerbearbeitung am WE-Stich')
         print()
         hu=input('Gebinde eingeben: ')
         stichdialog(hu,user)
         print()
         input('Bitte eine Taste drücken: ')
         print()
         
        elif answer=='IPUNKT':
         print()
         print('Simulation Fehlercodes am I-Punkt')
         print()
```

Abb. 5.6 Unterprogramm ‚mainloop' – Coding im Spyder

```
1230            print('Mögliche Fehler am I-Punkt')
1231            print()
1232            db.fehlertabelle.show()
1233            print()
1234            input('Bitte eine Taste drücken: ')
1235            print()
1236
1237        elif answer=='BEST':
1238            print()
1239            print('Anzeige aller Gebinde')
1240            print()
1241            db.gebinde.show()
1242            print()
1243            input('Bitte eine Taste drücken: ')
1244            print()
1245
1246        elif answer=='PLATZ':
1247            print()
1248            print('Platz von Gebinde ändern')
1249            print()
1250            hu4=input('Bitte Gebinde eingeben: ')
1251            platzaendern(hu4,user,'')
1252            print()
1253            input('Bitte eine Taste drücken ')
1254            print()
1255
1256        #Einlagern für Beispiel 3
1257        elif answer=='EINLAG':
1258            print()
1259            print('Gebinde einlagern')
1260            print()
1261            hu4=input('Bitte Gebinde eingeben: ')
1262            einlagern(hu4,user)
1263            print()
1264            input('Bitte eine Taste drücken ')
1265            print()
```

Abb. 5.7 Unterprogramm ‚mainloop' – Coding im Spyder II

5.6 Unterprogramm gebindeavis

```
1266
1267        #Verschrotten für Beispiel 3
1268        elif answer=='SCHR':
1269          print()
1270          print('Gebinde verschrotten')
1271          print()
1272          hu4=input('Bitte Gebinde eingeben: ')
1273          print()
1274          verschrotten(hu4,user)
1275          input('Bitte eine Taste drücken ')
1276          print()
1277
1278        #Nummernkreise für Beispiel 3
1279        elif answer == 'SNRO':
1280          print()
1281          print('Nummernkreise anzeigen')
1282          print()
1283          nummernkreise()
1284          print()
1285          input('Bitte eine Taste drücken ')
1286          print()
1287
1288        #Kühlgut im Lager anzeigen für Beispiel 3
1289        elif answer == 'KUHL':
1290          print()
1291          print('Kühlgut im Lager anzeigen und analysieren')
1292          print()
1293          kuehlgut()
1294          print()
1295          input('Bitte eine Taste drücken: ')
1296          print()
1297
1298        elif answer=='PLAETZE':
1299          print()
1300          print('Übersicht aller Plätze')
1301          print()
1302          db.plaetze.show()
1303          print()
```

Abb. 5.8 Unterprogramm ‚mainloop' – Coding im Spyder III

```
1303        print()
1304        input('Bitte eine Taste drücken: ')
1305        print()
1306
1307    elif answer=='AVIS':
1308        print()
1309        print('Gebinde avisiert anlegen')
1310        print()
1311        hu5=input('Bitte Gebinde eingeben: ')
1312        gebindeavis(hu5,user)
1313        print()
1314        input('Bitte eine Taste drücken: ')
1315        print()
1316
1317    elif answer=='RET':
1318        print()
1319        print('Gebinde zum Lieferant retournieren')
1320        print()
1321        hu6=input('Bitte Gebinde eingeben: ')
1322        lieferantenret(hu6,user)
1323        print()
1324        input('Bitte eine Taste drücken: ')
1325        print()
1326
1327    #manueller WE fuer Beispiel 2
1328    elif answer=='WEMA':
1329        print()
1330        print('Gebinde manueller Wareneingang')
1331        print()
1332        hu11=input('Bitte Gebinde eingeben: ')
1333        gebindewe(hu11,user)
1334        print()
1335        input('Bitte eine Taste drücken: ')
1336        print()
1337
1338    elif answer=='BEWE':
1339        print()
1340        print('Übersicht aller Bewegungen:')
```

Abb. 5.9 Unterprogramm ‚mainloop' – Coding im Spyder IV

```
1340        print('Übersicht aller Bewegungen:')
1341        print()
1342        db.bewegungen.show()
1343        print()
1344        input('Bitte eine Taste drücken: ')
1345        print()
1346
1347        #Materialstamm fuer Beispiel 2 eingefügt im Buch
1348        elif answer=='MATS':
1349            print()
1350            print('Materialstamm anzeigen:')
1351            print()
1352            material=input('Bitte Material eingeben: ')
1353            matstamminfo(material)
1354            print()
1355            input('Bitte eine Taste drücken: ')
1356            print()
1357
1358        #Chargenstamm fuer Beispiel 2 eingefügt im Buch
1359        elif answer=='CHAR':
1360            print()
1361            print('Chargenstamm anzeigen:')
1362            print()
1363            material=input('Bitte Material eingeben: ')
1364            charge=input('Bitte Charge eingeben: ')
1365            split=input('Bitte Split eingeben: ')
1366            chargstamminfo(material,charge,split)
1367            print()
1368            input('Bitte eine Taste drücken: ')
1369            print()
1370
1371        #Bestand zum Platz fuer Beispiel 2 eingefügt
1372        elif answer=='BPLA':
1373            print()
1374            print('Platzbestand anzeigen:')
1375            print()
1376            platz=input('Bitte Platz eingeben: ')
1377            bestplatz(platz)
```

Abb. 5.10 Unterprogramm ‚mainloop' – Coding im Spyder V

```
1377            bestplatz(platz)
1378            print()
1379            input('Bitte eine Taste drücken: ')
1380            print()
1381
1382            #Bestand zum Material fuer Beispiel 2 eingefügt
1383            elif answer=='BMAT':
1384            print()
1385            print('Materialbestand anzeigen:')
1386            print()
1387            material=input('Bitte Material eingeben: ')
1388            bestmat(material)
1389            print()
1390            input('Bitte eine Taste drücken: ')
1391            print()
1392
1393            #Gebindelabel drucken fuer Beispiel 3
1394            elif answer=='LABL':
1395            print()
1396            print('Gebindelabel drucken als QR-Code')
1397            print()
1398            hu=input('Bitte Gebinde eingeben: ')
1399            gebindelabel(hu,user)
1400            print()
1401            input('Bitte eine Taste drücken: ')
1402            print()
1403
1404            else:
1405            answer='ENDE'
1406            print()
1407            print("Programm wird beendet.")
1408            print()
1409    #Datenbanken speichern nach Ende der Abwicklung für Beispiel 3
1410    db.sichern()
1411    #----------------------------------------
1412    #Ende Hauptloop der Menücodes
1413    #----------------------------------------
```

Abb. 5.11 Unterprogramm ‚mainloop' – Coding im Spyder VI

Tab. 5.3 Unterprogramm ‚mainloop – Python-Grundlagen

Befehl	Bedeutung
#	Kommentar
==	logischer Ausdruck für gleich
" "	leerer Text
'Text'	Das Wort Text als String
answer=	Umgang mit Variablen
bestmat	Unterprogramm aufrufen
bestplatz	Unterprogramm aufrufen
chargstamminfo	Unterprogramm aufrufen
def Beispiel(…)	Unterprogramm definieren
Einlagern	Unterprogramm aufrufen
Gebindeavis	Unterprogramm aufrufen
gebindeinfo	Unterprogramm aufrufen
Gebindewe	Unterprogramm aufrufen
gebindlabel	Unterprogramm aufrufen
If…elif	logischer if-Operator
input	Dateneingabe auf der Konsole
ipunktdialog	Unterprogramm aufrufen
kpunktdialog	Unterprogramm aufrufen
kuehlgut	Unterprogramm aufrufen
lieferantenret	Unterprogramm aufrufen
matstamminfo	Unterprogramm aufrufen
nummernkreise	Unterprogramm aufrufen
platzaendern	Unterprogramm aufrufen
print	Datenausgabe auf der Konsole
show	eigene Methode aus Klasse ‚***Table***'
sichern	eigene Methode aus Klasse ‚***Datenbank***'
stichdialog	Unterprogramm aufrufen
verschrotten	Unterprogramm aufrufen
while	while-Schleife

```
#-------------------------------------------------------- # Kommentar für Überschrift
#Unterprogramm manueller Wareneingang # Kommentar für Überschrift
#fuer Beispiel 2 # Kommentar für Überschrift
#Charge muss nicht existieren # Kommentar für Überschrift
# wird geprueft und ggfs. angelegt # Kommentar für Überschrift
#-------------------------------------------------------- # Kommentar für Überschrift
def gebindewe(hunr11,user): # Unterprogramm ‚gebindewe' mit Eingabeparameter
                            # hunr11 = Gebinde und user = Benutzer
                            # Ausgabeparameter Fehler- oder Erfolgstext
    toSelect5 = db.gebinde.select({'Nummer':hunr11}) # Selektion Gebindedaten aus
    # CSV-Datei ‚gebinde' mit eigener select-Methode in Variable toSelect5
    print() # Leerzeile ausgeben
    print(toSelect5) # Gebindedaten ausgeben
    initial=len(toSelect5) # Länge der Selektion ermitteln und in Variable ‚initial' übergeben
    if initial != 0: # falls keine Gebindedaten selektiert worden sind (entspricht Länge = Null)
        print() # Leerzeile ausgeben
        print('Fehler: Gebinde bereits bekannt') # Fehlertext ausgeben
        return 'FEHLER' # Fehlertext retournieren -> Unterprogramm abbrechen
    print() # Leerzeile ausgeben
    lieferant=input('Bitte Lieferant eingeben: ') # Lieferanteneingabe
    material=input('Bitte Material eingeben: ') # Materialeingabe
    toSelect4 = db.matstamm.select({'Material':material}) # Selektion Materialdaten aus
    # CSV-Datei ‚matstamm' mit eigener select-Methode in Variable toSelect4
    initial=len(toSelect4) # Länge der Selektion ermitteln und in Variable ‚initial' übergeben
    if initial == 0: # falls keine Materialdaten selektiert worden sind (entspricht Länge = Null)
        print() # Leerzeile ausgeben
        print('Fehler: Material unbekannt') # Fehlertext ausgeben
        return 'FEHLER' # Fehlertext retournieren -> Unterprogramm abbrechen
    for row in toSelect4: # Materialdaten in row mit for übergeben (sollte genau eine Zeile sein)
        if row['Chargenpflicht'] == 'JA': # falls das Material chargenpflichtig ist
            charge=input('Bitte Charge eingeben: ') # Chargeneingabe
            split=input('Bitte Split eingeben: ') # Spliteingabe
            toSelect3 = db.chargstamm.select({'Material':material,'Charge':charge,'Split':split})
            # zur eingegebenen Charge und Split den Chargenstamm mit eigener Selektions-Methode
```

Abb. 5.12 Unterprogramm ‚gebindewe' – kommentiertes Coding

5.6 Unterprogramm gebindeavis

```
        #‚select' aus CSV-Datei ‚chargstamm' ermitteln
        initial=len(toSelect3) # Länge der Selektion ermitteln
        if initial == 0: # falls die Länge gleich Null ist (also die Charge nicht existiert)
            print('Pruefung neuer Charge') # Textausgabe auf Konsole
            text, erp = pruefchargeneu(material,charge, split) # Aufruf Unterprogramm
            # ‚pruefchargeneu' mit Material, Charge und Split, Rückgabe in ‚text' bzw. ERP-Charge in ‚erp'
            print(text) # Prüfergebnis ausgeben
            if text != 'OKAY': # falls Chargenprüfung nicht OKAY
                return 'FEHLER' # Unterprogramm mit Fehlertext abbrechen
            verfall=input('Bitte Verfallsdatum eingeben: ') # Verfallsdatum eingeben
            h = db.chargstamm.get_empty() # leere Zeile zur Chargenstammanlage erzeugen
            # mit eigener get_empty-Methode zu CSV-Datei ‚chargstamm'
            h['Material']=material # Material übergeben
            h['Charge']=charge # Charge übergeben (deswegen auch initial im nicht-Chargenfall)
            h['Split']=split # Split übergeben (analog zur Charge)
            h['Verfall']=verfall # Verfallsdatum übergeben
            h['ERP_Charge']=erp # ERP-Charge übergeben
            db.chargstamm.insert(h) # Datensatz mit eigener insert-Methode in ‚chargstamm' anlegen
            print('neue Charge angelegt') # Textausgabe
            bewegungen_schreiben('CH_01','',lieferant,user,'',0,'',material,charge,split,'','')
            # Bewegung speichern zur Chargenanlage mit Bewegungsart ‚CH_01'
        if row['Chargenpflicht'] == 'NEIN': # falls keine Chargenpflicht vorliegt
            charge = '' # Charge als leerer String initialisieren
            split = '' # analog mit Split
        menge=input('Bitte Menge eingeben: ') # Mengeneingabe
        for row in toSelect4: # Materialstamm in row übergeben
            einheit=row['BME'] # Basismengeneinheit ermitteln
        h = db.gebinde.get_empty() # leeren Gebindedatensatz zu ‚gebinde' ermitteln (analog zur Charge)
        h['Nummer']=hunr11 # Gebinde übergeben
        h['Lieferant']=lieferant # Lieferant übergeben
        h['Fehlerflag']='' # Fehlerflag ist leer
        h['Fehlercode']=0 # Fehlercode ist Null
        h['Platz']='WE_LIEF' # Gebindelagerplatz ist ‚WE_LIEF'
        h['Status']='L' # Status ist L = im Lager (Wareneingangsbuchung)
```

Abb. 5.12 (Fortsetzung)

```
h['Material']=material  # Material übergeben
h['Menge']=menge  # Menge übergeben
h['Einheit']=einheit  # Einheit übergeben
if charge != '':  # falls Charge gefüllt
  h['Charge']=charge  # Charge übergeben
  h['Split']=split  # Split übergeben
db.gebinde.insert(h)  # Gebinde analog zur Charge anlegen
print('HU Wareneingang gebucht')  # Textausgabe
bewegungen_schreiben('HU_WE',hunr11,lieferant,user,'',0,'','WE_LIEF',
  material,charge,split,menge,einheit)
# Bewegungssatz zum Wareneingang ‚HU_WE' speichern durch Aufruf des Unterprogramms
#Labeldruck für Beispiel 3  # Kommentar
frage=input('Wollen Sie ein Label drucken (JA/NEIN)?')  # Eingabe Labeldruck (Ja/Nein)
if frage == 'JA':  # falls Labeldruck gewünscht
  gebindelabel(hunr11,user)  # Aufruf Unterprogramm ‚gebindelabel' mit Gebinde und Nutzer
  print()  # Leerzeile ausgeben
return 'OKAY'  # Rückgabe Erfolgstext -> Unterprogramm ist beendet
#-------------------------------------------------- # Kommentar zum Ende des Unterprogramms
```

Abb. 5.12 (Fortsetzung)

Daraufhin werden Gebinde avisiert (Status = ‚*A*') angelegt. Folgend wird ein Bewegungssatz geschrieben.

Schließlich wird vom User abgefragt, ob Gebindelabel gedruckt werden sollen. Bei Antwort ‚*JA*' werden sie erzeugt.

Folgend das kommentierte ‚*Coding*': (Abb. 5.17)

Im ‚*Spyder-Editor*' zeigt sich folgendes Bild (Abb. 5.18 und 5.19):

Um korrespondierende Python-Grundlagen nachlesen zu können, sind anbei alle verwendeten ‚*Python-Befehle*' aufgelistet (Tab. 5.6):

5.6 Unterprogramm gebindeavis

```
254  #--------------------------------------------------------
255  #Unterprogramm manueller Wareneingang
256  #fuer Beispiel 2
257  #Charge muss nicht existieren
258  # wird geprueft und ggfs. angelegt
259  #--------------------------------------------------------
260  def gebindewe(hunr11,user):
261      toSelect5 = db.gebinde.select({'Nummer':hunr11})
262      print()
263      print(toSelect5)
264      initial=len(toSelect5)
265      if initial != 0:
266          print()
267          print('Fehler: Gebinde bereits bekannt')
268          return 'FEHLER'
269      print()
270      lieferant=input('Bitte Lieferant eingeben: ')
271      material=input('Bitte Material eingeben: ')
272      toSelect4 = db.matstamm.select({'Material':material})
273      initial=len(toSelect4)
274      if initial == 0:
275          print()
276          print('Fehler: Material unbekannt')
277          return 'FEHLER'
278      for row in toSelect4:
279          if row['Chargenpflicht'] == 'JA':
280              charge=input('Bitte Charge eingeben: ')
281              split=input('Bitte Split eingeben: ')
282              toSelect3 = db.chargstamm.select({'Material':material,'Charge':charge,'Split':split})
283              initial=len(toSelect3)
284              if initial == 0:
285                  print('Pruefung neuer Charge')
286                  text, erp = pruefchargeneu(material,charge,split)
287                  print(text)
288                  if text != 'OKAY':
289                      return 'FEHLER'
290                  verfall=input('Bitte Verfallsdatum eingeben: ')
291                  h = db.chargstamm.get_empty()
292                  h['Material']=material
293                  h['Charge']=charge
```

Abb. 5.13 Unterprogramm ‚gebindewe' – Spyder-Coding II

Tab. 5.4 Unterprogramm ‚gebindewe' – Python-Grundlagen

Befehl	Bedeutung
#	Kommentar
==	logischer Ausdruck für gleich
'	logischer Ausdruck für ungleich
"	leere Übergabe
'Text'	Das Wort Text als String
bewegungen_schreiben(…)	Unterprogramm aufrufen
def Beispiel(…)	Unterprogramm definieren
get_empty	eigene Methode aus Klasse ‚**Table**'
for … in …	for-Schleife
gebindlabel(…)	Aufruf Unterprogramm

Tab. 5.4 (Fortsetzung)

Befehl	Bedeutung
h['nummer']=	Umgang mit **Python-Dictionary**, Wert des Feldes ‚nummer' in Zeile h
if	logischer if-Operator
input	Dateneingabe auf der Konsole
insert	eigene Methode aus Klasse ‚**Table**'
len	länge eines Strings
print	Datenausgabe auf der Konsole
pruefchargeneu(…)	Aufruf Unterprogramm
return a,b,…	Datenrückgabe aus einem Unterprogramm
row['Charge']	Umgang mit **Python-Dictionary** Wert des Feldes ‚Charge' in Zeile row
select	eigene Methode aus Klasse ‚**Table**'
split =	Umgang mit Variablen (analog lieferant=etc.)

```python
294     h['Split']=split
295     h['Verfall']=verfall
296     h['ERP_Charge']=erp
297     db.chargstamm.insert(h)
298     print('neue Charge angelegt')
299     bewegungen_schreiben('CH_01','',lieferant,user,'',0,'','',material,charge,split,'','')
300     if row['Chargenpflicht'] == 'NEIN':
301         charge = ''
302         split = ''
303 menge=input('Bitte Menge eingeben: ')
304 for row in toSelect4:
305     einheit=row['BME']
306     h = db.gebinde.get_empty()
307     h['Nummer']=hunr11
308     h['Lieferant']=lieferant
309     h['Fehlerflag']=''
310     h['Fehlercode']=0
311     h['Platz']='WE_LIEF'
312     h['Status']='L'
313     h['Material']=material
314     h['Menge']=menge
315     h['Einheit']=einheit
316     if charge != '':
317         h['Charge']=charge
318         h['Split']=split
319     db.gebinde.insert(h)
320     print('HU Wareneingang gebucht')
321     bewegungen_schreiben('HU_WE',hunr11,lieferant,user,'',0,'','WE_LIEF',material,charge,split,menge,einheit)
322     #Labeldruck für Beispiel 3
323     frage=input('Wollen Sie ein Label drucken (JA/NEIN)?')
324     if frage == 'JA':
325         gebindelabel(hunr11,user)
326         print()
327 return 'OKAY'
328 #-----------------------------------------
```

Abb. 5.14 Unterprogramm ‚pruefchargeneu' – kommentiertes Coding (Abb. 5.14)

5.6 Unterprogramm gebindeavis

```
#--------------------------------------------------------- # Kommentar für Überschrift
#Unterprogramm Chargenpruefung # Chargenprüfung bei manuellem Wareneingang
#fuer Beispiel 2 # Beispiel 2 in SMILE = manueller Wareneingang
#--------------------------------------------------------- # Kommentar für Überschrift
def pruefchargeneu(material,charge,split, gui=""): # Unterprogramm ‚pruefchargeneu' mit den
    # Eingabeparametern material, charge, split und gui – vorbelegt mit leer
    # material, charge und split sind Schlüsselfelder der Charge und lege sie fest
    # im CLI-Modus --- gui ="" – werden Ausgaben auf der Konsole getätigt, im GUI-Modus nicht
    erp = "" # Rückgabewert der ERP-Charge wird initialisiert
    toSelect12 = db.matstamm.select({'Material':material}) # Selektion Materialstamm mit eigener
    # Methode ‚select' über das Material aus dem Materialstam = Tabelle matstamm
    # toSelect12 beinhaltet die Zeilen aus der CSV-Datei (hier eigentlich genau eine)
    for row in toSelect12: # die Zeile wird über for-Schleife durchlaufen
        split00 = row['Split00'] # das Feld 'Split00' wird in split00 übergeben
    initial=len(toSelect12) # die Länge von toSelect12 wird ermittelt und in initial übergeben
    if gui=="": # im CLI-Modus …
        print(initial) # Länge wird ausgegeben
    if initial == 0: # falls kein Materialstamm vorliegt:
        return 'Fehler: Material unbekannt', erp # Rückgabe Fehlertext und leere ERP-Charge
    alphabet = set('ABCDEFGHIJKLMNOPQRSTUVWXYZabcdefghijklmnopqrstuvwxyz0123456789')
    # das Chargenalphabet = zulässiges Zeichen wird als Menge definiert
    for c in charge: # die Buchstaben des Strings ‚charge' werden mit for durchlaufen
        test = c in alphabet # Überprüfung, ob der Buchstabe im Chargenalphabet vorkommt
        if test == False:  # falls dies nicht der Fall ist
            return 'Fehler: Chargenalphabet verletzt', erp # Abbruch mit Fehlertext und leerer ERP-Charge
    j = len(charge) # die Länge = Anzahl der Buchstaben des Strings ‚charge' wird ermittelt
    if j > 10: # falls die Chargenlänge grösser als 10 ist
        return 'Fehler: Chargenlaenge max. 10 verletzt', erp # Abbruch mit Fehlertext
                                                    # und leerer ERP-Charge
    einzahl = set('0123456789') # das Splitalphabet wird als Menge definiert
    for s in split: # die Buchstaben des Strings ‚split' werden mit for durchlaufen
        element = s in einzahl # Überprüfung, ob der Buchstabe im Splitalphabet vorkommt
        if element == False: # falls dies nicht der Fall ist
            return 'Fehler: Splitalphabet verletzt', erp # Abbruch mit Fehlertext und leerer ERP-Charge
```

Abb. 5.15 Unterprogramm ‚pruefchargeneu' – Coding im Spyder

```
i = len(split) # Länge des Strings ‚split' wird ermittelt
if i != 2: # falls die Länge nicht genau 2 ist
    return 'Fehler: Splitlaenge genau 2 verletzt', erp # Abbruch mit Fehlertext und leerer ERP-Charge
if split != '00': # falls der Split nicht ‚00' ist
    erp = charge + split # ERP-Charge erp = charge konkateniert mit split
if split == '00' and split00 == 'JA': # falls der Split gleich ‚00' ist und der Split00 angehängt wird…
    erp = charge + split  # …ist die ERP-Charge erp = charge konkateniert mit split 00
if split == '00' and split00 == 'NEIN': # falls der Split gleich ‚00' ist
                                         # und der Split00 nicht angehängt wird…
    erp = charge # … ist die ERP-Charge erp = charge
k = len(erp) # die Länge der ERP-Charge erp wird bestimmt und in k übergeben
if k > 10: # falls diese Länge grösser 10 ist…
    return 'Fehler: ERP-Chargenlaenge max. 10 verletzt', erp
    # Abbruch mit Fehlertext und ERP-Charge
toSelect13 = db.chargstamm.select({'ERP_Charge':erp})
# Selektion aus CSV-Tabelle ‚chargstamm' mit ERP_CHARGE = erp
# Prüfung auf äquivalenter Charge im ERP
initial=len(toSelect13) # Länge des Selektions-Ergebnisses in initial übergeben
if initial != 0: # falls diese Länge ungleich Null ist, also so eine ERP-Charge schon existiert…
    return 'Fehler: ERP-Charge bereits vorhanden', erp
    # Abbruch mit Fehlertext und ERP-Charge
return 'OKAY', erp # falls alle Prüfungen positiv sind, ist alles ‚OKAY'
                   # Hinweis-Text und ERP-Charge werden zurückgegeben
#-------------------------------------------------- # Ende des Unterprogramms
```

Abb. 5.15 (Fortsetzung)

5.7 Unterprogramm lieferantenret

Mit dem Unterprogramm ‚*lieferantenret*' können beim Wareneingang als fehlerhaft erkannte Gebinde an Lieferanten retourniert werden:

Das vergleichende ‚*Spyder-Coding*' (Abb. 5.21):

Anbei die Liste verwendeter ‚*Python-Befehle*' *I* (Tab. 5.7):

5.7 Unterprogramm lieferantenret

```
329
330    #------------------------------------------------------------
331    #Unterprogramm Chargenpruefung
332    #fuer Beispiel 2
333    #------------------------------------------------------------
334    def pruefchargeneu(material,charge,split, gui=""):
335        erp = ""
336        toSelect12 = db.matstamm.select({'Material':material})
337        for row in toSelect12:
338            split00 = row['Split00']
339        initial=len(toSelect12)
340        if gui=="":
341            print(initial)
342        if initial == 0:
343            return 'Fehler: Material unbekannt', erp
344        alphabet = set('ABCDEFGHIJKLMNOPQRSTUVWXYZabcdefghijklmnopqrstuvwxyz0123456789')
345        for c in charge:
346            test = c in alphabet
347            if test == False:
348                return 'Fehler: Chargenalphabet verletzt', erp
349        j = len(charge)
350        if j > 10:
351            return 'Fehler: Chargenlaenge max. 10 verletzt', erp
352        einzahl = set('0123456789')
353        for s in split:
354            element = s in einzahl
355            if element == False:
356                return 'Fehler: Splitalphabet verletzt', erp
357        i = len(split)
358        if i != 2:
359            return 'Fehler: Splitlaenge genau 2 verletzt', erp
360        if split != '00':
361            erp = charge + split
362        if split == '00' and split00 == 'JA':
363            erp = charge + split
364        if split == '00' and split00 == 'NEIN':
365            erp = charge
366        k = len(erp)
367        if k > 10:
```

Abb. 5.16 Unterprogramm ‚pruefchargeneu' – Coding im Spyder II

Tab. 5.5 Unterprogramm ‚pruefchargeneu' – Python-Grundlagen

Befehl	Bedeutung
#	Kommentar
==	logischer Ausdruck für gleich
!=	logischer Ausdruck für ungleich
" "	leere Übergabe
'Text'	das Wort Text als String
>	logischer Ausdruck für grösser
+	Addition bei Zahlen, Konkatenation bei Strings
bewegungen_schreiben(…)	Unterprogramm aufrufen
def Beispiel(…)	Unterprogramm definieren
get_empty	eigene Methode aus Klasse ‚**Table**'
FALSE	Boolesche Variable für FALSCH
for … in …	for-Schleife
s in alphabet	Prüft, ob Wert s in Menge alphabet vorkommt und gibt TRUE oder FALSE zurück
gebindlabel(…)	Aufruf Unterprogramm
h['nummer']=	Umgang mit Python-Dictionary, Wert des Feldes ‚nummer' in Zeile h
if	Logischer if-Operator
input	Dateneingabe auf der Konsole
insert	eigene Methode aus Klasse ‚**Table**'
len	Länge eines Strings
print	Datenausgabe auf der Konsole
pruefchargeneu(…)	Aufruf Unterprogramm
return a,b,…	Datenrückgabe aus einem Unterprogramm
row['Split00']	Umgang mit **Python-Dictionary** Wert des Feldes ‚Split00' in Zeile row
select	eigene Methode aus Klasse ‚**Table**'
set	Mengendefinition
split =	Umgang mit Variablen (analog initial = etc.)
TRUE	Boolesche Variable für WAHR

```
366    k = len(erp)
367    if k > 10:
368        return 'Fehler: ERP-Chargenlaenge max. 10 verletzt', erp
369    toSelect13 = db.chargstamm.select({'ERP_Charge':erp})
370    initial=len(toSelect13)
371    if initial != 0:
372        return 'Fehler: ERP-Charge bereits vorhanden', erp
373    return 'OKAY', erp
374    #--------------------------------------------------
```

Abb. 5.17 Unterprogramm ‚gebindeavis' – kommentiertes Coding

5.7 Unterprogramm lieferantenret

```
#---------------------------------------------------- # Kommentar für Überschrift
#Unterprogramm HU-AVIS # Kommentar für Überschrift
#-------------------------------------------- # Kommentar für Überschrift
#fuer Beispiel 2 mit Bestands- und Chargendaten angepasst # Kommentar für Überschrift
#Charge muss existieren # Kommentar für Überschrift
#---------------------------------------------------- # Kommentar für Überschrift
def gebindeavis(hunr5,user): # Unterprogramm ‚gebindeavis' mit Eingabeparameter
                              # hunr5 = Gebinde und user = Benutzer
                              # Ausgabeparameter Fehler- oder Erfolgstext
  toSelect5 = db.gebinde.select({'Nummer':hunr5}) # Selektion Gebindedaten aus
  # CSV-Datei ‚gebinde' mit eigener select-Methode in Variable toSelect5
  print() # Leerzeile ausgeben
  print(toSelect5) # Gebindedaten ausgeben
  initial=len(toSelect5) # Länge der Selektion ermitteln und in Variable ‚initial' übergeben
  if initial != 0: # falls keine Gebindedaten selektiert worden sind (entspricht Länge = Null)
    print() # Leerzeile ausgeben
    print('Fehler: Gebinde bereits bekannt') # Fehlertext ausgeben
    return 'FEHLER' # Fehlertext retournieren -> Unterprogramm abbrechen
  print() # Leerzeile ausgeben
  lieferant=input('Bitte Lieferant eingeben: ') # Lieferanteneingabe
  material=input('Bitte Material eingeben: ') # Materialeingabe
  toSelect4 = db.matstamm.select({'Material':material}) # Selektion Materialdaten aus
  # CSV-Datei ‚matstamm' mit eigener select-Methode in Variable toSelect4
  initial=len(toSelect4) # Länge der Selektion ermitteln und in Variable ‚initial' übergeben
  if initial == 0: # falls keine Materialdaten selektiert worden sind (entspricht Länge = Null)
    print() # Leerzeile ausgeben
    print('Fehler: Material unbekannt') # Fehlertext ausgeben
    return 'FEHLER' # Fehlertext retournieren -> Unterprogramm abbrechen
  for row in toSelect4: # Materialstammdaten mit for in row übergeben (genau eine Zeile)
    #Kühlgut nicht avisieren Beispiel 3 # Kommentar
    if row['Kuehlpflicht'] == 'JA': # falls Kühlpflicht vorliegt
      print() # Leerzeile ausgeben
      print('Fehler: Avisieren ungültig. Kühlgut bitte manuell buchen.') # Textausgabe
```

Abb. 5.18 Unterprogramm ‚gebindeavis' – Coding im Spyder II

```
        return 'FEHLER'  # Fehlertext retournieren -> Unterprogramm abbrechen
    #Beispiel 3 Ende Kühlgut  # Kommentar
    if row['Chargenpflicht'] == 'JA':  # falls das Material chargenpflichtig ist
        charge=input('Bitte Charge eingeben: ')  # Chargeneingabe
        split=input('Bitte Split eingeben: ')  # Spliteingabe
        toSelect3 = db.chargstamm.select({'Material':material,'Charge':charge,'Split':split})
        # zur eingegebenen Charge und Split den Chargenstamm mit eigener Selektions-Methode
        #‚select' aus CSV-Datei ‚chargstamm' ermitteln
        initial=len(toSelect3)  # Länge der Selektion ermitteln
        if initial == 0:  # falls die Länge gleich Null ist (also die Charge nicht existiert)
            print()  # Leerzeile ausgeben
            print('Fehler: Charge unbekannt')  # Textausgabe
            return 'FEHLER'  # Fehlertext retournieren -> Unterprogramm abbrechen
    if row['Chargenpflicht'] == 'NEIN':  # falls keine Chargenpflicht vorliegt
        charge = ''  # Charge als leerer String initialisieren
        split = ''  # analog mit Split
    menge=input('Bitte Menge eingeben: ')  # Mengeneingabe
    for row in toSelect4:  # Materialstamm in row übergeben
        einheit=row['BME']  # Basismengeneinheit ermitteln
    h = db.gebinde.get_empty()  # leeren Gebindedatensatz zu ‚gebinde' ermitteln (analog zur Charge)
    h['Nummer']=hunr5  # Gebinde übergeben
    h['Lieferant']=lieferant  # Lieferant übergeben
    h['Fehlerflag']=''  # Fehlerflag ist leer
    h['Fehlercode']=0  # Fehlercode ist Null
    h['Platz']='WE_STICH'  # Gebindelagerplatz ist ‚WE_STICH'
    h['Status']='L'  # Status ist L = im Lager (Wareneingangsbuchung)
    h['Material']=material  # Material übergeben
    h['Menge']=menge  # Menge übergeben
    h['Einheit']=einheit  # Einheit übergeben
    if charge != '':  # falls Charge gefüllt
        h['Charge']=charge  # Charge übergeben
        h['Split']=split  # Split übergeben
    db.gebinde.insert(h)  # Gebinde analog zur Charge anlegen
    print('HU avisiert angelegt')  # Textausgabe
```

Abb. 5.18 (Fortsetzung)

5.7 Unterprogramm lieferantenret

```
bewegungen_schreiben('HU_AVIS',hunr5,lieferant,user,'',0,'','WE_STICH',
  material,charge,split,menge,einheit)
  # Bewegungssatz zur Avisierung ‚HU_AVIS' speichern durch Aufruf des Unterprogramms
#für Beispiel 3 eingebaut # Kommentar
frage=input('Wollen Sie ein Label drucken (JA/NEIN)?') # Eingabe Labeldruck (Ja/Nein)
if frage == 'JA': # falls Labeldruck gewünscht
  gebindelabel(hunr11,user) # Aufruf Unterprogramm ‚gebindelabel' mit Gebinde und Nutzer
  print() # Leerzeile ausgeben
return 'OKAY' # Rückgabe Erfolgstext -> Unterprogramm ist beendet
#---------------------------------------------------------- # Kommentar zum Ende des Unterprogramms
```

Abb. 5.18 (Fortsetzung)

```
376  #----------------------------------------------------------
377  #Unterprogramm HU-AVIS
378  #----------------------------------------------------------
379  #fuer Beispiel 2 mit Bestands- und Chargendaten angepasst
380  #Charge muss existieren
381  #----------------------------------------------------------
382  def gebindeavis(hunr5,user):
383      toSelect5 = db.gebinde.select({'Nummer':hunr5})
384      print()
385      print(toSelect5)
386      initial=len(toSelect5)
387      if initial != 0:
388          print()
389          print('Fehler: Gebinde bereits bekannt')
390          return 'FEHLER'
391      print()
392      lieferant=input('Bitte Lieferant eingeben: ')
393
394      material=input('Bitte Material eingeben: ')
395      toSelect4 = db.matstamm.select({'Material':material})
396      initial=len(toSelect4)
397      if initial == 0:
398          print()
399          print('Fehler: Material unbekannt')
400          return 'FEHLER'
401      for row in toSelect4:
402          #Kühlgut nicht avisieren Beispiel 3
403          if row['Kuehlpflicht'] == 'JA':
404              print()
405              print('Fehler: Avisieren ungültig. Kühlgut bitte manuell buchen.')
406              return 'FEHLER'
407          #Beispiel 3 Ende Kühlgut
408          if row['Chargenpflicht'] == 'JA':
409              charge=input('Bitte Charge eingeben: ')
410              split=input('Bitte Split eingeben: ')
411              toSelect3 = db.chargstamm.select({'Material':material,'Charge':charge,'Split':split})
412              initial=len(toSelect3)
413              if initial == 0:
```

Abb. 5.19 Unterprogramm ‚gebindeavis' – Coding im Spyder II

Tab. 5.6 Unterprogramm ‚gebindeavis – Python-Grundlagen

Befehl	Bedeutung
#	Kommentar
==	logischer Ausdruck für gleich
!=	logischer Ausdruck für ungleich
" "	leere Übergabe
'Text'	das Wort Text als String
bewegungen_schreiben(…)	Unterprogramm aufrufen
def Beispiel(…)	Unterprogramm definieren
for … in …	for-Schleife
get_empty	eigene Methode aus Klasse ‚*Table*'
gebindlabel(…)	Aufruf Unterprogramm
h['nummer']=	Umgang mit Python-Dictionary, Wert des Feldes ‚nummer' in Zeile h
if	Logischer if-Operator
input	Dateneingabe auf der Konsole
insert	eigene Methode aus Klasse ‚*Table*'
len	Länge eines Strings
print	Datenausgabe auf der Konsole
return a,b,…	Datenrückgabe aus einem Unterprogramm
row['Kuehlpflicht']	Umgang mit Python-Dictionary Wert des Feldes ‚Split00' in Zeile row
select	eigene Methode aus Klasse ‚*Table*'
split =	Umgang mit Variablen (analog initial = etc.)

```
414         print()
415         print('Fehler: Charge unbekannt')
416         return 'FEHLER'
417     if row['Chargenpflicht'] == 'NEIN':
418         charge=''
419         split=''
420     menge=input('Bitte Menge eingeben: ')
421     for row in toSelect4:
422         einheit=row['BME']
423     h = db.gebinde.get_empty()
424     h['Nummer']=hunr5
425     h['Lieferant']=lieferant
426     h['Fehlerflag']=''
427     h['Fehlercode']=0
428     h['Platz']='WE_STICH'
429     h['Status']='A'
430     h['Material']=material
431     h['Menge']=menge
432     h['Einheit']=einheit
433     h['Charge']=charge
434     h['Split']=split
435     db.gebinde.insert(h)
436     print('HU avisiert angelegt')
437     bewegungen_schreiben('HU_AVIS',hunr5,lieferant,user,'',0,'','WE_STICH',material,charge,split,menge,einheit)
438     #für Beispiel 3 eingebaut
439     frage=input('Wollen Sie ein Label drucken (JA/NEIN)?')
440     if frage == 'JA':
441         gebindelabel(hunr5,user)
442     return 'OKAY'
443 #-----------------------------------------
```

Abb. 5.20 Unterprogramm ‚lieferantenret' – kommentiertes Coding (Abb. 5.20)

5.7 Unterprogramm lieferantenret

```
#--------------------------------------- # Kommentar zur Überschrift
#Unterprogramm HU an Lieferanten senden # Gebinde an Lieferanten retournieren
#--------------------------------------- # Kommentar zur Überschrift
def lieferantenret(hunr6,user): # Unterprogramm ‚lieferantenret' mit Eingabeparameter
                                #Gebinde = hunr6 und Benutzer = user
  toSelect6 = db.gebinde.select({'Nummer':hunr6}) # Gebindedaten aus CVS-Datei ‚gebinde' mit
                                                  # eigener Methode ‚select' ermitteln
  print() # Leerzeile auf Konsole ausgeben
  initial=len(toSelect6) # Länge der selektierten Daten ermitteln (sollte genau eine Zeile sein)
  if initial == 0: # falls Länge = Null – also nichts selektiert worden ist ...
    print() # Leerzeile ausgeben
    print('Fehler: Gebinde unbekannt') # Fehlertext ausgeben
    return 'FEHLER' # ‚FEHLER' als Rückgabewert setzen -> Unterprogramm Ende
  for row in toSelect6: # Selektions-Zeile aufrufen
    if row['Platz'] != 'RETOURE': # falls Gebinde nicht am Retourenplatz ist...
    print() # Leerzeile ausgeben
      print('Fehler: Gebinde ist nicht am Retouren-Platz') # Fehlertext ausgeben
      print() # Leerzeile ausgeben
      return 'Fehler' # ‚FEHLER' als Rückgabewert setzen -> Unterprogramm Ende
    db.gebinde.delete(row) # Gebindezeile in CSV-Datei löschen mittels eigener Methode ‚delete'
    bewegungen_schreiben('HU_LRET',hunr6,row['Lieferant'],user,
      row['Fehlerflag'],row['Fehlercode'],'RETOURE','',row['Material'],
      row['Charge'],row['Split'],row['Menge'],row['Einheit'])
    # Unterprogramm zum Schreiben einer Bewegung aufrufen
    # aktuelle Gebindedaten nutzen, Benutzer, Platz = RETOURE, Bewegungsart = HU_LRET
    print() # Leerzeile ausgeben
    print('Lieferantenretoure gebucht') # Erfolgsmeldung ausgeben
  return 'OKAY' # Rückgabewert = ‚OKAY' -> Unterprogramm Ende
#--------------------------------------- # Kommentar zum Ende des Unterprogramms
```

Abb. 5.21 Unterprogramm ‚lieferantenret' – Coding im Spyder

Tab. 5.7 Unterprogramm ‚lieferantenret – Python-Grundlagen

Befehl	Bedeutung
#	Kommentar
==	logischer Ausdruck für gleich
!=	logischer Ausdruck für ungleich
''	leere Übergabe
'Text'	das Wort Text als String
bewegungen_schreiben(…)	Unterprogramm aufrufen
def Beispiel(…)	Unterprogramm definieren
for … in …	for-Schleife
if	logischer if-Operator
initial =	Umgang mit Variablen
input	Dateneingabe auf der Konsole
delete	eigene Methode aus Klasse ‚*Table*'
len	Länge eines Strings
print	Datenausgabe auf der Konsole
return a,b,…	Datenrückgabe aus einem Unterprogramm
row['Charge']	Umgang mit Python-Dictionary Wert des Feldes ‚Charge' in Zeile row
select	eigene Methode aus Klasse ‚*Table*'

5.8 Unterprogramm verschrotten

Im Unterprogramm ‚*verschrotten*' werden Gebinde unter Eingabe von Gründen verschrottet und die Gründe in zugehörigen Bewegungen gespeichert. Gebinde sind nach der Verschrottung in SMILE datentechnisch nicht mehr vorhanden.

Das kommentierte ‚*Coding*':(Abb. 5.22)

Das ‚*Spyder-Coding*' lautet wie folgt (Abb. 5.23):

```
444  #-------------------------------------------
445  #Unterprogramm HU an Lieferant senden
446  #-------------------------------------------
447  def lieferantenret(hunr6,user):
448      toSelect6 = db.gebinde.select({'Nummer':hunr6})
449      print()
450      initial=len(toSelect6)
451      if initial == 0:
452          print()
453          print('Fehler: Gebinde unbekannt')
454          return 'FEHLER'
455      for row in toSelect6:
456          if row['Platz'] != 'RETOURE':
457              print()
458              print('Fehler: Gebinde ist nicht am Retouren-Platz')
459              print()
460              return 'Fehler'
461          db.gebinde.delete(row)
462          bewegungen_schreiben('HU_LRET',hunr6,row['Lieferant'],user,row['Fehlerflag'],row['Fehlercode'],'RETOURE')
463          print()
464          print('Lieferanteretoure gebucht')
465      return 'OKAY'
466  #-------------------------------------------
```

Abb. 5.22 Unterprogramm ‚verschrotten' – kommentiertes Coding

5.8 Unterprogramm verschrotten

```python
#-------------------------------------------  # Kommentar zur Überschrift
#Unterprogramm HU verschrotten fuer Beispiel 3  # Kommentar zur Überschrift
#-------------------------------------------  # Kommentar zur Überschrift
def verschrotten(hunr6,user):  # Unterprogramm ‚verschrotten' mit Eingabeparametern
                               # Gebinde = hunr6 und Benutzer = user
                               # Rückgabewert ist ein Fehler- oder Erfolgstext
    toSelect6 = db.gebinde.select({'Nummer':hunr6})  # Selektion Gebindedaten aus
    # CSV-Datei ‚gebinde' mit eigener select-Methode und Übergabe in toSelect6
    # Es sollte genau eine Zeile in der CSV-Datei vorhanden sein.
    print()  # Leerzeile ausgeben
    initial=len(toSelect6)  # Länge des selektierten Ergebnisses in Variable ‚initial' ablegen
    if initial == 0:  # falls die Länge Null ist (also kein Satz gefunden in CSV-Datei)
        print()  # Leerzeile ausgeben
        print('Fehler: Gebinde unbekannt')  # Fehlertext ausgeben
        return 'FEHLER'  # Fehlertext rückgeben -> Unterprogramm bricht ab
    for row in toSelect6:  # Gebindedaten mit for-Schleife in Variable ;row' übergeben
        if row['Platz'] != 'SCHROTT':  # falls aktueller Lagerplatz des Gebindes nicht ‚SCHROTT' ist
            print()  # Leerzeile ausgeben
            print('Fehler: Gebinde ist nicht am Schrott-Platz')  # Fehlertext ausgeben
            print()  # Leerzeile ausgeben
            return 'Fehler'  # Fehlertext rückgeben -> Unterprogramm bricht ab
        if row['Status'] != 'L':  # falls aktueller Status des Gebindes nicht ‚L' = im Lager ist
            print()  # Leerzeile ausgeben
            print('Fehler: Gebinde ist nicht im Lager.')  # Fehlertext ausgeben
            print()  # Leerzeile ausgeben
            return 'Fehler'  # Fehlertext rückgeben -> Unterprogramm bricht ab
        grund = input('Bitte Grund der Verschrottung eingeben: ')  # Grund der Verschrottung eingeben
        # lassen, dabei Text anzeigen
        db.gebinde.delete(row)  # Gebinde in CSV-Datei mit eigener Methode ;delete' löschen
        bewegungen_schreiben('HU_SCHR',hunr6,row['Lieferant'],user, row['Fehlerflag'],
          row['Fehlercode'],'SCHROTT','',row['Material'],row['Charge'],row['Split'],row['Menge'],
          row['Einheit'],grund)
        # Unterprogramm ‚bewegungen_schreiben' aufrufen
```

Abb. 5.23 Unterprogramm ‚verschrotten' – Coding im Spyder

```
# Bewegungsart = HU_SCHR, Gebindedaten übergeben, Platz = SCHROTT, Grund übergeben
    print() # Leerzeile ausgeben
    print('Verschrottung gebucht') # Erfolgstext ausgeben
    return 'OKAY' # Rückgabetext übergeben -> Unterprogramm ist zu Ende
#------------------------------------------ # Kommentar zum Ende des Unterprogramms
```

Abb. 5.23 (Fortsetzung)

Tab. 5.8 Unterprogramm ‚verschrotten'– Python-Grundlagen

Befehl	Bedeutung
#	Kommentar
==	logischer Ausdruck für gleich
!=	logischer Ausdruck für ungleich
''	leere Übergabe
'Text'	das Wort Text als String
bewegungen_schreiben(…)	Unterprogramm aufrufen
def Beispiel(…)	Unterprogramm definieren
for … in …	for-Schleife
if	logischer if-Operator
input	Dateneingabe auf der Konsole
delete	eigene Methode aus Klasse ‚*Table*'
len	Länge eines Strings
print	Datenausgabe auf der Konsole
return a,b,…	Datenrückgabe aus einem Unterprogramm
row['Platz']	Umgang mit Python-Dictionary Wert des Feldes ‚Platz' in Zeile row
select	eigene Methode aus Klasse ‚*Table*'
initial =	Umgang mit Variablen

Die Liste der vom Unterproramm verwendeten ‚*Python-Befehle*' ist (Tab. 5.8):

5.9 Unterprogramm gebindelabel

Das Unterprogramm ‚*gebindelabel*' erzeugt ‚*QR-Barcodes*' zu eingegebenen Gebinden auf Basis ermittelter Gebindedaten: (Abb. 5.24)
   Zum Vergleich das Coding aus dem Editor ‚*Spyder*' (Abb. 5.25):
   Als Liste folgend benutzte ‚*Python-Befehle*' (Tab. 5.9):

5.10 Unterprogramm transportschuppe

Das Unterprogramm ‚*transportschuppe*' erzeugt zu einer Lagerplatz-Umlagerung ein PDF-Dokument mit dem Namen

<<Transportnummer>>_<<Gebindenummer>>.PDF
sowie folgenden Inhalten

- **Überschrift ‚SMILE LVS-Prototyp'**
- ‚Transport:' und Nummernstand
- ‚Gebinde:' und seine Nummer
- ‚Hinweise:' mit ‚Kühlpflicht' oder, keine Kühlpflicht'
- ‚von-Platz:' mit dem Quellplatz
- ‚an-Platz:' mit dem Zielplatz

```
#-----------------------------------------
#Unterprogramm HU verschrotten
#fuer Beispiel 3
#-----------------------------------------
def verschrotten(hunr6,user):
    toSelect6 = db.gebinde.select({'Nummer':hunr6})
    print()
    initial=len(toSelect6)
    if initial == 0:
        print()
        print('Fehler: Gebinde unbekannt')
        return 'FEHLER'
    for row in toSelect6:
        if row['Platz'] != 'SCHROTT':
            print()
            print('Fehler: Gebinde ist nicht am Schrott-Platz')
            print()
            return 'Fehler'
        if row['Status'] != 'L':
            print()
            print('Fehler: Gebinde ist nicht im Lager.')
            print()
            return 'Fehler'
        grund = input('Bitte Grund der Verschrottung eingeben: ')
        db.gebinde.delete(row)
        bewegungen_schreiben('HU_SCHR',hunr6,row['Lieferant'],user,row['Fehlerflag'],row['Fehlercode'],'
        print()
        print('Verschrottung gebucht')
    return 'OKAY'
#-----------------------------------------
```

Abb. 5.24 Unterprogramm ‚gebindelabel' – kommentierter Code

```
------------------------------------------ # Kommentar zur Überschrift
#Unterprogramm Gebindelabel als QR-Code  # Kommentar zur Überschrift
#zu Gebinde, Material, Charge, Split  # Kommentar zur Überschrift
#Labeldruck fuer Beispiel 3  # Kommentar zur Überschrift
#------------------------------------------ # Kommentar zur Überschrift
def gebindelabel(hu,user):  # Unterprogramm ‚gebindelabel' mit Eingabeparameter
                            # Gebinde = hu, Benutzer = user und einen Text als Rückgabewert
    toSelect6 = db.gebinde.select({'Nummer':hu})  # Selektion mit eigener Methode ‚select' aus
    # CSV-Datei ‚gebinde' und Übergabe in die Variable ‚toSelect6'
    print()  # Leerzeile ausgeben
    initial=len(toSelect6)  # Länge der selektierten Daten in Variable initial übergeben
    if initial == 0:  # falls keine Daten übergeben worden sind (also die Länge = Null ist)
        print()  # Leerzeile ausgeben
        print('Fehler: Gebinde unbekannt')  # Fehlertext ausgeben
        return 'FEHLER'  # Fehlertext übergeben -> Unterprogramm abbrechen
    for row in toSelect6:  # selektierte Daten mit for-Schleife in Variable ‚row' übergeben
        qr = 'SMILE' + '/' + hu + '/' + row['Material'] + '/' + row['Charge'] + '/' + row['Split']
        # String ‚q' zusammensetzen mit Präfix ;SMILE', HU-Nummer, Materialnummer,
        # Chargen- und Splitnummer, jeweils mit Leerzeichen konkateniert
        img = qrcode.make(qr)  # QR-Code als Bild erzeugen mittels Python-Methode ‚qrcode.make()
        text = hu + '.png'  # Name der Datei in Variable ‚text' ablegen: HU-Nummer und Endung ‚png'
        img.save(text)  # PNG-Datei abspeichern (in dem Ordner, wo die Python-Datei ist)
                        # mittels Python-Methode ‚save'
        img.show(text)  # PNG-Datei anzeigen mittels Python-Methode ‚show'
#------------------------------------------ # Kommentar zum Ende des Unterprogramms
```

Abb. 5.25 Unterprogramm ‚gebindelabel' – Coding im Spyder

- ‚Ersteller:' mit dem Benutzer
- ‚Ausführender: …'
- ‚Anmerkungen: …'
- ‚Datum, Uhrzeit, Unterschrift: …'

Es dient dem Anwender als Hilfestellung, die Umlagerung physisch ausführen zu können.

Das kommentierte ‚*Coding*' ist nachfolgend ausgeführt (Abb. 5.26):
Zum Vergleich das Coding im Python-Editor ‚*Spyder*' (Abb. 5.27):

5.10 Unterprogramm transportschuppe

Tab. 5.9 Unterprogramm ‚gebindelabel'– Python-Grundlagen

Befehl	Bedeutung
#	Kommentar
==	logischer Ausdruck für gleich
"	leere Übergabe
+	Konkatenation von Strings
'Text'	das Wort Text als String
def Beispiel(…)	Unterprogramm definieren
for … in …	for-Schleife
if	logischer if-Operator
img.show(text)	Python-Methode zum Speichern eines Images
img.save(text)	Python-Methode zum Anzeigen eines Images
len	Länge eines Strings
print	Datenausgabe auf der Konsole
qrcode.make(qr)	Python-Methode zur Erzeugung eines QR-Codes
return a,b,…	Datenrückgabe aus einem Unterprogramm
row['Charge']	Umgang mit Python-Dictionary Wert des Feldes ‚Charge' in Zeile row
select	eigene Methode aus Klasse *‚Table'*
initial=	Umgang mit Variablen

```
#------------------------------------------
#Unterprogramm Gebindelabel als QR-Code
#zu Gebinde, Material, Charge, Split
#Labeldruck fuer Beispiel 3
#------------------------------------------
def gebindelabel(hu,user):
    toSelect6 = db.gebinde.select({'Nummer':hu})
    print()
    initial=len(toSelect6)
    if initial == 0:
        print()
        print('Fehler: Gebinde unbekannt')
        return 'FEHLER'
    for row in toSelect6:
        qr = 'SMILE' + '/' + hu + '/' + row['Material'] + '/' + row['Charge'] + '/' + row['Split']
        img = qrcode.make(qr)
        text = hu + '.png'
        img.save(text)
        img.show(text)
#------------------------------------------
```

Abb. 5.26 Unterprogramm ‚transportschuppe' – kommentiertes Coding

In der folgenden Liste sind die im Unterprogramm verwendeten *‚Python-Befehle'* zusammengefasst (Tab. 5.10):

```
#-------------------------------------------- # Kommentar zur Überschrift
#Unterprogramm Transportbeleg als PDF # Kommentar zur Überschrift
#zu Gebinde mit Nummernkreis für Transporte # Kommentar zur Überschrift
#fuer Beispiel 3 # Kommentar zur Überschrift
#Update für GUI wegen print-Anweisungen # Kommentar zur Überschrift
#-------------------------------------------- # Kommentar zur Überschrift
def transportschuppe(hu,user,vonplatz,anplatz, gui=""): # Unterprogramm ‚transportschuppe'
    # mit Eingabeparameter hu = Gebinde, user = Benutzer, vonplatz = Quellplatz,
    # anlatz = Zielplatz, gui mit initial vorbelegt als Kennzeichen, ob GUI-Aufruf stattfindet
    toSelect6 = db.gebinde.select({'Nummer':hu}) # Selektion Gebindedaten mit
    # eigener select-Methode aus CSV-Datei ‚gebinde'
    if gui == "": # falls keine GUI-Version, also die CLI-Version vorliegt
        print() # Leerzeile ausgeben
    initial=len(toSelect6) # Länge der Selektion in initial übergeben
    if initial == 0: # falls keine Daten selektiert worden sind ( gleichbedeutend mit Länge = Null)
        if gui == "": # falls kein GUI-Aufruf stattfindet
            print() # Leerzeile ausgeben
            print('Fehler: Gebinde unbekannt') # Fehlertext ausgeben
        return 'FEHLER' # Rückgabewert setzen und Unterprogramm abbrechen
    #nächste Nummer ziehen # Kommentar zum Nummernkreis
    toSelect1 = db.nummernkreise.select({'Objekt':'TRAPO'}) # Nummernkreisdaten mit eigener
    # Selektions-Methode aus CSV-Datei ‚nummernkreise' zum Objekt ‚TRAPO' ermitteln
    initial=len(toSelect1) # Länge der Selektion in initial übergeben
    if initial == 0: # falls keine Daten selektiert worden sind ( gleichbedeutend mit Länge = Null)
        if gui == "": # falls kein GUI-Aufruf stattfindet
            print() # Leerzeile ausgeben
            print('Fehler: Nummernkreis für Transporte unbekannt') # Fehlertext ausgeben
        return 'FEHLER' # Rückgabewert setzen und Unterprogramm abbrechen
    for row in toSelect1: # Nummernkreisdaten über for-Schleife in row übergeben (genau eine Zeile)
        nummer = int(row['Stand']) # alten Nummernstand ermitteln und in Variable übergeben
        nummer = nummer + 1 # Variable um 1 erhöhen
        row['Stand'] = nummer # neuen Nummernstand übergeben
        #neuen Stand speichern # Kommentar
        db.nummernkreise.modify(row) # Nummernstand mit eigener modify-Methode
```

Abb. 5.27 Unterprogramm ‚transportschuppe' – Coding im Spyder (Abb. 5.28) I

5.10 Unterprogramm transportschuppe

```
    # in CSV-Datei ‚nummernkreise' anpassen
  #pdf erzeugen und speichern # Kommentar
  for row in toSelect6: # Gebindedaten über for-Schleife in row übergeben (genau eine Zeile)
    pdf = FPDF() # pdf-Funktion nutzen
    pdf.add_page() # neue Seite in pdf-Dokument anlegen
    pdf.set_font("Arial", size=12) # Schriftart und -größe definieren
    pdf.cell(200, 10, txt="SMILE LVS-Prototyp", ln=1, align="C") # zentrierter Text im PDF
    pdf.cell(100, 10, txt="Transport: "+str(nummer), ln=1) # ‚Transport:' und Nummer im PDF
    pdf.cell(100, 10, txt="Gebinde: "+hu, ln=1) # ‚Gebinde:' und Nummer im PDF
    #Hinweise: Kühlgut, Sonstiges, später ggfs. Gefahrstoff etc. # Kommentar
    toSelect = db.matstamm.select({'Material':row['Material']}) # Selektion von Materialdaten
    # mit eigener Selektionsmethode aus CSV-Datei ‚matstamm'
    for row2 in toSelect: # Selektionsdaten übergeben in for-Schleife
      text = row2['Kuehlpflicht'] # Kühlpflichtfeld auswerten
      if text == 'JA': # falls Kühlpflicht vorhanden
        text = 'Kühlpflicht' # Text mit ‚Kühlpflicht' füllen
      elif text != 'JA': # sonst
        text = 'keine Kühlpflicht' # Text mit ‚keine Kühlpflicht' füllen
    pdf.cell(100, 10, txt="Hinweise: " + text, ln=1) # ‚Hinweise:' mit Kühl-Text im PDF
    pdf.cell(100, 10, txt="von-Platz: "+ vonplatz, ln=1) # ‚von-Platz:' und
    # Übergabeparameter im PDF
    pdf.cell(100, 10, txt="an-Platz: "+ anplatz, ln=1) # ‚an-Platz:' und Übergabeparameter im PDF
    pdf.cell(100, 10, txt="Ersteller: "+ user, ln=1) # ‚Ersteller:' und Übergabeparameter im PDF
    pdf.cell(100, 10, txt="Ausführender: ...", ln=1) # ‚Ausführender: …' im PDF
    pdf.cell(100, 10, txt="Anmerkungen: ...", ln=1) # ‚Anmerkungen: …' im PDF
    pdf.cell(100, 10, txt="Datum, Uhrzeit, Unterschrift: ...", ln=1) # ‚Datum, Uhrzeit, Unterschrift: …'
    # im PDF
    save = str(nummer) + '_' + hu + '.pdf' # Dateiname aus der Transportnummer
    # und Gebindenummer mit Endung .pdf aufbauen
    pdf.output(save) # PDF-Dokument unter diesem Namen abspeichern
    if gui == "": # falls kein GUI-Aufruf vorliegt
     print() # Leerzeile ausgeben
     print('Transportbeleg gedruckt: ', save) # Ausgabetext inkl. Dateiname
    return save # Dateinamen als Rückgabewert -> Unterprogramm zu Ende
#------------------------------------ # Kommentar zum Ende des Unterprogramms
```

Abb. 5.27 (Fortsetzung)

```
521 #----------------------------------------
522 #Unterprogramm Transportbeleg als PDF
523 #zu Gebinde mit Nummernkreis für Transporte
524 #fuer Beispiel 3
525 #Update für GUI wegen print-Anweisungen
526 #----------------------------------------
527 def transportschuppe(hu,user,vonplatz,anplatz,gui=""):
528     toSelect6 = db.gebinde.select({'Nummer':hu})
529     if gui == "":
530         print()
531     initial=len(toSelect6)
532     if initial == 0:
533         if gui == "":
534             print()
535             print('Fehler: Gebinde unbekannt')
536         return 'FEHLER'
537     #nächste Nummer ziehen
538     toSelect1 = db.nummernkreise.select({'Objekt':'TRAPO'})
539     initial=len(toSelect1)
540     if initial == 0:
541         if gui == "":
542             print()
543             print('Fehler: Numernkreis für Transporte unbekannt')
544         return 'FEHLER'
545     for row in toSelect1:
546         nummer = int(row['Stand'])
547         nummer = nummer + 1
548         row['Stand'] = nummer
549         #neuen Stand speichern
550         db.nummernkreise.modify(row)
```

Abb. 5.28 Unterprogramm ‚transportschuppe' – Coding im Spyder II

Tab. 5.10 Unterprogramm ‚transportschuppe – Python-Grundlagen

Befehl	Bedeutung
#	Kommentar
==	logischer Ausdruck für gleich
!=	Logischer Ausdruck für ungleich
" "	leere Übergabe
+	Addition von Zahlen und Konkatenation von Strings
'Text'	das Wort Text als String
def Beispiel(…)	Unterprogramm definieren
for … in …	for-Schleife
FPDF()	Modul FPDF
if	logischer if-Operator
int(..)	Umwandlung eines Wertes in eine Integer-Zahl
delete	eigene Methode aus Klasse ‚*Table*'
len	Länge eines Strings

(Fortsetzung)

5.11 Unterprogramm platzfindung

Tab. 5.10 (Fortsetzung)

Befehl	Bedeutung
modify	eigene Methode aus Klasse ‚*Table*'
pdf.add_page	Seite hinzufügen
pdf.cell	Zelle hinzufügen
pdf.output	PDF speichern
pdf.set_font	Schriftart setzen
print	Datenausgabe auf der Konsole
return a,b,…	Datenrückgabe aus einem Unterprogramm
row['Stand']	Umgang mit Python-Dictionary Wert des Feldes ‚Stand' in Zeile row
select	eigene Methode aus Klasse ‚*Table*'
str(…)	Umwandlung eines Wertes in einen String
initial =	Umgang mit Variablen

5.11 Unterprogramm platzfindung

Das Unterprogramm ‚*platzfindung*' sucht geeignete Plätze im Einlagertyp zum Material eines Gebindes. Ist kein Einlagertyp oder keine Einlagerstrategie vorhanden, wird das Unterprogramm abgebrochen. Das ist ebenso der Fall, wenn es im Einlagertyp keine freien oder geeignet temperierten Plätze gibt. Ansonsten werden die vorhandenen für eine Einlagerung möglichen Lagerplätze mittels der Einlagerstrategie aufsteigend oder absteigend bzgl. ihrer Restkapazität sortiert. Der erste Lagerplatz der sortierten Liste wird als Einlagerplatz ausgewählt.

Bei jedem Schritt erfolgt eine Protokollierung mittels Bildschirmausgabe.

Der ermittelte Lagerplatz und das Einlagerungsprotokoll werden vom Unterprogramm ans Hauptprogramm zurückgemeldet.

Folgend das kommentierte ‚*Coding*' (Abb. 5.29)

Das Coding im ‚*Spyder-Editor*' zum Vergleich (Abb. 5.30, 5.31, 5.32, 5.33):

Folgende Liste fasst alle ‚*Python-Befehle*' zusammen, die im Unterprogramm ‚*platzfindung*' Verwendung finden (Tab. 5.11):

```
551   #pdf erzeugen und speichern
552   for row in toSelect6:
553       pdf = FPDF()
554       pdf.add_page()
555       pdf.set_font("Arial", size=12)
556       pdf.cell(200, 10, txt="SMILE LVS-Prototyp", ln=1, align="C")
557       pdf.cell(100, 10, txt="Transport: "+str(nummer), ln=1)
558       pdf.cell(100, 10, txt="Gebinde: "+hu, ln=1)
559       #Hinweise: Kühlgut, Sonstiges, später ggfs. Gefahrstoff etc.
560       toSelect = db.matstamm.select({'Material':row['Material']})
561       for row2 in toSelect:
562           text = row2['Kuehlpflicht']
563           if text == 'JA':
564               text = 'Kühlpflicht'
565           elif text != 'JA':
566               text = 'keine Kühlpflicht'
567       pdf.cell(100, 10, txt="Hinweise: " + text, ln=1)
568       pdf.cell(100, 10, txt="von-Platz: "+ vonplatz, ln=1)
569       pdf.cell(100, 10, txt="an-Platz: "+ anplatz, ln=1)
570       pdf.cell(100, 10, txt="Ersteller: "+ user, ln=1)
571       pdf.cell(100, 10, txt="Ausführender: ...", ln=1)
572       pdf.cell(100, 10, txt="Anmerkungen: ...", ln=1)
573       pdf.cell(100, 10, txt="Datum, Uhrzeit, Unterschrift: ...", ln=1)
574       save = str(nummer) + '_' + hu + '.pdf'
575       pdf.output(save)
576       if gui == "":
577           print()
578           print('Transportbeleg gedruckt: ', save)
579       return save
580   #-------------------------------------
581
```

Abb. 5.29 Unterprogramm ‚platzfindung' – kommentiertes Coding

5.12 Unterprogramm einlagern

Das Unterprogramm ‚*einlagern*' führt zu einem Gebinde eine Platzfindung durch und lagert das Gebinde auf den ermittelten Lagerplatz ein (Abb. 5.34):

Zum Vergleich das Coding im ‚*Spyder-Editor*':

Die zugehörige Liste verwendeter ‚*Python-Befehle*' (Tab. 5.12):

5.12 Unterprogramm einlagern

```
#------------------------------------------- # Kommentar zur Überschrift
#Unterprogramm Platzfindung # Kommentar zur Überschrift
#zu Gebinde für Beispiel 3 # Kommentar zur Überschrift
#------------------------------------------- # Kommentar zur Überschrift
def platzfindung(hu, gui=""): # Unterprogramm ‚einlagern' mit Eingabeparameter
    # Eingabeparameter hu = Gebinde und gui mit leer vorbelegt (falls nicht übergeben)
    # Rückgabeparameter sind Platz = gefundener Einlagerplatz und protokoll = Protokoll zur Findung
    platz = '' # Variable ‚platz' mit ‚' belegen (initialisieren)
    liste =[] # Variable ‚liste' mit ‚[]' belegen (initialisieren, leere Liste)
    highvalue = 999999 # Variable ‚highvalue' mit ‚999999' belegen (initialisieren)
    protokoll = [] # Variable ‚protokoll' mit ‚[]' belegen (initialisieren, leere Liste)
    #Einlagertyp ermitteln # Kommentar
    #Einlagerstrategie ermitteln # Kommentar
    #Temperaturen ermitteln # Kommentar
    #Kuehlgutkennzeichen ermitteln # Kommentar
    toSelect = db.gebinde.select({'Nummer':hu}) # Gebindedaten aus CSV-Datei ‚gebinde' mit
    # eigener Methode ‚select' ermitteln (sollte eindeutig sein)
    if gui == "": # falls die Variable gui' den Wert ,' besitzt (also die CLI-Version vorliegt)
        print('Protokoll Platzfindung zu HU ',hu) # Ausgabetext auf der Konsole inkl. Wert von hu
    protokoll.append("Protokoll Platzfindung zu HU") # Text ans Protokoll anhängen
    for row in toSelect: # Zeile aus selektierten Daten über for aufrufen
        toSelect2 = db.matstamm.select({'Material':row['Material']})
        # Materialdaten aus CSV-Datei ,matstamm' mit
        # eigener Methode ‚select' ermitteln (sollte eindeutig sein)
        if gui == "": # falls die Variable gui' den Wert ,' besitzt (also die CLI-Version vorliegt)
            print('Material: ',row['Material']) # Ausgabetext auf der Konsole inkl. Wert von row[,Material']
        protokoll.append("Material: " + str(row['Material']))  # Text ans Protokoll anhängen
        for row2 in toSelect2: # Zeile aus selektierten Daten über for aufrufen
            einltyp = row2['Einltyp'] # Variable ‚platz' mit den Einlagertyp belegen
            strategie = row2['Einlstrat'] # Variable ‚platz' mit der Einlagerstrategie belegen
            if gui == "": # falls die Variable gui' den Wert ,' besitzt (also die CLI-Version vorliegt)
                print('Einlagertyp ',einltyp) # Ausgabetext auf der Konsole inkl. Wert von ‚einltyp'
                print('Strategie ',strategie) # Ausgabetext auf der Konsole inkl. Wert von ‚strategie'
```

Abb. 5.30 Unterprogramm ‚platzfindung' – Coding im Spyder

```
protokoll.append("Einlagertyp: " + str(einltyp))  # Text ans Protokoll anhängen
protokoll.append("Strategie: " + str(strategie))  # Text ans Protokoll anhängen
if einltyp == "" or strategie == "":
    # falls die Variablen ‚einltyp' und ‚strategie' den Wert ,' besitzen (also nicht vorliegen)
    if gui == "":  # falls die Variable gui' den Wert ,' besitzt (also die CLI-Version vorliegt)
        print('Einlagerstrategie oder Einlagertyp nicht vorhanden')
        # Ausgabetext auf der Konsole
    protokoll.append("Einlagerstrategie oder Einlagertyp nicht vorhanden")
    # Text ans Protokoll anhängen
    return '', protokoll  # leeren Platz und Protokoll rückgeben -> Abbruch Unterprogramm
kuel = row2['Kuehlpflicht']  # Variable ‚kuel' mit dem Kühlpflicht-Wert belegen
if kuel == 'JA':  # falls die Variable ‚kuel' den Wert ‚ja' besitzt (also Kühlpflicht vorliegt)
    vonTemp = int(row2['vonTemp'])  # Variable ‚vonTemp' mit von-Temperatur belegen
    bisTemp = int(row2['bisTemp'])  # Variable ‚bisTemp' mit bis-Temperatur belegen
    if gui == "":  # falls die Variable gui' den Wert ,' besitzt (also die CLI-Version vorliegt)
        print('Kuehlpflicht ',kuel)  # Ausgabetext auf der Konsole inkl. Wert von ‚kuel'
        print('von ',vonTemp,'°C bis ',bisTemp,'°C')  # Ausgabetext auf der Konsole
        # inkl. Werte der Variablen ‚vonTemp' und ‚bisTemp'
    protokoll.append("Kuehlpflicht: " + str(kuel))  # Text ans Protokoll anhängen
    protokoll.append("von " + str(vonTemp) + "°C bis " + str(bisTemp) + "°C")
    # Text ans Protokoll anhängen
elif kuel != 'JA':  # falls die Variable ‚kuel' nicht den Wert ‚ja' besitzt
    if gui == "":  # falls die Variable gui' den Wert ,' besitzt (also die CLI-Version vorliegt)
        print('Kuehlpflicht ',kuel)  # Ausgabetext auf der Konsole inkl. Wert der Variablen ‚kuel'
    protokoll.append("Kuehlpflicht: " + str(kuel))  # Text ans Protokoll anhängen
#nicht belegte Plaetze im Einlagertyp  # Kommentar
#dann Kapazität automatisch okay  # Kommentar
toSelect3 = db.plaetze.select({'Lagertyp':einltyp,'belegt':'NEIN'})
# Lagerplatzdaten aus CSV-Datei ‚plaetze' mit
# eigener Methode ‚select' ermitteln (sollte eindeutig sein)
if gui == "":  # falls die Variable gui' den Wert ,' besitzt (also die CLI-Version vorliegt)
    print('nicht belegte Plätze im Einlagertyp')  # Ausgabetext auf der Konsole
    print(toSelect3)  # Ausgabetext auf der Konsole des Wertes der Variablen ‚toSelect3'
if len(toSelect3) == 0:  # falls Länge Null ist (also keine unbelegten Plätze im Einlagertyp da sind)
```

Abb. 5.30 (Fortsetzung)

5.12 Unterprogramm einlagern

```
      if gui == "": # falls die Variable ‚gui' den Wert ‚' besitzt (also die CLI-Version vorliegt)
        print('keine vorhanden') # Ausgabetext auf der Konsole
      protokoll.append("alle Plätze belegt") # Text ans Protokoll anhängen
      return '', protokoll # leeren Platz und Protokoll rückgeben -> Abbruch Unterprogramm
    protokoll.append("nicht belegte Plätze im Einlagertyp ") # Text ans Protokoll anhängen
    for rowpl in toSelect3: # Zeile aus selektierten Daten über for aufrufen
      protokoll.append(str(rowpl['Platz'])) # Text ans Protokoll anhängen
    #Temperaturen prüfen und aussortieren # Kommentar
    #es sollten keine unbegrenzt temperierten Plätze im Lagertyp bei Kühlgut sein (Stammdaten)
    # Kommentar
    #sonst wird dieser auf jeden Fall in Liste genommen und könnte ausgewählt werden
    # Kommentar
    #ansonsten in interne Platzliste # Kommentar
    for row3 in toSelect3: # Zeile aus selektierten Daten über for aufrufen
      if kuel == 'JA': # falls die Variable ‚kuel' den Wert ‚ja' besitzt (also Kühlpflicht vorliegt)
        temp = int(row3['Temperatur']) # Variable ‚temp' mit Temperatur belegen
        if temp < vonTemp or temp > bisTemp:
          # falls die Temperatur zu gering oder zu hoch ist
          #Platz wird nicht genommen # Kommentar
          if gui == "": # falls die Variable ‚gui' den Wert ‚' besitzt (also die CLI-Version vorliegt)
            print('Platz ',row3['Platz'],'wird wegen Temperaturverletzung verworfen.')
            # Ausgabetext auf der Konsole inkl. Wert der Variablen ‚row3[‚Platz']'
          protokoll.append("Platz " + row3['Platz'] + " wird
            wegen Temperaturverletzung verworfen.") # Text ans Protokoll anhängen
          ja = '' # Variable ‚ja' mit ‚' belegen (initialisieren)
        else: # ansonsten (also Temperatur okay)
          #Platz wird genommen # Kommentar
          ja = 'X' # Variable ‚ja' mit ‚X' belegen
          if gui == "": # falls die Variable ‚gui' den Wert ‚' besitzt (also die CLI-Version vorliegt)
            print('Platz ',row3['Platz'],'wird in mögliche Plätze übernommen.')
            # Ausgabetext auf der Konsole inkl. Wert der Variablen ‚row3[,Platz']'
          protokoll.append("Platz " + row3['Platz'] + " wird in mögliche Plätze übernommen.")
          # Text ans Protokoll anhängen
      else: # ansonsten (also ohne Kühlpflicht)
```

Abb. 5.30 (Fortsetzung)

```
#Platz wird genommen # Kommentar
ja = 'X' # Variable ‚ja' mit ‚X' belegen
if gui == "": # falls die Variable gui' den Wert ‚' besitzt (also die CLI-Version vorliegt)
    print('Platz ',row3['Platz'],'wird in mögliche Plätze übernommen.')
    # Ausgabetext auf der Konsole inkl. Wert der Variablen ‚row3[‚Platz']'
    protokoll.append("Platz " + row3['Platz'] + " wird in mögliche Plätze übernommen.")
    # Text ans Protokoll anhängen
#freie Kapazität ermitteln # Kommentar
frei = 0 # Variable ‚frei' mit ‚' belegen (initialisieren)
if row3['Kapazitaet'] == 'unbegrenzt': # falls die Kapazität unbegrenzt ist
    if gui == "": # falls die Variable gui' den Wert ‚' besitzt (also die CLI-Version vorliegt)
        print('unbegrenter Platz') # Ausgabetext auf der Konsole
    protokoll.append("unbegrenzter Platz") # Text ans Protokoll anhängen
    frei = highvalue # Variable ‚frei' mit ‚highvalue' belegen
else: # ansonsten (also begrenzt-kapazitativer Platz)
    frei = int(row3['Kapazitaet'])-int(row3['aktAnzahl'])
    # freie Kapazität des Lagerplatzes berechnen
#Platz in Liste mit freier Kapazität, wenn ja gesetzt ist # Kommentar
if ja == 'X': # falls die Variable ;ja' den Wert ‚X' besitzt
    liste.append((row3['Platz'],frei)) # List aufbauen: Lagerplatz mit freier Kapazität
    # mit append-Methode hinzufügen
    if gui == "": # falls die Variable gui' den Wert ‚' besitzt (also die CLI-Version vorliegt)
        print('Platz ',row3['Platz'],' hat freie Kapazität ',frei)
        # Ausgabetext auf der Konsole inkl. Wert der Variablen ‚row3[‚Platz']' und ‚frei'
    protokoll.append("Platz " + row3['Platz'] + " hat freie Kapazität " + str(frei))
    # Text ans Protokoll anhängen
initial=len(liste) # Länge der Platzliste ermitteln
if initial == 0: # falls die Platzliste für die Einlagerung nun leer ist
    if gui == "": # falls die Variable gui' den Wert ‚' besitzt (also die CLI-Version vorliegt)
        print('keine geeignet temperierten oder freien Plätze vorhanden')
        # Ausgabetext auf der Konsole
    protokoll.append("keine geeignet temperierten oder freien Plätze vorhanden")
    # Text ans Protokoll anhängen
    return '', protokoll # leeren Platz und Protokoll rückgeben -> Abbruch Unterprogramm
```

Abb. 5.30 (Fortsetzung)

5.12 Unterprogramm einlagern

```
#Plätze für Protokoll ausgeben # Kommentar
if gui == "": # falls die Variable gui' den Wert ,' besitzt (also die CLI-Version vorliegt)
  print('unsortierte mögliche Plätze mit freien Kapazitäten sind:')
  # Ausgabetext auf der Konsole
  print(liste) # Ausgabetext auf der Konsole des Wertes der Variablen ‚liste'
protokoll.append("unsortierte mögliche Plätze mit freien Kapazitäten sind:")
# Text ans Protokoll anhängen
for c in liste: # die Liste mit for durchlaufen
  protokoll.append(str(c[0]) + " " + str(c[1])) # Text ans Protokoll anhängen
#Plaetze sortieren nach Strategie # Kommentar
if strategie == 'LEERAB': # falls die Plätze nach Kapazität absteigend sortiert werden soll
  if gui == "": # falls die Variable gui' den Wert ,' besitzt (also die CLI-Version vorliegt)
    print('Liste absteigend sortieren') # Ausgabetext auf der Konsole
  protokoll.append("Liste absteigend sortieren") # Text ans Protokoll anhängen
  sliste = sorted(liste, key=itemgetter(1)) # Platzliste absteigend sortieren
elif strategie == 'LEERAUF': # falls die Plätze nach Kapazität aufsteigend sortiert werden solenl
  if gui == "": # falls die Variable gui' den Wert ,' besitzt (also die CLI-Version vorliegt)
    print('Liste aufsteigend sortieren') # Ausgabetext auf der Konsole
  protokoll.append("Liste aufsteigend sortieren") # Text ans Protokoll anhängen
  sliste = sorted(liste, key=itemgetter(1), reverse=True)
  # Platzliste aufsteigend sortieren
#Plätze für Protokoll nach Sortierung ausgeben # Kommentar
if gui == "": # falls die Variable gui' den Wert ,' besitzt (also die CLI-Version vorliegt)
  print('sortierte mögliche Plätze mit freien Kapazitäten sind:') # Ausgabetext auf der Konsole
  print(sliste) # Ausgabetext auf der Konsole des Wertes der Variable ‚sliste'
protokoll.append("sortierte mögliche Plätze mit freien Kapazitäten sind:")
# Text ans Protokoll anhängen
for c in sliste: # sortierte Liste mit for durchlaufen
  protokoll.append(str(c[0]) + " " + str(c[1])) # Text ans Protokoll anhängen
#ersten Platz aus Liste zurückgeben # Kommentar
erster = sliste[0] # Variable ‚erster' mit dem ersten Eintrag aus ‚sliste' belegen
platz = erster[0] # Variable ‚platz' mit dem gefundenen Platz (erster Eintrag in ‚erster') belegen
```

Abb. 5.30 (Fortsetzung)

> **protokoll.append("Ersten Platz genommen: " + str(platz))** *# Text ans Protokoll anhängen*
> **return platz, protokoll** *# Rückgabe der Variablen platz und protokoll -> Ende des Unterprogramms*
> **#---** *# Kommentar zum Ende des Unterprogramms*

Abb. 5.30 (Fortsetzung)

```python
#-------------------------------------------
#Unterprogramm Platzfindung
#zu Gebinde für Beispiel 3
#-------------------------------------------
def platzfindung(hu, gui=""):
    platz = ''
    liste =[]
    highvalue = 999999
    protokoll = []
    #Einlagertyp ermitteln
    #Einlagerstrategie ermitteln
    #Temperaturen ermitteln
    #Kuehlgutkennzeichen ermitteln
    toSelect = db.gebinde.select({'Nummer':hu})
    if gui == "":
     print('Protokoll Platzfindung zu HU ',hu)
    protokoll.append("Protokoll Platzfindung zu HU")
    for row in toSelect:
        toSelect2 = db.matstamm.select({'Material':row['Material']})
        if gui == "":
         print('Material: ',row['Material'])
        protokoll.append("Material: " + str(row['Material']))
        for row2 in toSelect2:
            einltyp = row2['Einltyp']
            strategie = row2['Einlstrat']
            if gui == "":
             print('Einlagertyp ',einltyp)
             print('Strategie ',strategie)
            protokoll.append("Einlagertyp: " + str(einltyp))
            protokoll.append("Strategie: " + str(strategie))
            if einltyp == "" or strategie == "":
                if gui == "":
                 print('Einlagerstrategie oder Einlagertyp nicht vorhanden')
                protokoll.append("Einlagerstrategie oder Einlagertyp nicht vorhanden")
                return '', protokoll
            kuel = row2['Kuehlpflicht']
            if kuel == 'JA':
                vonTemp = int(row2['vonTemp'])
```

Abb. 5.31 Unterprogramm ‚platzfindung' – Coding im Spyder II

5.12 Unterprogramm einlagern

```
620                    bisTemp = int(row2['bisTemp'])
621                    if gui == "":
622                        print('Kuehlpflicht ',kuel)
623                        print('von ',vonTemp,'°C bis ',bisTemp,'°C')
624                    protokoll.append("Kuehlpflicht: " + str(kuel))
625                    protokoll.append("von " + str(vonTemp) + "°C bis " + str(bisTemp) + "°C")
626                elif kuel != 'JA':
627                    if gui == "":
628                        print('Kuehlpflicht ',kuel)
629                    protokoll.append("Kuehlpflicht: " + str(kuel))
630            #nicht belegte Plaetze im Einlagertyp
631            #dann Kapazität automatisch okay
632            toSelect3 = db.plaetze.select({'Lagertyp':einltyp,'belegt':'NEIN'})
633            if gui == "":
634                print('nicht belegte Plätze im Einlagertyp')
635                print(toSelect3)
636            if len(toSelect3) == 0:
637                if gui == "":
638                    print('keine vorhanden')
639                protokoll.append("alle Plätze belegt")
640                return '', protokoll
641            protokoll.append("nicht belegte Plätze im Einlagertyp ")
642            for rowpl in toSelect3:
643                protokoll.append(str(rowpl['Platz']))
644            #Temperaturen prüfen und aussortieren
645            #es sollten keine unbegrenzt temperierten Plätze im Lagertyp bei Kühlgut sein (Stammdaten)
646            #sonst wird dieser auf jeden Fall in Liste genommen und könnte ausgewählt werden
647            #ansonsten in interne Platzliste
648            for row3 in toSelect3:
649                if kuel == 'JA':
650                    temp = int(row3['Temperatur'])
651                    if temp < vonTemp or temp > bisTemp:
652                        #Platz wird nicht genommen
653                        if gui == "":
654                            print('Platz ',row3['Platz'],'wird wegen Temperaturverletzung verworfen.')
655                        protokoll.append("Platz " + row3['Platz'] + " wird wegen Temperaturverletzung verworfen.")
656                        ja = ''
657                    else:
```

Abb. 5.32 Unterprogramm ‚platzfindung' – Coding im Spyder III

```
658                        #Platz wird genommen
659                        ja = 'X'
660                        if gui == "":
661                            print('Platz ',row3['Platz'],'wird in mögliche Plätze übernommen.')
662                        protokoll.append("Platz " + row3['Platz'] + " wird in mögliche Plätze übernommen.")
663                else:
664                    #Platz wird genommen
665                    ja = 'X'
666                    if gui == "":
667                        print('Platz ',row3['Platz'],'wird in mögliche Plätze übernommen.')
668                    protokoll.append("Platz " + row3['Platz'] + " wird in mögliche Plätze übernommen.")
669                #freie Kapazität ermitteln
670                frei = 0
671                if row3['Kapazitaet'] == 'unbegrenzt':
672                    if gui == "":
673                        print('unbegrenter Platz')
674                    protokoll.append("unbegrenzter Platz")
675                    frei = highvalue
676                else:
677                    frei = int(row3['Kapazitaet'])-int(row3['aktAnzahl'])
678                #Platz in Liste mit freier Kapazität, wenn ja gsetzt ist
679                if ja == 'X':
680                    liste.append((row3['Platz'],frei))
681                    if gui == "":
682                        print('Platz ',row3['Platz'],' hat freie Kapazität ',frei)
683                    protokoll.append("Platz " + row3['Platz'] + " hat freie Kapazität " + str(frei))
684            initial=len(liste)
685            if initial == 0:
686                if gui == "":
687                    print('keine geeignet temperierten oder freien Plätze vorhanden')
688                protokoll.append("keine geeignet temperierten oder freien Plätze vorhanden")
689                return '', protokoll
690            #Plätze für Protokoll ausgeben
```

Abb. 5.33 Unterprogramm ‚platzfindung' – Coding im Spyder IV

Tab. 5.11 Unterprogramm ‚platzfindung' – Python-Grundlagen

Befehl	Bedeutung
#	Kommentar
= =	logischer Ausdruck für gleich
+	Addition von Zahlen und Konkatenation von Strings
-	Subtraktion von Zahlen
ʻʻ	leere Übergabe
<	logischer Ausdruck für kleiner
>	logischer Ausdruck für größer
[]	leere Liste
'Text'	das Wort Text als String
def Beispiel(…)	Unterprogramm definieren
for … in …	for-Schleife
If…elif…else	logischer if-Operator
erster =	Umgang mit Variablen
erster[0]	Umgang mit Listen
int(var)	Umwandlung von ‚var' in Integerzahl
len	Länge eines Strings
or	logischer Ausdruck für oder
print	Datenausgabe auf der Konsole
protokoll.append	Anhängen an eine Liste mit append-Methode
return a,b,…	Datenrückgabe aus einem Unterprogramm
row2['Einltyp']	Umgang mit Python-Dictionary Wert des Feldes ‚Einltyp' in Zeile row2
select	eigene Methode aus Klasse *‚Table'*
sorted(liste, key = itemgetter(1)) sorted(liste, key = itemgetter(1), reverse = True)	absteigend und aufsteigende Sortierung einer Liste mit der sorted-Methode
str(var)	Umwandlung des Inhaltes von var in einen String

```
689        return '', protokoll
690    #Plätze für Protokoll ausgeben
691    if gui == "":
692        print('unsortierte mögliche Plätze mit freien Kapazitäten sind:')
693        print(liste)
694    protokoll.append("unsortierte mögliche Plätze mit freien Kapazitäten sind:")
695    for c in liste:
696        protokoll.append(str(c[0]) + " " + str(c[1]))
697    #Plaetze sortieren nach Strategie
698    if strategie == 'LEERAB':
699        if gui == "":
700            print('Liste absteigend sortieren')
701        protokoll.append("Liste absteigend sortieren")
702        sliste = sorted(liste, key=itemgetter(1))
703    elif strategie == 'LEERAUF':
704        if gui == "":
705            print('Liste aufsteigend sortieren')
706        protokoll.append("Liste aufsteigend sortieren")
707        sliste = sorted(liste, key=itemgetter(1), reverse=True)
708    #Plätze für Protokoll nach Sortierung ausgeben
709    if gui == "":
710        print('sortierte mögliche Plätze mit freien Kapazitäten sind:')
711        print(sliste)
712    protokoll.append("sortierte mögliche Plätze mit freien Kapazitäten sind:")
713    for c in sliste:
714        protokoll.append(str(c[0]) + " " + str(c[1]))
715    #ersten Platz aus Liste zurückgeben
716    erster = sliste[0]
717    platz = erster[0]
718    protokoll.append("Ersten Platz genommen: " + str(platz))
719    return platz, protokoll
720    #-------------------------------------
```

Abb. 5.34 Unterprogramm ‚einlagern' – kommentiertes Coding

5.13 Unterprogramm huweauto

Das Unterprogramm ‚*huweauto*' setzt die Status eingegebener Gebinde auf ‚*L*'=im Lager – gleichbedeutend mit einer Wareneingangsbuchung – und speichert korrespondierende Bewegungssätze ab (Abb. 5.36):

Im ‚*Spyder-Editor*' zeigt sich folgendes Bild (Abb. 5.37):

Zum Nachschlagen notwendiger Python-Grundlagen folgend die Liste benutzter ‚*Python-Befehle*' (Tab. 5.13)*:*

```
#----------------------------------------- # Kommentar zur Überschrift
#Unterprogramm Einlagern # Unterprogramm Einlagern
#zu Gebinde # auf Basis eines Gebindes
#für Beispiel 3 # im Rahmen von Beispiel 3 aus dem Kompaktband implementiert
#----------------------------------------- # Kommentar zur Überschrift
def einlagern(hu,user): # Unterprogramm ‚einlagern' mit Eingabeparameter
                       # hu = Gebinde und user = Benutzer
  print('Gebinde einlagern') # Ausgabetext auf der Konsole
  print() # Leerzeile
  toSelect6 = db.gebinde.select({'Nummer':hu}) # Gebindedaten aus CSV-Datei ‚gebinde' mit
                       # eigener Methode ‚select' ermitteln (sollte eindeutig sein)
  initial=len(toSelect6) # Länge der Selektionsergebnisse bestimme und in Variable initial übergeben
  if initial == 0: # falls nichts selektiert worden ist ...
    print() # Leerzeile ausgeben
    print('Fehler: Gebinde unbekannt') # Fehlertext ausgeben
    return 'FEHLER' # Fehlertext rückgeben -> Unterprogramm beenden
  platz, protokoll = platzfindung(hu) # Unterprogramm zur Platzfindung mit Gebinde = hu aufrufen
                       # Lagerplatz = platz und Protokoll zur Platzfindung = protokoll
                       # werden vom Unterprogramm retourniert
  if platz == '': # Falls kein Platz zum Einlagern ermittelt werden konnte
    print() # Leerzeile ausgeben
    print('Fehler: kein Platz gefunden') # Fehlertext ausgeben
    return 'FEHLER' # Fehlertext rückgeben -> Unterprogramm beenden
  print('Platz gefunden ',platz) # Ausgabe des gefundenen Lagerplatzes nebst Text
  for row in toSelect6: # Zeile aus selektierten Daten über for aufrufen
    platzaendern(hu,user,platz) # Unterprogramm ‚platzaendern' mit Gebinde = hu,
                       # Benutzer = user und Lagerplatz = platz aufrufen
                       # Gebinde wird dadurch auf den Platz umgebucht
#----------------------------------------- # Kommentar zum Ende des Unterprogramms
```

Abb. 5.35 Unterprogramm ‚einlagern''– Coding im Spyder (Abb. 5.35)

5.13 Unterprogramm huweauto

Tab. 5.12 Unterprogramm ‚einlagern' – Python-Grundlagen

Befehl	Bedeutung
#	Kommentar
= =	logischer Ausdruck für gleich
``	leere Übergabe
'Text'	das Wort Text als String
def Beispiel(…)	Unterprogramm definieren
for … in …	for-Schleife
if	logischer if-Operator
len	Länge eines Strings
platzaendern(..)	Unterprogramm zum Ändern des Gebindelagerplatzes
platzfindung/(…)	Unterprogramm zum Finden eines Lagerplatzes zur Einlagerung
print	Datenausgabe auf der Konsole
return a,b,…	Datenrückgabe aus einem Unterprogramm
select	eigene Methode aus Klasse *Table*
str(…)	Umwandlung eines Wertes in einen String

```
722   #-------------------------------------------
723   #Unterprogramm Einlagern
724   #zu Gebinde
725   #für Beispiel 3
726   #-------------------------------------------
727   def einlagern(hu,user):
728    print('Gebinde einlagern')
729    print()
730    toSelect6 = db.gebinde.select({'Nummer':hu})
731    initial=len(toSelect6)
732    if initial == 0:
733        print()
734        print('Fehler: Gebinde unbekannt')
735        return 'FEHLER'
736    platz, protokoll = platzfindung(hu)
737    if platz == '':
738        print()
739        print('Fehler: kein Platz gefunden')
740        return 'FEHLER'
741    print('Platz gefunden ',platz)
742    for row in toSelect6:
743        platzaendern(hu,user,platz)
744   #-------------------------------------------
```

Abb. 5.36 Unterprogramm ‚huweauto' – kommentiertes Coding

```
#--------------------------------------- # Kommentar zur Überschrift
#Unterprogramm HU automatisch WE buchen # Kommentar zur Überschrift
#--------------------------------------- # Kommentar zur Überschrift
def huweauto(hunr7,user): # Unterprogramm ‚huweauto' mit Eingabeparameter
                          # hunr7 = Gebinde und user = Benutzer
  toSelect7 = db.gebinde.select({'Nummer':hunr7}) # Gebindedaten aus CSV-Datei ‚gebinde' mit
                                                  # eigener Methode ‚select' ermitteln (sollte eindeutig sein)
  initial=len(toSelect7) # Länge der Selektionsergebnisse bestimme und in Variable initial übergeben
  if initial == 0: # falls nichts selektiert worden ist …
    print() # Leerzeile ausgeben
    print('Fehler: Gebinde unbekannt') # Fehlertext ausgeben
    return 'FEHLER' # Fehlertext rückgeben -> Unterprogramm beenden
  for row in toSelect7: # Zeile aus selektierten Daten über for aufrufen
   if row['Status']!= 'A': # falls der Status des Gebindes nicht = ‚A' ist, also nicht avisiert
    print() # Leerzeile ausgeben
    print('Gebinde nicht avisiert: keine automatische WE-Buchung durchgeführt.')
    # Fehlertext ausgeben
    return 'FEHLER' # Fehlertext rückgeben -> Unterprogramm beenden
  print() # Leerzeile ausgeben
  print('HU automatisch WE-gebucht') # Erfolgsmeldung ausgeben
  print() # Leerzeile ausgeben
  for row in toSelect7: # Zeile aus selektierten Daten über for aufrufen
   bewegungen_schreiben('HU_WE',hunr7,row['Lieferant'],user,row['Fehlerflag'],
     row['Fehlercode'],row['Platz'],row['Platz'],row['Material'],row['Charge'],row['Split'],
     row['Menge'],row['Einheit'])
   # Unterprogramm ‚bewegungen_schreiben' aufrufen mit Eingabeparameter
   # Bewegungsart = HU_WE, Gebinde = hunr7, Benutzer = user, Rest aus Gebindedaten
   row['Status']='L' # Gebindestatus auf L = im Lager setzen
   db.gebinde.modify(row) # Gebindesatz in CSV-Datei ablegen, mit eigener modify-Methode
  return 'OKAY' # Erfolgstext rückgeben -> Unterprogramm beenden
#--------------------------------------- # Kommentar zum Ende des Unterprogramms
```

Abb. 5.37 Unterprogramm ‚huweauto'– Coding im Spyder

Tab. 5.13 Unterprogramm ‚huweauto"– Python-Grundlagen

Befehl	Bedeutung
#	Kommentar
= =	logischer Ausdruck für gleich
!=	logischer Ausdruck für ungleich
"	leere Übergabe
'Text'	das Wort Text als String
bewegungen_schreiben(…)	Unterprogramm zum Schreiben einer Bewegung aufrufen
def Beispiel(…)	Unterprogramm definieren
for … in …	for-Schleife
if	logischer if-Operator
len	Länge eines Strings
modify	eigene Methode aus Klasse ‚*Table*‘
print	Datenausgabe auf der Konsole
return a,b,…	Datenrückgabe aus einem Unterprogramm
row['Status']	Umgang mit Python-Dictionary Wert des Feldes ‚Status‘ in Zeile row
select	eigene Methode aus Klasse ‚*Table*‘

5.14 Unterprogramm bewegungen_schreiben

Mittels Unterprogramm ‚*bewegungen_schreiben*‘ werden Bewegungssätze für Vorgänge im SMILE-LVS erstellt. Mögliche Bewegungen sind etwa Verschrottung, Lieferantenretoure, Umlagerung und Wareneingang.

Anbei das zugehörige ‚*Coding*‘ nebst Kommentaren (Abb. 5.38):

Zum Vergleich das Coding im ‚*Spyder-Editor*‘ (Abb. 5.39):

```
746    #------------------------------------
747    #Unterprogramm HU automatisch WE buchen
748    #------------------------------------
749    def huweauto(hunr7,user):
750        toSelect7 = db.gebinde.select({'Nummer':hunr7})
751        initial=len(toSelect7)
752        if initial == 0:
753            print()
754            print('Fehler: Gebinde unbekannt')
755            return 'FEHLER'
756        for row in toSelect7:
757            if row['Status']!= 'A':
758                print()
759                print('Gebinde nicht avisert: keine automatische WE-Buchung durchgeführt.')
760                return 'OKAY'
761        print()
762        print('HU automatisch WE-gebucht')
763        print()
764        for row in toSelect7:
765            bewegungen_schreiben('HU_WE',hunr7,row['Lieferant'],user,row['Fehlerflag'],row['Fehlercode'],row['P
766            row['Status']='L'
767            db.gebinde.modify(row)
768        return 'OKAY'
769    #------------------------------------
```

Abb. 5.38 Unterprogramm ‚bewegungen_schreiben' – kommentierter Code

```
#------------------------------------------ # Kommentar zur Überschrift
#Unterprogramm Bewegungssatz schreiben # Kommentar zur Überschrift
#------------------------------------------ # Kommentar zur Überschrift
def bewegungen_schreiben(a,b,c,d,e,f,g,h,i="",j="",k="",l="",m="",n="", o="", p=""):
    # Unterprogramm ‚bewegungen_schreiben' mit diversen Übergabeparametern
    # a = Bewegungsart, b = Gebinde, c = Lieferant, d = Benutzer, e = Fehlerflag, f = Fehlercode
    # g = Quellplatz, h = Zielplatz, i = Material, j = Charge, k= Split
    # l = Menge,  m = Mengeneinheit, n = Grund der Bewegung, o = GUI-Parameter, p = Referenz
    #angepasst für GUI-Dialoge (ohne Print-Ausgabe) # Kommentar zum GU-Parameter
    if o == "": # falls nicht im GUI-Modus, also im CLI-Modus:
        print() # Leerzeile ausgeben
        print('Bewegungssatz geschrieben') # Text ausgeben
        print() # Leerzeile ausgeben
    bew = db.bewegungen.get_empty() # leeren Eintrag für CSV-Datei anlegen, und zwar mit der
                                    # eigenen get_empty-Methode
    bew['Bewegung']=a # Bewegungsart übergeben
    bew['HU']=b # Gebinde übergeben
    bew['Lieferant']=c # Lieferant übergeben
    bew['User']=d # Benutzer übergeben
    bew['Fehlerflag']=e # Fehlerflag übergeben
    bew['Fehlercode']=f # Fehlercode übergeben
    bew['von-Platz']=g # Quellplatz übergeben
    bew['an-Platz']=h # Zielplatz übergeben
    bew['Zeitstempel']=time.localtime() # Zeitstempel ermitteln und  übergeben
    bew['Material']=I # Material übergeben
    bew['Charge']=j # Charge übergeben
    bew['Split']=k # Split übergeben
    bew['Menge']=l # Menge übergeben
    bew['Einheit']=m # Mengeneinheit übergeben
    #angepasst für Beispiel 3 # Kommentar zum Grund im Rahmen
                             # von Beispiel 3 im Kompaktband implementiert
    bew['Grund']=n # Grund übergeben
    #angepasst für GUI-Dialoge (ohne Print-Ausgabe) # Kommentar zum GUI-Flag
    if o == "": # nur wenn CLI-Version vorliegt
```

Abb. 5.39 Unterprogramm, bewegungen_schreiben – Coding im Spyder

```
print(bew)  # Bewegungssatz auf Konsole ausgeben
#GUI-Dialog für Lieferanten-Retoure: Referenzfeld für Bestellung, Lieferschein etc.
# Kommentar zum Referenzfeld und seiner Verwendung
bew['Referenz']=p  # Referenz übergeben
db.bewegungen.insert(bew)  # Bewegungssatz in CSV-Datei ablegen, mit eigener insert-Methode
#------------------------------------------  # Bewegungsart übergeben
```

Abb. 5.39 (Fortsetzung)

Tab. 5.14 Unterprogramm ‚bewegungen_schreiben' – Python-Grundlagen

Befehl	Bedeutung
#	Kommentar
==	logischer Ausdruck für gleich
" "	leere Übergabe
'Text'	das Wort Text als String
bewegungen_schreiben(...)	Unterprogramm zum Schreiben einer Bewegung aufrufen
def Beispiel(...)	Unterprogramm definieren
If	logischer if-Operator
insert	eigene Methode aus Klasse *Table*
get_empty	eigene Methode aus Klasse *Table*
o =	Umgang mit Variablen
Print	Datenausgabe auf der Konsole
return a,b,...	Datenrückgabe aus einem Unterprogramm
bew['HU'] =	Umgang mit Python-Dictionary Wert des Feldes ‚HU' in Zeile bew
Select	eigene Methode aus Klasse *Table*
time.localtime()	Zeitstempel ermitteln mit Python-Methode

Folgend die Liste verwendeter *‚Python-Befehle'* (Tab. 5.14):

5.15 Unterprogramm platzaendern

Das Unterprogramm *‚platzaendern'* wird zu einem Gebinde und ggfs. einem Zielplatz ausgeführt. Das Gebinde muss existieren und im Lager vorhanden sein. Ist das nicht der Fall, erfolgt ein Abbruch. Wird dem Unterprogramm kein Zielplatz mitgegeben, muss dieser vom Benutzer manuell erfasst werden. Der Zielplatz muss existieren, geeignet temperiert sein (falls Kühlgut vorliegt) und freie Kapazität für eine Zulagerung besitzen.

```
#--------------------------------------------
#Unterprogramm Bewegungssatz schreiben
#--------------------------------------------
def bewegungen_schreiben(a,b,c,d,e,f,g,h,i="",j="",k="",l="",m="",n="", o="", p=""):
    #angepasst für GUI-Dialoge (ohne Print-Ausgabe)
    if o == "":
        print()
        print('Bewegungssatz geschrieben')
        print()
    bew = db.bewegungen.get_empty()
    bew['Bewegung']=a
    bew['HU']=b
    bew['Lieferant']=c
    bew['User']=d
    bew['Fehlerflag']=e
    bew['Fehlercode']=f
    bew['von-Platz']=g
    bew['an-Platz']=h
    bew['Zeitstempel']=time.localtime()
    bew['Material']=i
    bew['Charge']=j
    bew['Split']=k
    bew['Menge']=l
    bew['Einheit']=m
    #angepasst für Beispiel 3
    bew['Grund']=n
    #angepasst für GUI-Dialoge (ohne Print-Ausgabe)
    if o == "":
        print(bew)
    #GUI-Dialog für Lieferanten-Retoure: Referenzfeld für Bestellung, Lieferschein etc.
    bew['Referenz']=p
    db.bewegungen.insert(bew)
#--------------------------------------------
```

Abb. 5.40 Unterprogramm ‚platzaendern' – kommentiertes Coding

Ist eine dieser Voraussetzungen nicht gegeben, erfolgt ein Abbruch des Unterprogramms. Folgend werden die Kapazitäten und ggfs. das Belegtheitskennzeichen von Quell- und Zielplatz sowie der Lagerplatz des Gebindes angepasst. Letztere Aktion wird durch eine Bewegung festgehalten. Falls der Benutzer es wünscht, wird ein PDF-Transportbeleg erzeugt.

Anbei das mit Kommentaren versehene ‚*Coding*' (Abb. 5.40)*:*

Das implementierte Coding im ‚*Spyder-Editor*' (Abb. 5.41, 5.42, 5.43):

Verwendete ‚*Python-Befehle*' sind die folgenden (Tab. 5.15):

5.15 Unterprogramm platzaendern

```
#----------------------------------------- # Kommentar zur Überschrift
#Unterprogramm Platz ändern von HU # Kommentar zur Überschrift
# z.B. für Einlagerung Beispiel 3 # Kommentar zur Überschrift
# Temperatur und Kapazitätsprüfung Beispiel 3 # Kommentar zur Überschrift
# Belegtkennzeichen und Anzahl Gebinde Beispiel 3 # Kommentar zur Überschrift
# erweitern mit Platzvorgabe für Einlagerung Beispiel 3 # Kommentar zur Überschrift
#----------------------------------------- # Kommentar zur Überschrift
def platzaendern(hunr4,user,platz): # Unterprogramm ‚stichdialog' mit Eingabeparameter
                                    # hunr4 = Gebindenummer und user = Benutzer
                                    # platz = vorgegebener Zielplatz (auch leer möglich)
    toSelect4 = db.gebinde.select({'Nummer':hunr4}) # Selektion aus CSV-Datei ‚gebinde' mittels
                                                    # eigener select-Methode
    print() # Leerzeile ausgeben
    print(toSelect4) # Gebindedaten ausgeben
    print() # Leerzeile ausgeben
    initial=len(toSelect4) # Länge der Selektion in Variable initial übergeben
    if initial == 0: # falls die Länge Null ist
        print() # Leerzeile ausgeben
        print('Fehler: Gebinde unbekannt') # Fehlertext ausgeben
        return 'FEHLER' # Fehlertext retournieren -> Abbruch des Unterprogramms
    for row in toSelect4: # die eine Zeile zu den Gebindedaten mit for durchgehen
        if row['Nummer'] == '': # falls kein Gebinde vorhanden ist
            print('Fehler: Gebinde unbekannt') # Fehlertext ausgeben
            print() # Leerzeile ausgeben
            return 'Fehler' # Fehlertext retournieren -> Abbruch des Unterprogramms
        if row['Status'] != 'L': # falls der Gebindestatus nicht im Lager ist
            print('Fehler: Gebinde ist nicht im Lager, sondern avisiert oder inkonsistenter Zustand.')
            # Fehlertext ausgeben
            print() # Leerzeile ausgeben
            return 'Fehler' # Fehlertext retournieren -> Abbruch des Unterprogramms
        #Beispiel 3 eingebaut-Anfang # Kommentar
        if platz == '': # falls kein Zielplatz übergeben worden ist
            platz=input('Neuen Platz eingeben: ') # Eingabe des Zielplatzes auf der Konsole
        print() # Leerzeile ausgeben
```

Abb. 5.41 Unterprogramm ‚platzaendern' – Coding im Spyder

```
aplatz=row['Platz'] # Quellplatz merken
#Belegtprüfung Zielplatz und Existenz Zielplatz # Kommentar
toSelect2 = db.plaetze.select({'Platz':platz}) # Selektion aus CSV-Datei ‚plaetze' mittels
                                               # eigener select-Methode
initial=len(toSelect2) # Länge der Selektion in Variable initial übergeben
if initial == 0: # falls keine Platzdaten selektiert worden sind
    print() # Leerzeile ausgeben
    print('Fehler: Zielplatz unbekannt') # Fehlertext ausgeben
    return 'FEHLER' # Fehlertext retournieren -> Abbruch des Unterprogramms
#Temperaturprüfung am An-Platz, wenn Prüfung aktiv ist und Material Kühlgut ist
# Kommentar
for row2 in toSelect2: # die eine Zeile zu den Platzdaten mit for durchgehen
    if row2['Temperatur'] != 'ungeprüft': # falls die Temperatur zu prüfen ist
        toSelect9 = db.matstamm.select({'Material':row['Material']})
        # Selektion aus CSV-Datei ‚matstamm' mittels eigener select-Methode
        for row9 in toSelect9: # die eine Zeile zu den Materialdaten mit for durchgehen
            if row9['Kuehlpflicht'] == 'JA': # falls Kühlpflicht vorliegt
                if int(row2['Temperatur']) < int(row9['vonTemp']):
                    # falls die Temperatur zu gering ist
                    print() # Leerzeile ausgeben
                    print('Fehler: Temperatur-Untergrenze verletzt') # Fehlertext ausgeben
                    return 'Fehler' # Fehlertext retournieren -> Abbruch des Unterprogramms
                if int(row2['Temperatur']) > int(row9['bisTemp']):
                    # falls die Temperatur zu hoch ist
                    print() # Leerzeile ausgeben
                    print('Fehler: Temperatur-Obergrenze verletzt') # Fehlertext ausgeben
                    return 'Fehler' # Fehlertext retournieren -> Abbruch des Unterprogramms
#Updates schreiben erst nach dem alle Prüfungen fertig sind # Kommentar
#sonst gibt es Inkonsistenzen # Kommentar
#Belegtkennzeichen und Anzahl Gebinde Zielplatz # Kommentar
for row2 in toSelect2: # die eine Zeile zu den Platzdaten mit for durchgehen
    if row2['belegt'] == 'JA': # falls der Zielplatz belegt ist
        print('Fehler: An-Platz ist bereits belegt.') # Fehlertext ausgeben
        print() # Leerzeile ausgeben
```

Abb. 5.41 (Fortsetzung)

5.15 Unterprogramm platzaendern

```
            return 'Fehler' # Fehlertext retournieren -> Abbruch des Unterprogramms
        if row2['Kapazitaet'] != 'unbegrenzt': # falls der Zielplatz keine unbegrenzte Kapazität hat
            stand2 = int(row2['aktAnzahl'])+1 # Kapazitätsauslastung auf 1 erhöhen
            row2['aktAnzahl'] = str(stand2) # Kapazitätsauslastung übergeben
            if stand2 == int(row2['Kapazitaet']): # falls die Kapazität nun ausgeschöpft ist
                row2['belegt'] = 'JA' # Belegtkennzeichen setzen
    db.plaetze.modify(row2) # Anpassung der CSV-Datei ‚plaetze' mittels eigener modify-Methode
    #Belegtkennzeichen und Anzahl Gebinde Quellplatz # Kommentar
    toSelect3 = db.plaetze.select({'Platz':aplatz})
    # Selektion aus CSV-Datei ‚plaetze' mittels eigener select-Methode
    for row3 in toSelect3: # die eine Zeile zu den Platzdaten mit for durchgehen
        if row3['Kapazitaet'] != 'unbegrenzt': # falls der Quellplatz keine unbegrenzte Kapazität hat
            stand3 = int(row3['aktAnzahl'])-1 # Kapazitätsauslastung auf 1 erniedrigen
            row3['aktAnzahl'] = str(stand3) # Kapazitätsauslastung übergeben
        if row3['belegt'] == 'JA': # falls der Quellplatz belegt war
            row3['belegt'] = 'NEIN' # Belegtkennzeichen zurücknehmen
    db.plaetze.modify(row3) # Anpassung der CSV-Datei ‚plaetze' mittels eigener modify-Methode
    #Beispiel 3 eingebaut-Ende # Kommentar
    #Gebindestamm # Kommentar
    row['Platz']=platz # Zielplatz für Gebinde setzen
    db.gebinde.modify(row) # Anpassung der CSV-Datei ‚gebinde' mittels eigener modify-Methode
    print('Platz für das Gebinde geändert.') # Erfolgstext ausgeben
    print() # Leerzeile ausgeben
    bewegungen_schreiben('HU_TA',hunr4,row['Lieferant'],user,row['Fehlerflag'],
     row['Fehlercode'],aplatz,platz,row['Material'],row['Charge'],row['Split'],
     row['Menge'],row['Einheit'])
    # Bewegung zum Platzwechsel protokollieren
    #Transportschuppe für Beispiel 3 # Kommentar
    print('Hallo ',user) # Text ausgeben inkl. user als Variable
    frage=input('Wollen Sie ein Transportbeleg drucken (JA/NEIN)?')
    # Eingabe Ja/Nein zum Druck des Transportbeleges
    if frage == 'JA': # falls gedruckt werden soll
        transportschuppe(hunr4,user,aplatz,platz) # Aufruf Unterprogramme ‚transportschuppe'
        # für PDF-Dokument zur Umlagerung
```

Abb. 5.41 (Fortsetzung)

> **return 'ohne Fehler'** # *Erfolgsmeldung zurückgeben -> Ende des Unterprogramms*

Abb. 5.41 (Fortsetzung)

```
805  #----------------------------------------
806  #Unterprogramm Platz ändern von HU
807  # z.B. für Einlagerung Beispiel 3
808  # Temperatur und Kapazitätsprüfung Beispiel 3
809  # Belegtkennzeichen und Anzahl Gebinde Beispiel 3
810  # erweitern mit Platzvorgabe für Einlagerung Beispiel 3
811  #----------------------------------------
812  def platzaendern(hunr4,user,platz):
813      toSelect4 = db.gebinde.select({'Nummer':hunr4})
814      print()
815      print(toSelect4)
816      print()
817      initial=len(toSelect4)
818      if initial == 0:
819          print()
820          print('Fehler: Gebinde unbekannt')
821          return 'FEHLER'
822      for row in toSelect4:
823          if row['Nummer'] == '':
824              print('Fehler: Gebinde unbekannt')
825              print()
826              return 'Fehler'
827          if row['Status'] != 'L':
828              print('Fehler: Gebinde ist nicht im Lager, sondern avisiert oder inkonsistenter Zustand.')
829              print()
830              return 'Fehler'
831      #Beispiel 3 eingebaut-Anfang
832      if platz == '':
833          platz=input('Neuen Platz eingeben: ')
834      print()
835      aplatz=row['Platz']
836      #Belegtprüfung Zielplatz und Existenz Zielplatz
837      toSelect2 = db.plaetze.select({'Platz':platz})
838      initial=len(toSelect2)
```

Abb. 5.42 Unterprogramm ‚platzaendern' – Coding im Spyder II

5.16 Unterprogramm stichdialog

Der ‚*stichdialog*' weist Gebinden vom User auszuwählende Fehlerflags zu. Das Zuweisen führt dazu, daß Gebinde nach dem ‚*I-Punkt-Scan*' auf jeden Fall von der Fördertechnik zum Richtplatz = K-Punkt gefahren und nicht direkt eingelagert werden.

Das kommentierte ‚*Coding*' hat folgende Gestalt (Abb. 5.44):
Im ‚*Spyder-Editor*' zeigt sich folgende Struktur (Abb. 5.45):
Vom Stichdialog benutzte ‚*Python-Befehle*' sind (Tab. 5.16):

```
839        if initial == 0:
840            print()
841            print('Fehler: Zielplatz unbekannt')
842            return 'FEHLER'
843        #Temperaturprüfung am An-Platz wenn Prüfung aktiv ist und Material Kühlgut ist
844        for row2 in toSelect2:
845            if row2['Temperatur'] != 'ungeprüft':
846                toSelect9 = db.matstamm.select({'Material':row['Material']})
847                for row9 in toSelect9:
848                    if row9['Kuehlpflicht'] == 'JA':
849                        if int(row2['Temperatur']) < int(row9['vonTemp']):
850                            print()
851                            print('Fehler: Temperatur-Untergrenze verletzt')
852                            return 'Fehler'
853                        if int(row2['Temperatur']) > int(row9['bisTemp']):
854                            print()
855                            print('Fehler: Temperatur-Obergrenze verletzt')
856                            return 'Fehler'
857        #Updates schreiben erst nach dem alle Prüfungen fertig sind
858        #sonst gibt es Inkonsistenzen
859        #Belegtkennzeichen und Anzahl Gebinde Zielplatz
860        for row2 in toSelect2:
861            if row2['belegt'] == 'JA':
862                print('Fehler: An-Platz ist bereits belegt.')
863                print()
864                return 'Fehler'
865            if row2['Kapazitaet'] != 'unbegrenzt':
866                stand2 = int(row2['aktAnzahl'])+1
867                row2['aktAnzahl'] = str(stand2)
868                if stand2 == int(row2['Kapazitaet']):
869                    row2['belegt'] = 'JA'
870            db.plaetze.modify(row2)
871        #Belegtkennzeichen und Anzahl Gebinde Quellplatz
872        toSelect3 = db.plaetze.select({'Platz':aplatz})
```

Abb. 5.43 Unterprogramm ‚platzaendern' – Coding im Spyder III

5.17 Unterprogramm gebindeinfo

Das Unterprogramm ‚*gebindeinfo*' zeigt zu eingegebenen Gebinden aktuelle Gebindedaten an (Abb. 5.46):

Das Coding im ‚*Spyder-Editor*' mit hervorgehobenen Schlüsselwörtern (Abb. 5.47):
Verwendete ‚*Python-Befehle*' sind (Tab. 5.17):

Tab. 5.15 Unterprogramm ‚platzaendern' – Python-Grundlagen

Befehl	Bedeutung
#	Kommentar
==	logischer Ausdruck für gleich
!=	logischer Ausdruck für ungleich
+	Addition von Zahlen
" "	leere Übergabe
<	logischer Ausdruck für kleiner
>	logischer Ausdruck für größer
'Text'	das Wort Text als String
bewegungen_schreiben(…)	Unterprogramm zum Schreiben einer Bewegung aufrufen
def Beispiel(…)	Unterprogramm definieren
for … in …	for-Schleife
if	logischer if-Operator
initial=	Umgang mit Variablen
input	Dateneingabe auf der Konsole
int(var)	Umwandlung von ‚var' in Integerzahl
len	Länge eines Strings
modify	eigene Methode aus Klasse *Table*
print	Datenausgabe auf der Konsole
return a,b,…	Datenrückgabe aus einem Unterprogramm
row['Nummer']	Umgang mit Python-Dictionary Wert des Feldes ‚Nummer' in Zeile row
select	eigene Methode aus Klasse *Table*
str(var)	Umwandlung des Inhaltes von var in einen String

```
873     for row3 in toSelect3:
874         if row3['Kapazitaet'] != 'unbegrenzt':
875             stand3 = int(row3['aktAnzahl'])-1
876             row3['aktAnzahl'] = str(stand3)
877         if row3['belegt'] == 'JA':
878             row3['belegt'] = 'NEIN'
879         db.plaetze.modify(row3)
880     #Beispiel 3 eingebaut-Ende
881     #Gebindestamm
882     row['Platz']=platz
883     db.gebinde.modify(row)
884     print('Platz für das Gebinde geändert.')
885     print()
886     bewegungen_schreiben('HU_TA',hunr4,row['Lieferant'],user,row['Fehlerflag'],row['Fehlercode
887     #Transportschuppe für Beispiel 3
888     print('Hallo ',user)
889     frage=input('Wollen Sie ein Transportbeleg drucken (JA/NEIN)?')
890     if frage == 'JA':
891         transportschuppe(hunr4,user,aplatz,platz)
892     return 'ohne Fehler'
```

Abb. 5.44 Unterprogramm ‚stichdialog' – kommentiertes Coding

5.17 Unterprogramm gebindeinfo

```
#------------------------------------------- # Kommentar zur Überschrift
#Unterprogramm WE-Stich # Unterprogramm ‚stichdialog' für Zuweisung Fehlerflag
                       # zu avisiertem Gebinde
#------------------------------------------- # Kommentar zur Überschrift
def stichdialog(hunr,user): # Unterprogramm ‚stichdialog' mit Eingabeparameter
                            # hunr = Gebindenummer und user = Benutzer
                            # Rückgabeparameter ist ein Fehler- oder ein In-Ordnung-Text
  toSelect = db.gebinde.select({'Nummer':hunr}) # Selektion aus CSV-Datei ‚gebinde' mittels
                                                # eigener select-Methode
  print() # Leerzeile ausgeben
  print(toSelect) # Gebindedaten ausgeben
  print() # Leerzeile ausgeben
  initial=len(toSelect) # Länge der Selektion in Variable initial übergeben
  if initial == 0: # falls Länge = Null ist, also keine Daten vorliegen...
    print() # Leerzeile ausgeben
    print('Fehler: Gebinde unbekannt') # Fehlertext ausgeben
    return 'FEHLER' # Fehlertext retournieren -> Abbruch des Unterprogramms
  for row in toSelect: # die eine Zeile zu den Gebindedaten mit for durchgehen
   if row['Platz'] != 'WE_STICH': # falls Gebindelagerplatz nicht ‚WE_STICH' ist....
    print('Fehler: Gebinde ist nicht am WE-Stich') # Fehlertext ausgeben
    print() # Leerzeile ausgeben
    return 'Fehler' # Fehlertext retournieren -> Abbruch des Unterprogramms
  fehlerflag=input('Fehlerflag eingeben: ') # Fehlerfag mit input einlesen
  print() # Leerzeile ausgeben
  row['Fehlerflag']=fehlerflag # eingegebener Fehlerflag an Gebinde übergeben
  row['Platz']='TRANSPORT_I_PUNKT' # Gebindelagerplatz auf ;TRANSPORT_I_PUNKT' abändern
  db.gebinde.modify(row) # CSV-datei für das Gebinde anpassen mit eigener modify-Methode
  print('Fehlerflag für das Gebinde gesetzt und ') # Erfolgsmeldung ausgeben
  print('Transport zum I-Punkt eingeleitet.') # Erfolgsmeldung ausgeben
  print() # Leerzeile ausgeben
  print(row) # angepasste Gebindedaten ausgeben
  print() # Leerzeile ausgeben
  bewegungen_schreiben('HU_FLAG',hunr,row['Lieferant'],user,fehlerflag,
   row['Fehlercode'], 'WE_STICH','WE_STICH',row['Material'],row['Charge'],
```

Abb. 5.45 Unterprogramm ‚stichdialog"– Coding im Spyder

> row['Split'],row['Menge'], row['Einheit'])
>
> *# Bewegung ‚HU_FLAG' abspeichern mit Unterprogramm ‚bewegungen_schreiben'*
>
> *# Daten aus Gebinde nehmen, zusätzlich: User, Fehlerflag und Platz ‚WE_STICH'*
>
> **return 'ohne Fehler'** *# Erfolgsmeldung zurückgeben -> Ende des Unterprogramms*
>
> #-- *# Kommentar zum Ende des Unterprogramms*

Abb. 5.45 (Fortsetzung)

Tab. 5.16 Unterprogramm ‚stichdialog' – Python-Grundlagen

Befehl	Bedeutung
#	Kommentar
==	logischer Ausdruck für gleich
!!=	logischer Ausdruck für ungleich
" "	leere Übergabe
'Text'	das Wort Text als String
bewegungen_schreiben(…)	Unterprogramm zum Schreiben einer Bewegung aufrufen
def Beispiel(…)	Unterprogramm definieren
for … in …	for-Schleife
If	logischer if-Operator
initial=	Umgang mit Variablen
input	Dateneingabe auf der Konsole
len	Länge eines Strings
modify	eigene Methode aus Klasse ‚*Table*'
Print	Datenausgabe auf der Konsole
return a,b,…	Datenrückgabe aus einem Unterprogramm
row[Menge]=	Umgang mit Python-Dictionary Wert des Feldes ‚Menge' in Zeile row
select	eigene Methode aus Klasse ‚*Table*'

5.18 Unterprogramm matstamminfo

Mittels Unterprogramm ‚*matstamminfo*' werden Materialstammdaten angezeigt (Abb. 5.48):

Zum Vergleich das Coding aus dem Editor ‚*Spyder*' (Abb. 5.49)*:*

Die Liste von im Unterprogramm benutzten ‚**Python-Befehlen**' (Tab. 5.18):

5.18 Unterprogramm matstamminfo

```
893   #-------------------------------------
894   #Unterprogramm WE-Stich
895   #-------------------------------------
896   def stichdialog(hunr,user):
897       toSelect = db.gebinde.select({'Nummer':hunr})
898       print()
899       print(toSelect)
900       print()
901       initial=len(toSelect)
902       if initial == 0:
903           print()
904           print('Fehler: Gebinde unbekannt')
905           return 'FEHLER'
906       for row in toSelect:
907           if row['Platz'] != 'WE_STICH':
908               print('Fehler: Gebinde ist nicht am WE-Stich')
909               print()
910               return 'Fehler'
911           fehlerflag=input('Fehlerflag eingeben: ')
912           print()
913           row['Fehlerflag']=fehlerflag
914           row['Platz']='TRANSPORT_I_PUNKT'
915           db.gebinde.modify(row)
916           print('Fehlerflag für das Gebinde gesetzt und ')
917           print('Transport zum I-Punkt eingeleitet.')
918           print()
919           print(row)
920           print()
921           bewegungen_schreiben('HU_FLAG',hunr,row['Lieferant'],user,fehlerflag,row['Fehlercode'],'WE_STICH','
922       return 'ohne Fehler'
923   #-------------------------------------
924
```

Abb. 5.46 Unterprogramm ‚gebindeinfo' – kommentiertes Coding

#-- # Kommentar zur Überschrift

#Unterprogramm Gebindeinfo # Unterprogramm ‚gebindeinfo' zeigt Gebindedaten an

#-- # Kommentar zur Überschrift

def gebindeinfo(hunr2): # Unterprogramm ‚gebindeinfo'

mit Eingabeparameter hunr2 = Gebindenummer

toSelect2 = db.gebinde.select({'Nummer':hunr2}) # Selektion Gebindestamm aus CSV-Datei

#‚gebinde' mittels Feld ‚Nummer' als eingegebene Gebindenummer

print() # Leerzeile auf der Konsole

initial=len(toSelect2) # Länge der selektierten Daten in initial übergeben

if initial == 0: # falls Länge gleich Null, also nichts selektiert worden ist...

  print() # Leerzeile auf der Konsole

  print('Fehler: Gebinde unbekannt') # Fehlertext auf der Konsole

  return 'FEHLER' # Funktion abbrechen und ‚Fehler' zurückgeben

print(toSelect2) # selektierte Daten anzeigen

print() # Leerzeile auf der Konsole

#-- # Ede des Unterprogramms

Abb. 5.47 Unterprogramm ‚gebindeinfo – Coding im Spyder

Tab. 5.17 Unterprogramm ‚gebindeinfo – Python-Grundlagen

Befehl	Bedeutung
#	Kommentar
==	Logischer Ausdruck für gleich
'Text'	das Wort Text als String
def Beispiel(…)	Unterprogramm definieren
len	Länge eines Strings
if	wenn-dann-Operator
initial=	Umgang mit Variablen
print	Ausgabe auf der Konsole
return	Ende & Rückgabewert€ des Unterprogramms
select	eigene Methode aus Klasse ‚Table'

```
925  #-------------------------------------------------
926  #Unterprogramm Gebindeinfo
927  #-------------------------------------------------
928  def gebindeinfo(hunr2):
929      toSelect2 = db.gebinde.select({'Nummer':hunr2})
930      print()
931      initial=len(toSelect2)
932      if initial == 0:
933          print()
934          print('Fehler: Gebinde unbekannt')
935          return 'FEHLER'
936      print(toSelect2)
937      print()
938  #-------------------------------------------------
```

Abb. 5.48 Unterprogramm ‚matstamminfo' – kommentiertes Coding

5.19 Unterprogramm chargstamminfo

Das Unterprogramm ‚*chargstamminfo*' zeigt zur eingegebenen Kombination aus Material, Charge und Split die aktuellen Chargenstammdaten an (Abb. 5.50):

Zum Vergleich das Coding im ‚*Spyder-Editor*' (Abb. 5.51)*:*

Folgende ‚*Python-Befehle*' finden ihre Verwendung (Tab. 5.19):

5.19 Unterprogramm chargstamminfo

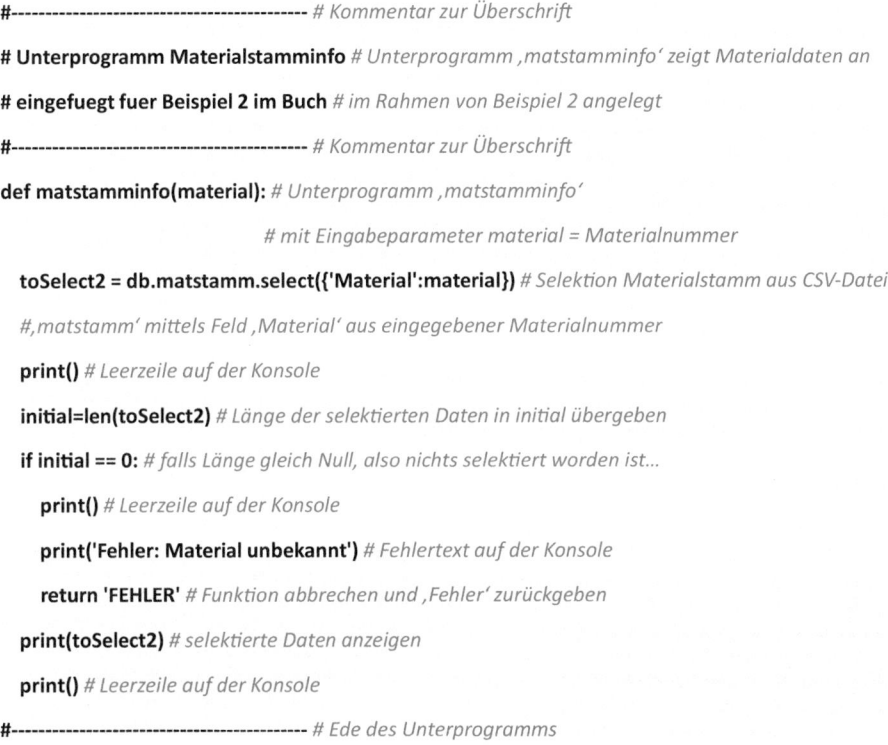

```
#------------------------------------------ # Kommentar zur Überschrift
# Unterprogramm Materialstamminfo # Unterprogramm ‚matstamminfo' zeigt Materialdaten an
# eingefuegt fuer Beispiel 2 im Buch # im Rahmen von Beispiel 2 angelegt
#------------------------------------------ # Kommentar zur Überschrift
def matstamminfo(material): # Unterprogramm ‚matstamminfo'
                            # mit Eingabeparameter material = Materialnummer
    toSelect2 = db.matstamm.select({'Material':material}) # Selektion Materialstamm aus CSV-Datei
    #,matstamm' mittels Feld ‚Material' aus eingegebener Materialnummer
    print() # Leerzeile auf der Konsole
    initial=len(toSelect2) # Länge der selektierten Daten in initial übergeben
    if initial == 0: # falls Länge gleich Null, also nichts selektiert worden ist...
        print() # Leerzeile auf der Konsole
        print('Fehler: Material unbekannt') # Fehlertext auf der Konsole
        return 'FEHLER' # Funktion abbrechen und ‚Fehler' zurückgeben
    print(toSelect2) # selektierte Daten anzeigen
    print() # Leerzeile auf der Konsole
#------------------------------------------ # Ede des Unterprogramms
```

Abb. 5.49 Unterprogramm ‚matstamminfo – Coding im Spyder

Tab. 5.18 Unterprogramm ‚matstamminfo – Python-Grundlagen

Befehl	Bedeutung
#	Kommentar
==	Logischer Ausdruck für gleich
'Text'	das Wort Text als String
def Beispiel(…)	Unterprogramm definieren
len	Länge eines Strings
if	wenn-dann-Operator
initial=	Umgang mit Variablen
print	Ausgabe auf der Konsole
return	Ende & Rückgabewert€ des Unterprogramms
select	eigene Methode aus Klasse ‚Table'

```
940    #Unterprogramm Materialstamminfo
941    #eingefügt für Beispiel 2 im Buch
942    #-----------------------------------------------
943    def matstamminfo(material):
944        toSelect2 = db.matstamm.select({'Material':material})
945        print()
946        initial=len(toSelect2)
947        if initial == 0:
948            print()
949            print('Fehler: Material unbekannt')
950            return 'FEHLER'
951        print(toSelect2)
952        print()
953    #-----------------------------------------------
```

Abb. 5.50 Unterprogramm ‚chargstamminfo' – kommentiertes Coding

#-- # Kommentar zur Überschrift
#Unterprogramm Chargenstamminfo # Unterprogramm ‚chargstamminfo' zeigt Chargendaten an
#eingefuegt fuer Beispiel 2 im Buch # im Rahmen von Beispiel 2 angelegt
#-- # Kommentar zur Überschrift
def chargstamminfo(material,charge,split): # Unterprogramm ‚chargstamminfo'
                          # mit Eingabeparameter material = Materialnummer
                          # charge = Chargennummer
                          # split = Splitnummer
   toSelect2 = db.chargstamm.select({'Material':material,'Charge':charge,'Split':split})
   # Selektion Chargenstamm aus CSV-Datei
   # ‚chargstamm' mittels Felder ‚Material', ‚Charge' und ‚Split'
   # aus eingegebener Kombination material-charge-split
   print() # Leerzeile auf der Konsole
   initial=len(toSelect2) # Länge der selektierten Daten in initial übergeben
   if initial == 0: # falls Länge gleich Null, also nichts selektiert worden ist...
      print() # Leerzeile auf der Konsole
      print('Fehler: Charge unbekannt') # Fehlertext auf der Konsole
      return 'FEHLER' # Funktion abbrechen und ‚Fehler' zurückgeben
   print(toSelect2) # selektierte Daten anzeigen
   print() # Leerzeile auf der Konsole
#-- # Ede des Unterprogramms

Abb. 5.51 Unterprogramm ‚chargstamminfo – Coding im Spyder

Tab. 5.19 Unterprogramm ‚chargstamminfo – Python-Grundlagen

Befehl	Bedeutung
#	Kommentar
==	Logischer Ausdruck für gleich
'Text'	das Wort Text als String
def Beispiel(…)	Unterprogramm definieren
len	Länge eines Strings
if	wenn-dann-Operator
initial=	Umgang mit Variablen
print	Ausgabe auf der Konsole
return	Ende & Rückgabewert€ des Unterprogramms
select	eigene Methode aus Klasse ‚Table'

5.20 Unterprogramm bestplatz

Das Unterprogramm ‚*bestplatz*' selektiert zu übergebenen Lagerplätzen aus der Gebindetabelle die aktuelle Bestandssituation des Lagers. Die Ergebnisse werden dem User auf der Konsole präsentiert (Abb. 5.52):

Anbei das Coding im ‚*Spyder-Editor*' (Abb. 5.53):

In der folgenden Liste sind die benutzten ‚*Python-Befehle*' zusammengetragen (Tab. 5.20):

5.21 Unterprogramm bestmat

Im Unterprogramm ‚*bestmat*' wird zu übergebenen Materialien aus der Gebindetabelle die aktuelle Bestandssituation im Lager selektiert und angezeigt (Abb. 5.54)::

Im ‚*Spyder-Editor*' zeigt sich folgendes Coding (Abb. 5.55):

```
#------------------------------------
#Unterprogramm Chargenstamminfo
#eingefügt für Beispiel 2 im Buch
#------------------------------------
def chargstamminfo(material,charge,split):
    toSelect2 = db.chargstamm.select({'Material':material,'Charge':charge,'Split':split})
    print()
    initial=len(toSelect2)
    if initial == 0:
        print()
        print('Fehler: Charge unbekannt')
        return 'FEHLER'
    print(toSelect2)
    print()
#------------------------------------
```

Abb. 5.52 Unterprogramm ‚bestplatz' – kommentiertes Coding

Abb. 5.53 Unterprogramm ‚bestplatz‘ – Coding im Spyder

Befehl	Bedeutung
#	Kommentar
def Beispiel(…)	Unterprogramm definieren
print	Ausgabe auf der Konsole
select	eigene Methode aus Klasse ‚**Table**‘

Tab. 5.20 Unterprogramm ‚bestplatz‘ – Python-Grundlagen

Vier benutzte ‚*Python-Befehle*' tauchen auf (Tab. 5.21):

5.22 Unterprogramm nummernkreise

Das Unterprogramm ‚*nummernkreise*' zeigt alle Daten aus der gleichnamigen CSV-Datei an (Abb. 5.56):
  Vergleichend de r‚*Spyder-Code*' (Abb. 5.57):
  Drei ‚*Python-Befehle*' finden ihre Anwendung (Tab. 5.22):

5.23 Unterprogramm kuehlgut

Das Unterprogramm ‚*kuehlgut*' selektiert alle Lager-Gebinde. Anschließend wird zu jedem der Gebinde das zugehörige Material ermittelt und geprüft, ob Kühlgut vorhanden ist. Ist dies der Fall, wird die mittlere Platztemperatur mit der Temperatur aus

5.23 Unterprogramm kuehlgut

```
971   #------------------------------------
972   #Unterprogramm Bestand zum Platz
973   #eingefügt fürr Beispiel 2 im Buch
974   #Status A ausschliessen, nur L momentan
975   #------------------------------------
976   def bestplatz(platz):
977       toSelect2 = db.gebinde.select({'Platz':platz,'Status':'L'})
978       print()
979       print(toSelect2)
980       print()
981   #------------------------------------
```

Abb. 5.54 Unterprogramm ‚bestmat' – kommentiertes Coding

#------------------------------------- # *Kommentar zur Überschrift*

#Unterprogramm Bestand zum Material # *zeigt den Bestand zum übergebenden Material an*

#eingefügt für Beispiel 2 im Buch # *für Beispiel 2 im Kompaktband implementiert*

#Status A ausschließen, nur L momentan # *Bestände müssen im Lager sein (= Status ‚L')*

#------------------------------------- # *Kommentar zur Überschrift*

def bestmat(material): # *Unterprogramm ‚bestmat' mit Eingabeparameter material = Material*

    toSelect2 = db.gebinde.select({Material:material,'Status':'L'}) # *Selektion mit Methode select*

    # *aus der CSV-Datei ‚gebinde' mit Zugriff durch Material = Parameter ‚material' und Status = ‚L'*

    print() # *Leerzeile auf der Konsole ausgeben*

    print(toSelect2) # *Selektionsergebnisse auf Konsole ausgeben*

    print() # *Leerzeile auf der Konsole ausgeben*

#------------------------------------- # *Kommentar fürs Ende des Unterprogramms*

Abb. 5.55 Unterprogramm ‚bestmat – Coding im Spyder

Tab. 5.21 Unterprogramm ‚bestmat – Python-Grundlagen

Befehl	Bedeutung
#	Kommentar
def Beispiel(…)	Unterprogramm definieren
print	Ausgabe auf der Konsole
select	eigene Methode aus Klasse ‚***Table***'

dem Materialstamm verglichen. Liegt keine Kühlung vor oder ist die Temperatur nicht akzeptabel, wird ein Fehlertext ausgegeben.

Folgend das zum Unterprogramm ‚***kuehlgut***' kommentierte ‚***Coding***' (Abb. 5.58)*:*
Zum Vergleich das Coding im ‚***Spyder-Editor***':
In der folgenden Liste sind alle benutzten ‚***Python-Befehle***' erfasst (Tab. 5.23):

```
983  #-----------------------------------------
984  #Unterprogramm Bestand zum Material
985  #eingefügt für Beispiel 2 im Buch
986  #Status A ausschliessen, nur L momentan
987  #-----------------------------------------
988  def bestmat(material):
989      toSelect2 = db.gebinde.select({'Material':material,'Status':'L'})
990      print()
991      print(toSelect2)
992      print()
993  #-----------------------------------------
```

Abb. 5.56 Unterprogramm ‚nummernkreise' – kommentierter Code

```
#----------------------------------------- # Kommentar zur Überschrift
#Unterprogramm Nummernkreise anzeigen # Anzeige aller Nummernkreis-Daten
#eingefügt fuer Beispiel 3 im Buch # für Beispiel 3 im Kompaktband realisiert
#----------------------------------------- # Kommentar zur Überschrift
def nummernkreise(): # Unterprogramm ‚nummernkreise' ohne Eingabeparameter
    db.nummernkreise.show() # Anzeige der kompletten CSV-Datei ‚nummernkreise'
#----------------------------------------- # Kommentar zum Ende
```

Abb. 5.57 Unterprogramm ‚nummernkreise' – Coding im Spyder

Tab. 5.22 Unterprogramm ‚nummernkreise – Python-Grundlagen

Befehl	Bedeutung
#	Kommentar
def Beispiel(…)	Unterprogramm definieren
Show	eigene Methode aus Klasse ‚*Table*'

```
995   #-----------------------------------------
996   #Unterprogramm Nummernkreise anzeigen
997   #eingefügt fuer Beispiel 3 im Buch
998   #-----------------------------------------
999   def nummernkreise():
1000      db.nummernkreise.show()
1001
1002  #-----------------------------------------
```

Abb. 5.58 Unterprogramm ‚kuehlgut' – kommentiertes Coding

5.23 Unterprogramm kuehlgut

```
#-------------------------------------------- # Kommentar zur Überschrift
#Unterprogramm Kuehlgut anzeigen und analysieren # Kommentar zur Überschrift
#eingefügt fuer Beispiel 3 im Buch # Kommentar zur Überschrift
#-------------------------------------------- # Kommentar zur Überschrift
def kuehlgut(): # Unterprogramm ,kuehlgut' ohne Eingabeparameter
    #selektiere alle Gebinde im Lager # Kommentar
    toSelect2 = db.gebinde.select({'Status':'L'}) # mit eigener Selektionsmethode alle Gebinde
    # im Status = im Lager selektieren aus CSV-Datei ,gebinde' ermitteln
    for row2 in toSelect2: # jedes Gebinde einzeln analysieren durch for-Schleife
        toSelect4 = db.matstamm.select({'Material':row2['Material']}) # mit eigener
        # Selektionsmethode den Materialstamm aus CSV-Datei ,matstamm' ermitteln
        for row4 in toSelect4: # die selektierte Zeile über for-Schleife übergeben
            #nur die mit einem Kuehlgutmaterial relevant # Kommentar
            if row4['Kuehlpflicht'] == 'JA': # falls das Material kühlpflichtig ist
                print() # Leerzeile ausgeben
                print(row2) # Gebindestammdaten ausgeben
                #ermittle Materialtemperatur-Intervall # Kommentar
                print('Kuehlpflicht vorhanden für Material',row4['Material'],': ',
                  row4['vonTemp'],'°C bis ',row4['bisTemp'],'°C.') # Textausgabe
                toSelect6 = db.plaetze.select({'Platz':row2['Platz']}) # mit eigener
                # Selektionsmethode den Lagerplatzstamm aus CSV-Datei ,plaetze' ermitteln
                for row6 in toSelect6: # die selektierte Zeile über for-Schleife übergeben
                    #ermittle Temperatur vom Platz # Kommentar
                    print('Platz',row6['Platz'],'mit Temperatur',row6['Temperatur'],'°C.') # Textausgabe
                    #Prüfe Temperatur # Kommentar
                    if row6['Temperatur'] == "ungeprüft": # falls Lagerplatz nicht temperiert
                        print("Platz nicht temperiert. Gebinde " + row2['Nummer'] +
                          " bitte umlagern oder verschrotten.") # Textausgabe eines Fehlertextes
                    elif float(row6['Temperatur']) < float(row4['vonTemp']): # falls Platztemperatur
                        # zu gering
                        print('Temperatur-Untergrenze verletzt. Gebinde umlagern mit PLATZ oder EINLAG.')
                        # Textausgabe Fehlertext
                    elif float(row6['Temperatur']) > float(row4['bisTemp']): # falls Platztemperatur
```

Abb. 5.59 Unterprogramm ‚kuehlgut' – Coding im Spyder (Abb. 5.59)

```
            # zu gering
            print('Temperatur-Obergrenze verletzt. Gebinde umlagern mit PLATZ oder EINLAG.')
            # Textausgabe Fehlertext
        else: # ansonsten
            print('Alles okay. Gebinde stehen lassen.') # Textausgabe Erfolgstext
#------------------------------------- # Kommentar zum Ende des Unterprogramms
```

Abb. 5.59 (Fortsetzung)

Tab. 5.23 Unterprogramm ‚kuehlgut – Python-Grundlagen

Befehl	Bedeutung
#	Kommentar
==	logischer Ausdruck für gleich
!=	logischer Ausdruck für ungleich
<	logischer Ausdruck für kleiner
>	logischer Ausdruck für größer
+	Konkatenation von Strings
'Text'	das Wort Text als String
def Beispiel(…)	Unterprogramm definieren
float(var)	Umwandlung von ‚var' in Fliesskommazahl
for … in …	for-Schleife
If … elif	logischer if-Operator
Print	Datenausgabe auf der Konsole
return a,b,…	Datenrückgabe aus einem Unterprogramm
row['Temperatur']	Umgang mit Python-Dictionary Wert des Feldes ‚Temperatur' in Zeile row
Select	eigene Methode aus Klasse ‚*Table*'

5.24 Unterprogramm ipunktdialog

Das Unterprogramm ‚*ipunktdialog*' ermittelt zu Gebinden, die vom Wareneingangsstich zum I-Punkt per Fördertechnik automatisch transportiert werden, zufällig eine Fehleranzahl zwischen 0 und 19. Je Fehlernummer wird folgend eine Fehlerausprägung = Fehler zufallsbasiert zwischen 1 und 19 bestimmt. Der Fehlercode ergibt sich aus der Summe aller 2er-Potenzen der Fehler. Dieser Code wird im Gebindestamm gespeichert. Liegt ein Fehlercode am I-Punkt oder ein Fehlerflag vom WE-Stich vor, wird das Gebinde automatisch zum Richtplatz = K-Punkt befördert. Anderenfalls kann es automatisch ins HRL eingelagert werden.

5.25 Unterprogramm kpunktdialog

```
1004 #------------------------------------------------
1005 #Unterprogramm Kuehlgut anzeigen und analysieren
1006 #eingefügt fuer Beispiel 3 im Buch
1007 #------------------------------------------------
1008 def kuehlgut():
1009     #selektiere alle Gebinde im Lager
1010     toSelect2 = db.gebinde.select({'Status':'L'})
1011     for row2 in toSelect2:
1012         toSelect4 = db.matstamm.select({'Material':row2['Material']})
1013         for row4 in toSelect4:
1014             #nur die mit einem Kuehlgutmaterial relevant
1015             if row4['Kuehlpflicht'] == 'JA':
1016                 print()
1017                 print(row2)
1018                 #ermittle Materialtemperatur-Intervall
1019                 print('Kuehlpflicht vorhanden für Material',row4['Material'],': ',row4['vonTemp'],'°C bis ',row4['bisTemp'],'°C.')
1020                 toSelect6 = db.plaetze.select({'Platz':row2['Platz']})
1021                 for row6 in toSelect6:
1022                     #ermittle Temperatur vom Platz
1023                     print('Platz',row6['Platz'],'mit Temperatur',row6['Temperatur'],'°C.')
1024                     #Prüfe Temperatur
1025                     if row6['Temperatur'] == "ungeprüft":
1026                         print("Platz nicht temperiert. Gebinde " + row2['Nummer'] + " bitte umlagern oder verschrotten.")
1027                     elif float(row6['Temperatur']) < float(row4['vonTemp']):
1028                         print('Temperatur-Untergrenze verletzt. Gebinde umlagern mit PLATZ oder EINLAG.')
1029                     elif float(row6['Temperatur']) > float(row4['bisTemp']):
1030                         print('Temperatur-Obergrenze verletzt. Gebinde umlagern mit PLATZ oder EINLAG.')
1031                     else:
1032                         print('Alles okay. Gebinde stehen lassen.')
1033 #------------------------------------------------
```

Abb. 5.60 Unterprogramm ‚ipunktdialog' – kommentiertes Coding

Das kommentierte ‚*Coding*' hat folgende Gestalt (Abb. 5.60):

Vergleichend das Coding im ‚*Spyder-Editor*'(Abb. 5.61 und 5.62):

Folgende Liste beinhaltet vom Unterprogramm verwendete ‚*Python-Schlüsselwörter*' (Tab. 5.24):

5.25 Unterprogramm kpunktdialog

Das Unterprogramm ‚*kpunktdialog*' ermittelt zu Gebinden, die vom I-Punkt automatisch zum K-Punkt per Fördertechnik transportiert werden, Fehlertexte zu Fehlerflags vom Wareneingangsstich. Basierend auf Fehlercodes, die zuvor als Binärzahlen zu Gebinden vom I-Punkt ans LVS datentechnisch gesendet worden sind, werden Fehlertexte bestimmt und Mitarbeitern am K-Punkt angezeigt. Zum Abschluss erfolgt je nach Fehlerschwere ein Transport zum Retourenplatz oder ins HRL.

Das ‚*Coding*' des Unterprogramms in kommentierter Form (Abb. 5.63):

Das Coding im ‚*Spyder-Editor*' mit hervorgehobenen Python-Schlüsselwörtern und eingerücktem Codezeilen (Abb. 5.64 und 5.65):

Anbei die Liste der im Unterprogramm verwendeten ‚*Python-Befehle*' (Tab. 5.25):

Folgende ‚*Python-Befehle*' wurden benutzt (Tab. 5.26):

```
#------------------------------------------  # Kommentar zur Überschrift
#Unterprogramm I-Punkt-Dialog  # Kommentar zur Überschrift
#------------------------------------------  # Kommentar zur Überschrift
def ipunktdialog(hunr3,user):  # Definition Unterprogramm ‚ipunktdialog' mit
                # Eingabeparameter hunr3 = Gebinde und user = Benutzer
                # Returnvariable ein Fehler- oder Erfolgstext
    toSelect3 = db.gebinde.select({'Nummer':hunr3})  # Selektion des Gebindestammes aus der
                # CSV-Datei ‚gebinde' mit eigener select-Methode
    print()  # Ausgabe einer Leerzeile
    print(toSelect3)  # Ausgabe eines Textes auf der Konsole (aus Variable ‚toSelect3')
    print()  # Ausgabe einer Leerzeile
    initial=len(toSelect3)  # Bestimmung der Länge des Strings .toSelect4' und Übergabe in
                # die Variable ‚initial'
    if initial == 0:  # Falls der Wert der Variablen ‚initial' gleich Null ist
                # (also nichts selektiert worden ist)
        print()  # Ausgabe einer Leerzeile
        print('Fehler: Gebinde unbekannt')  # Ausgabe eines Textes auf der Konsole
        return 'FEHLER'  # Abbruch des Unterprogramms und Rückgabe eines Fehlertexts
    for row in toSelect3:  # Zeile aus selektierten Daten über for aufrufen
        if not(row['Platz']=='I_PUNKT' or row['Platz']=='TRANSPORT_I_PUNKT'):
            # falls das Gebinde weder auf ‚I_PUNKT' noch auf ‚TRAMSPORT_I_PUNKT' liegt
            print('Fehler: Gebinde befindet sich auf falschem Platz.')
            # Ausgabe eines Textes auf der Konsole
            return 'FEHLER'  # Abbruch des Unterprogramms und Rückgabe eines Fehlertexts
        if row['Status']!= 'A':  # falls das Gebinde nicht avisiert ist
            print()  # Ausgabe einer Leerzeile
            print('Fehler: Gebinde nicht avisert.')  # Ausgabe eines Textes auf der Konsole
            return 'FEHLER'  # Abbruch des Unterprogramms und Rückgabe eines Fehlertexts
        print()  # Ausgabe einer Leerzeile
        print('Gebinde am I-Punkt bekannt!')  # Ausgabe eines Textes auf der Konsole
        print()  # Ausgabe einer Leerzeile
        huweauto(str(hunr3),user)  # Aufruf automatischer WE
        anzfehl=np.random.randint(0,19,1)  # Zufallsermittlung der Fehlerzahl zwischen 0 und 19
```

Abb. 5.61 Unterprogramm ‚ipunktdialog' – Coding im Spyder

5.25 Unterprogramm kpunktdialog

```
i=0 # Variable ‚i' mit Null initialisieren
fehlercode=0 # Variable ‚fehlercode' mit Null initialisieren
print(anzfehl[0]) # Ausgabe eines Textes auf der Konsole (aus Variable ‚anzfehl[0]')
while i<anzfehl: # so lange i kleiner als die Anzahl an Fehler ist
   fehler=np.random.randint(1,19,1)
   # Zufallsermittlung des Fehlercodes zwischen 1 und 19
   fehlercode=fehlercode+(2**fehler[0]) # Berechnung des Fehlercodes als Summe der
   # 2er-Potenzen der einzelnen Fehlercodes
   print(fehlercode) # Ausgabe eines Textes auf der Konsole (aus Variable ‚fehlercode')
   i=i+1 # Erhöhung der Variablen ‚i' um 1
print() # Ausgabe einer Leerzeile
print('Fehlercode ermittelt:') # Ausgabe eines Textes auf der Konsole
print(fehlercode) # Ausgabe eines Textes auf der Konsole (aus Variable ‚fehlercode')
print() # Ausgabe einer Leerzeile
aplatz=row['Platz'] # Quellplatz des Gebindes in ‚aplatz' merken
if row['Fehlerflag'] != '' or fehlercode != 0:
   row['Fehlercode']=fehlercode # Wert des Attributs ‚fehlercode' in Zeile ‚row' füllen
   row['Platz']='TRANSPORT_K_PUNKT' # Wert des Attributs ‚Platz' in Zeile ‚row' füllen
   print('Transport zum K-Punkt eingeleitet.') # Ausgabe eines Textes auf der Konsole
   db.gebinde.modify(row) # Gebindesatz in CSV-Datei ablegen, mit eigener modify-Methode
   bewegungen_schreiben('HU_CODE',hunr3,row['Lieferant'],user,row['Fehlerflag'],
      row['Fehlercode'],'I_PUNKT','I_PUNKT',row['Material'],row['Charge'],row['Split'],
      row['Menge'],row['Einheit'])
   # Aufruf Unterprogramm ‚bewegungen_schreiben' für den HU-Fehlercode
   bewegungen_schreiben('HU_TA',hunr3,row['Lieferant'],user,row['Fehlerflag'],
      row['Fehlercode'],'I_PUNKT','TRANSPORT_K_PUNKT',row['Material'],row['Charge'],
      row['Split'],row['Menge'],row['Einheit'])
   # Aufruf Unterprogramm ‚bewegungen_schreiben' für den HU-Transport
   if aplatz != 'I_PUNKT': # falls der Quellplatz nicht ‚I_PUNKT' ist
      bewegungen_schreiben('HU_TA',hunr3,row['Lieferant'],user,row['Fehlerflag'],
         row['Fehlercode'],aplatz,'I_PUNKT',row['Material'],row['Charge'],row['Split'],
         row['Menge'],row['Einheit'])
      # Aufruf Unterprogramm ‚bewegungen_schreiben' für den HU-Transport
   return 'FEHLER' # Abbruch des Unterprogramms und Rückgabe eines Fehlertexts
```

Abb. 5.61 (Fortsetzung)

> huweauto(str(hunr3),user) # *Aufruf automatischer WE*
>
> row['Platz']='TRANSPORT_HRL' # *Wert des Attributs ‚Platz' in Zeile ‚row' füllen*
>
> db.gebinde.modify(row) # *Gebindesatz in CSV-Datei ablegen, mit eigener modify-Methode*
>
> print() # *Ausgabe einer Leerzeile*
>
> print('Transport zum HRL eingeleitet.') # *Ausgabe eines Textes auf der Konsole*
>
> bewegungen_schreiben('HU_TA',hunr3,row['Lieferant'],user,'',0,'I_PUNKT','TRANSPORT_HRL',
>   row['Material'],row['Charge'],row['Split'],row['Menge'],row['Einheit'])
>
> # *Aufruf Unterprogramm ‚bewegungen_schreiben' für den HU-Transport*
>
> return 'OKAY' # *Rückgabetext übergeben -> Unterprogramm ist zu Ende*
>
> #--- # *Kommentar zum Ende des Unterprogramms*

Abb. 5.61 (Fortsetzung)

```
1036    #-------------------------------------------
1037    #Unterprogramm I-Punkt-Dialog
1038    #-------------------------------------------
1039    def ipunktdialog(hunr3,user):
1040        toSelect3 = db.gebinde.select({'Nummer':hunr3})
1041        print()
1042        print(toSelect3)
1043        print()
1044        initial=len(toSelect3)
1045        if initial == 0:
1046            print()
1047            print('Fehler: Gebinde unbekannt')
1048            return 'FEHLER'
1049        for row in toSelect3:
1050            if not(row['Platz']=='I_PUNKT' or row['Platz']=='TRANSPORT_I_PUNKT'):
1051                print('Fehler: Gebinde befindet sich auf falschem Platz.')
1052                return 'FEHLER'
1053            if row['Status']!= 'A':
1054                print()
1055                print('Fehler: Gebinde nicht avisert.')
1056                return 'FEHLER'
1057            print()
1058            print('Gebinde am I-Punkt bekannt!')
1059            print()
1060            huweauto(str(hunr3),user)
1061            anzfehl=np.random.randint(0,19,1)
1062            i=0
1063            fehlercode=0
1064            print(anzfehl[0])
1065            while i<anzfehl:
1066                fehler=np.random.randint(1,19,1)
1067                fehlercode=fehlercode+(2**fehler[0])
1068                print(fehlercode)
1069                i=i+1
1070            print()
1071            print('Fehlercode ermittelt:')
1072            print(fehlercode)
1073            print()
```

Abb. 5.62 Unterprogramm ‚ipunktdialog' – Coding im Spyder II

5.25 Unterprogramm kpunktdialog

Tab. 5.24 Unterprogramm ‚ipunktdialog – Python-Grundlagen

Befehl	Bedeutung
#	Kommentar
==	logischer Ausdruck für gleich
!=	logischer Ausdruck für ungleich
+	Addition von Zahlen
**	Potenzieren von Zahlen
‚‚	leere Text-Übergabe
'Text'	das Wort Text als String
anzahl[0]	Umgang mit Listen, erste Stelle (fängt intern bei 0 an)
bewegungen_schreiben(…)	Unterprogramm zum Schreiben einer Bewegung aufrufen
def Beispiel(…)	Unterprogramm definieren
for … in …	for-Schleife
huweauto	Unterprogramm-Aufruf zur automatischen WE-Buchung
if	logischer if-Operator
initial=	Umgang mit Variablen
len	Länge eines Strings
modify	eigene Methode aus Klasse ‚*Table*‘
not	logische Bedingung für ‚nicht‘
np.random.randint(0,19,1), np.random.randint(1,19,1)	Umgang mit Zufallszahlen aus dem Modul numpy (hier abgekürzt mit np durch import)
or	logische Bedingung für ‚oder‘
print	Datenausgabe auf der Konsole
return a,b,…	Datenrückgabe aus einem Unterprogramm
row['Platz']	Umgang mit Python-Dictionary Wert des Feldes ‚Platz‘ in Zeile row
select	eigene Methode aus Klasse ‚*Table*‘
str(var)	Umwandlung des Inhaltes von var in einen String
while	while-Schleife

```
1074        aplatz=row['Platz']
1075        if row['Fehlerflag'] != '' or fehlercode != 0:
1076            row['Fehlercode']=fehlercode
1077            row['Platz']='TRANSPORT_K_PUNKT'
1078            print('Transport zum K-Punkt eingeleitet.')
1079            db.gebinde.modify(row)
1080            bewegungen_schreiben('HU_CODE',hunr3,row['Lieferant'],user,row['Fehlerflag'],row['Fehlerco
1081            bewegungen_schreiben('HU_TA',hunr3,row['Lieferant'],user,row['Fehlerflag'],row['Fehlercode
1082            if aplatz != 'I_PUNKT':
1083                bewegungen_schreiben('HU_TA',hunr3,row['Lieferant'],user,row['Fehlerflag'],row['Fehlerco
1084            return 'FEHLER'
1085        huweauto(str(hunr3),user)
1086        row['Platz']='TRANSPORT_HRL'
1087        db.gebinde.modify(row)
1088        print()
1089        print('Transport zum HRL eingeleitet.')
1090        bewegungen_schreiben('HU_TA',hunr3,row['Lieferant'],user,'',0,'I_PUNKT','TRANSPORT_HRL',row[
1091        return 'OKAY'
1092    #------------------------------------------------------------
```

Abb. 5.63 Unterprogramm ‚kpunktdialog' – kommentiertes Coding

```
#-------------------------------------- # Kommentar zur Überschrift
#Unterprogramm K-Punkt-Dialog # Kommentar zur Überschrift
#-------------------------------------- # Kommentar zur Überschrift
def kpunktdialog(hunr4,user):  # Definition Unterprogramm ‚kpunktdialog' mit
                               # Eingabeparameter hunr4 = Gebinde und user = Benutzer
                               # Returnvariable ein Fehler- oder Erfolgstext
    toSelect4 = db.gebinde.select({'Nummer':hunr4}) # Selektion des Gebindestammes aus der
                                                    # CSV-Datei ‚gebinde' mit eigener select-Methode
    initial=len(toSelect4) # Bestimmung der Länge des Strings .toSelect4' und Übergabe in
                           # die Variable ‚initial'
    if initial == 0: # Falls der Wert der Variablen ‚initial' gleich Null ist
                     # (also nichts selektiert worden ist)
        print() # Ausgabe einer Leerzeile
        print('Fehler: Gebinde unbekannt') # Ausgabe eines Textes auf der Konsole
        return 'FEHLER' # Abbruch des Unterprogramms und Rückgabe eines Fehlertexts
    for row in toSelect4: # Zeile aus selektierten Daten über for aufrufen
        if not(row['Platz']=='K_PUNKT' or row['Platz']=='TRANSPORT_K_PUNKT'):
            # falls Lagerplatz des Gebindes nicht ‚K_PUNKT' oder ‚TRANSPORT_K_PUNKT' ist
            print('Fehler: Gebinde befindet sich auf falschem Platz.')
            # Ausgabe eines Textes auf der Konsole
            return 'FEHLER' # Abbruch des Unterprogramms und Rückgabe eines Fehlertexts
        aplatz=row['Platz'] # Quellplatz des Gebindes in ‚aplatz' merken
        print() # Ausgabe einer Leerzeile
        print('Gebinde am K-Punkt bekannt!') # Ausgabe eines Textes auf der Konsole
        print() # Ausgabe einer Leerzeile
        print(toSelect4) # Ausgabe eines Textes auf der Konsole (aus Variable ‚toSelect4')
        print() # Ausgabe einer Leerzeile
        print('Ermittlung Fehlertext vom WE-Stich:') # Ausgabe eines Textes auf der Konsole
        toSelectf = db.fehlerflag.select({'Fehlerflag':row['Fehlerflag']}) # Selektion des
                                    # Fehlerflag-Texts aus der CSV-Datei ‚fehlerflag' mit eigener select-Methode
        print(toSelectf) # Ausgabe eines Textes auf der Konsole (aus Variable ‚toSelectf')
        print() # Ausgabe einer Leerzeile
        fehler=int(row['Fehlercode']) # Fehlercode aus row in Integer ‚fehler' umwandeln
```

Abb. 5.64 Unterprogramm ‚kpunktdialog' – Coding im Spyder

5.25 Unterprogramm kpunktdialog

```
    print('Fehlercode:',fehler) # Ausgabe eines Textes auf der Konsole + Wert aus Variable ‚fehler'
    badisch=zahltobadisch(fehler,2) # Aufruf Unterprogramm ‚zahltobadisch' und
                                    # Umwandlung Variable ‚fehler' in Binärzahl ‚badisch'
    print(badisch) # Ausgabe eines Textes auf der Konsole (aus Variable ‚badisch')
    i=0 # Variable ‚I' mit Null initialisieren
    for c in reversed(badisch): # Buchstaben im String ‚badisch' rückwärts über for aufrufen
      if c!= 0: # falls c nicht Null ist
        toSelectg = db.fehlertabelle.select({'Fehlernummer':str(i)}) # Selektion des
                    # Fehlercode-Texts aus der CSV-Datei ‚fehlertabelle' mit eigener select-Methode
                    # zum Fehler ‚str(i)'
        for rowg in toSelectg: # Zeile aus selektierten Daten über for aufrufen
          print(rowg['Fehlertext']) # Ausgabe eines Textes auf der Konsole (aus Variable)
      i=i+1 # Erhöhung der Variablen ‚i' um 1
    print() # Ausgabe einer Leerzeile
    aktion=input('Konnten Sie die Palette richten (JA/NEIN)? ') # Eingabe auf Konsole
                                    # mit Textanzeige und Übergabe in Variable ‚aktion'
    if aktion == 'JA': # falls die Eingabe ‚JA' ist -> Einlagern ins HRL
      row['Platz']='TRANSPORT_HRL' # Wert des Attributs ‚Platz' in Zeile ‚row' füllen
      row['Fehlerflag']='' # Wert des Attributs ‚Fehlerflag' in Zeile ‚row' auf leer setzen
      row['Fehlercode']='' # Wert des Attributs ‚Fehlercode' in Zeile ‚row' auf leer setzen
      db.gebinde.modify(row) # Änderung des Gebindes in CSV-Datei ‚gebinde'
                                    # mit eigener modify-Methode
      print() # Ausgabe einer Leerzeile
      print('Gebindetransport ins HRL eingeleitet') # Ausgabe eines Textes auf der Konsole
      huweauto(hunr4,user) # Aufruf Unterprogramm ‚huweauto' zur automatischen Buchung
                                    # des Wareneingangs zu Gebinde ‚hunr4'
      bewegungen_schreiben('HU_TA',hunr4,row['Lieferant'],user,'',0,'K_PUNKT',
      'TRANSPORT_HRL', row['Material'],row['Charge'],row['Split'],row['Menge'],row['Einheit'])
      # Unterprogramm ‚bewegungen_schreiben' aufrufen
      # Bewegungsart ‚HU_TA', Gebindedaten & von ;K_PUNKT' an ‚TRANSPORT_HRL'
      if aplatz != 'K_PUNKT': # falls der Quellplatz nicht ;K_PUNKT' ist
        bewegungen_schreiben('HU_TA',hunr4,row['Lieferant'],user,row['Fehlerflag'],
         row['Fehlercode'],aplatz,'K_PUNKT',row['Material'],row['Charge'],row['Split'],
         row['Menge'],row['Einheit'])
```

Abb. 5.64 (Fortsetzung)

> # Unterprogramm ‚bewegungen_schreiben' aufrufen
> # Bewegungsart ‚HU_TA', Gebindedaten & user & aplatz & ‚K_PUNKT' nutzen
> **return 'EINLAG'** # Abbruch des Unterprogramms und Rückgabe eines Erfolgstexts
> **row['Platz']='RETOURE'** # Wert des Attributs ‚Platz' in Zeile ‚row' füllen
> **db.gebinde.modify(row)** # Änderung des Gebindes in CSV-Datei ‚gebinde'
> # mit eigener modify-Methode
> **print()** # Ausgabe einer Leerzeile
> **print('Gebindetransport zur Lieferantenretoure eingeleitet')** # Ausgabe eines Textes
> # auf der Konsole
> **if aplatz != 'K_PUNKT':** # falls der Quellplatz nicht ‚K_PUNKT' ist
>   **bewegungen_schreiben('HU_TA',hunr4,row['Lieferant'],user,row['Fehlerflag'],**
>   **row['Fehlercode'],aplatz,'K_PUNKT',row['Material'],row['Charge'],row['Split'],**
>   **row['Menge'],row['Einheit'])**
> # Unterprogramm ‚bewegungen_schreiben' aufrufen
> # Bewegungsart ‚HU_TA', Gebindedaten & user & aplatz & ‚K_PUNKT' nutzen
> **bewegungen_schreiben('HU_TA',hunr4,row['Lieferant'],user,row['Fehlerflag'],**
>   **row['Fehlercode'],'K_PUNKT','RETOURE',row['Material'],row['Charge'],**
>   **row['Split'],row['Menge'],row['Einheit'])**
> # Unterprogramm ‚bewegungen_schreiben' aufrufen
> # Bewegungsart ‚HU_TA', Gebindedaten & user & aplatz & ‚RETOURE' nutzen

Abb. 5.64 (Fortsetzung)

5.26 Unterprogramm badischtozahl

Das Unterprogramm ‚*badischtozahl'* berechnet algorithmisch die Dezimalzahl aus einer b-adischen Darstellung zur Basis b. Besonders der Fall b = 2 ist in SMILE interessant – die Binärdarstellung.

   Anbei das kommentierte ‚*Coding'* (Abb. 5.66):

   Vergleichend das Coding im,*Spyder-Editor'*(Abb. 5.67)*:*

   Folgende ‚*Python-Befehle'* wurden benutzt (Tab. 5.26):

5.27 Unterprogramm zahltobadisch

```
1095    #------------------------------------------------
1096    #Unterprogramm K-Punkt-Dialog
1097    #------------------------------------------------
1098    def kpunktdialog(hunr4,user):
1099        toSelect4 = db.gebinde.select({'Nummer':hunr4})
1100        initial=len(toSelect4)
1101        if initial == 0:
1102            print()
1103            print('Fehler: Gebinde unbekannt')
1104            return 'FEHLER'
1105        for row in toSelect4:
1106            if not(row['Platz']=='K_PUNKT' or row['Platz']=='TRANSPORT_K_PUNKT'):
1107                print('Fehler: Gebinde befindet sich auf falschem Platz.')
1108                return 'FEHLER'
1109            aplatz=row['Platz']
1110            print()
1111            print('Gebinde am K-Punkt bekannt!')
1112            print()
1113            print(toSelect4)
1114            print()
1115            print('Ermittlung Fehlertext vom WE-Stich:')
1116            toSelectf = db.fehlerflag.select({'Fehlerflag':row['Fehlerflag']})
1117            print(toSelectf)
1118            print()
1119            fehler=int(row['Fehlercode'])
1120            print('Fehlercode:',fehler)
1121            badisch=zahltobadisch(fehler,2)
1122            print(badisch)
1123            i=0
1124            for c in reversed(badisch):
1125                if c!= 0:
1126                    toSelectg = db.fehlertabelle.select({'Fehlernummer':str(i)})
1127                    for rowg in toSelectg:
1128                        print(rowg['Fehlertext'])
1129                i=i+1
1130            print()
```

Abb. 5.65 Unterprogramm ‚kpunktdialog' – Coding im Spyder II

5.27 Unterprogramm zahltobadisch

Das Unterprogramm ‚*zahltobadisch*' berechnet algorithmisch die b-adische Darstellung einer natürlichen Zahl. In SMILE ist besonders der Fall b = 2 interessant – die Binärdarstellung (Abb. 5.68):

Zum Vergleich das Coding im ‚*Spyder-Editor*'(Abb. 5.69):

Folgend die verwendeten ‚*Python-Befehle*' in Listenform (Tab. 5.27):

Tab. 5.25 Unterprogramm ‚kpunktdialog' – Python-Grundlagen

Befehl	Bedeutung
#	Kommentar
==	logischer Ausdruck für gleich
!=	logischer Ausdruck für ungleich
+	Addition von Zahlen
" "	leere Übergabe
'Text'	das Wort Text als String
bewegungen_schreiben(…)	Unterprogramm zum Schreiben einer Bewegung aufrufen
def Beispiel(…)	Unterprogramm definieren
for … in …	for-Schleife
if	logischer if-Operator
initial=	Umgang mit Variablen
Input	Dateneingabe auf der Konsole
int(var)	Umwandlung von ‚var' in Integerzahl
len	Länge eines Strings
modify	eigene Methode aus Klasse *Table*
print	Datenausgabe auf der Konsole
return a,b,…	Datenrückgabe aus einem Unterprogramm
reversed(badisch)	String ‚badisch' wird vom Wert gespiegelt
row['Charge']	Umgang mit Python-Dictionary Wert des Feldes ‚Charge' in Zeile row
select	eigene Methode aus Klasse *Table*
str(var)	Umwandlung des Inhaltes von var in einen String
zahltobadisch	Unterprogramm Umwandlung Zahl in Binärzahl

Tab. 5.26 Unterprogramm ‚badischtozahl' – Python-Grundlagen

Befehl	Bedeutung
#	Kommentar
+	Addition von Zahlen
**	Potenzieren von Zahlen
def Beispiel(…)	Unterprogramm definieren
for … in …	for-Schleife
Int(c)	Umwandlung von c in eine Integer-Zahl
return a,b,…	Datenrückgabe aus einem Unterprogramm
reversed(badisch)	String ‚badisch' wird vom Wert gespiegelt
z=	Umgang mit Variablen

5.27 Unterprogramm zahltobadisch

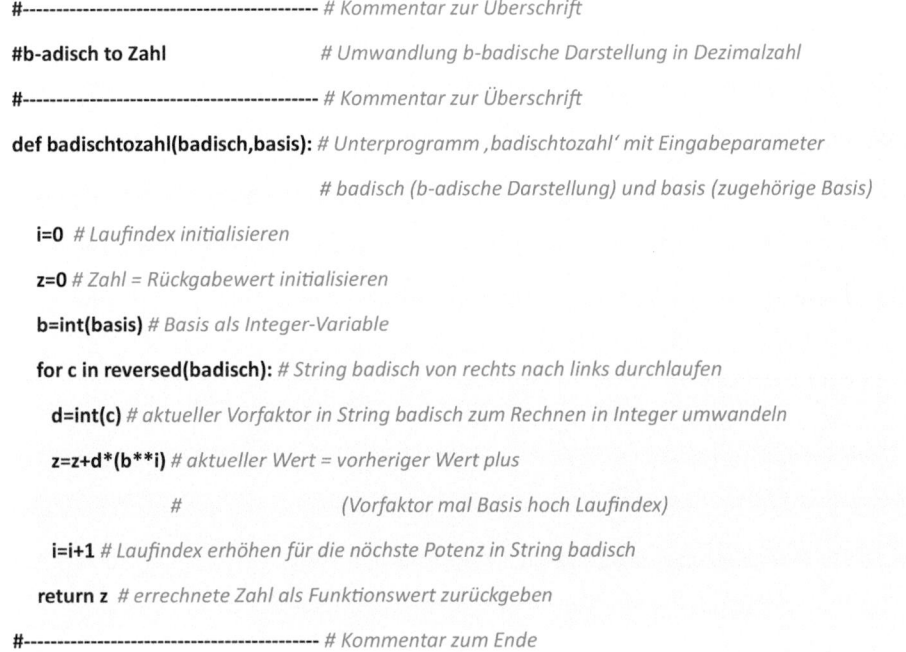

Abb. 5.66 Unterprogramm ‚badischtozahl' – kommentiertes Coding

#--- # Kommentar zur Überschrift

#b-adisch to Zahl   # Umwandlung b-badische Darstellung in Dezimalzahl

#--- # Kommentar zur Überschrift

def badischtozahl(badisch,basis): # Unterprogramm ‚badischtozahl' mit Eingabeparameter

badisch (b-adische Darstellung) und basis (zugehörige Basis)

i=0 # Laufindex initialisieren

z=0 # Zahl = Rückgabewert initialisieren

b=int(basis) # Basis als Integer-Variable

for c in reversed(badisch): # String badisch von rechts nach links durchlaufen

d=int(c) # aktueller Vorfaktor in String badisch zum Rechnen in Integer umwandeln

z=z+d*(bi)** # aktueller Wert = vorheriger Wert plus

(Vorfaktor mal Basis hoch Laufindex)

i=i+1 # Laufindex erhöhen für die nächste Potenz in String badisch

return z # errechnete Zahl als Funktionswert zurückgeben

#--- # Kommentar zum Ende

Abb. 5.67 Unterprogramm ‚badischtozahl' – Coding im Spyder

```
1415    #----------------------------------------
1416    #b-adisch to Zahl
1417    #----------------------------------------
1418    def badischtozahl(badisch,basis):
1419        i=0
1420        z=0
1421        b=int(basis)
1422        for c in reversed(badisch):
1423            d=int(c)
1424            z=z+d*(b**i)
1425            i=i+1
1426        return z
1427
1428    #----------------------------------------
```

Abb. 5.68 Unterprogramm ‚zahltobadisch' – ausführlich kommentiert

```
#---------------------------------------- # Kommentar für Überschrift
#b-adische Zerlegung # Kommentar für Überschrift
#---------------------------------------- # Kommentar für Überschrift
def zahltobadisch(z,b): # Unterprogramm ‚zahltobadisch' mit Eingabeparameter
                       # z (natürliche Zahl) und b (Basis der Darstellung)
    aktuell = [] # Ergebnisvariable initialisieren
    while z!=0: # Solange z ungleich Null ist, werden folgende Schritte durchgeführt
        mod=z%b # mod ist der Rest beim Teilen von z durch b
        div=z//b # div ist der Divisor beim Teilen von z durch b
        aktuell.insert(0,mod) # Rest ‚mod' wird in Rückgabeliste an erster Stelle eingefügt
        z=div # z ist nun der Divisor – das neue z -, mit dem nächster while-Durchlauf gestartet wird
    return aktuell # b-adische Darstellung wird als Wert zurückgegeben
#---------------------------------------- # Kommentar für das Ende des Unterprogramms
```

Abb. 5.69 Unterprogramm ‚zahltobadisch' – Coding im Spyder

5.28 Klasse Table

Das Klasse ‚*Table*' dient zum Bearbeiten von Stamm- und Bewegungsdaten, die in CSV-Dateien abgelegt sind (siehe 5.3).

Folgend das ‚*Coding*' nebst Kommentaren (Abb. 5.70):

Schlüsselwörter sind im ‚*Spyder-Editor*' hervorgehoben (Abb. 5.71, 5.72, 5.73, 5.74, 5.75):

Verwendete ‚*Python-Befehle*' in diesem Kontext sind (Tab. 5.28):

5.28 Klasse Table

Tab. 5.27 Unterprogramm ‚zahltobadisch' – Python-Grundlagen

Befehl	Bedeutung
#	Kommentar
//	Divisor beim Teilen mit Rest
%	Rest beim Teilen mit Rest
!=	logischer Ausdruck für ungleich
`" "`	leere Übergabe
'Text'	das Wort Text als String
[]	leere Liste
aktuell.insert(0,mod)	mod wird in die Liste ‚aktuell' an erster Stelle eingefügt insert ist dabei eine Methode
def Beispiel(…)	Unterprogramm definieren
return a,b,…	Datenrückgabe aus einem Unterprogramm
while	while-Schleife
z=div	Umgang mit Variablen

```
1430    #--------------------------------
1431    #b-adische Zerlegung
1432    #--------------------------------
1433    def zahltobadisch(z,b):
1434        aktuell = []
1435        while z!=0:
1436            mod=z%b
1437            div=z//b
1438            aktuell.insert(0,mod)
1439            z=div
1440        return aktuell
1441    #--------------------------------
1442
```

Abb. 5.70 Klasse ‚Table' – kommentiertes Coding

```
from collections import OrderedDict # import Dictionary-Typ
class Table(): # Klassendefinition von Table' als Dictionary mit Laufindex
    def __init__(self,columns = []): # Definition der 'init'-Methode
        self.__header = OrderedDict() # Kopf ist ein Dictionary
        self.__current_index = 1 # Indexvergabe für die Zeilen
        self.__header['Index'] = "" # alles initialisieren
        for column in columns: # alles initialisieren
            self.__header[column] = "" # alles initialisieren
        self.__table = [] # alles initialisieren

    def set_header(self,columns): # Definition der 'set_header'-Methode
        self.__header = OrderedDict() # Definition des Typs
        self.__header['Index'] = "" # Initialisierung
        for column in columns: # Initialisierung
            self.__header[column] = ""

    def select(self,selection): # Definition der 'select'-Methode
        #Have to check if all selections make sense # Kommentar
        result = [] # Initialisierung des Rückgabewertes = selektierte Daten
        compare = set(selection.items()) # Menge der Items aus der Selektion in Menge ablegen
        length_ok = len(self.__header.keys()) - len(selection.keys()) # Längenberechnung für Prüfung
        for row in self.__table: # for-Schleife über die mitgegebene Datei
            #This gets a set of all items that do not fit # Kommentar
            unmatched_item = set(row.items()) ^ compare # symmetrische Differenz
            #If the non-fitting items are more than the length wihich is ok -> bad # Kommentar
            if len(unmatched_item) <= length_ok: # Plausiprüfung
                result.append(row) # Daten für Rückgabe anhängen
        return result # Rückgabe

    def get_empty(self): # Definition der 'get_empty'-Methode
        return self.__header.copy() # Kopie der Kopfzeile zurückgeben

    def insert(self,row): # Definition der 'insert'-Methode
        newrow = row.copy() # Zeilenkopie anfertigen
```

Abb. 5.71 Table-Klasse – Coding im Spyder – Teil I

5.28 Klasse Table

```python
    if newrow.keys() != self.__header.keys(): # Plausiprüfung, das Kopfzeile passend ist
        raise ValueError("Wrong format of insert") # Ausnahmebehandlung

    if newrow['Index'] == "": # Index für neue Zeile noch nicht gesetzt
        newrow['Index'] = self.__current_index # Index setzen
    elif newrow['Index'] != self.__current_index: # Fehlerfall
        raise ValueError("Wrong Index, please use modify") # Ausnahmebehandlung

    self.__table.append(newrow) # Zeile unten anfügen
    self.__current_index += 1 # Index um 1 erhöhen
    return # Methode schliessen

def delete(self,row): # Definition der 'delete'-Methode
    delrow = row # zu löschende Zeile kopieren in delrow
    if delrow.keys() != self.__header.keys(): # Plausiprüfung der Schlüssel gegen Tabellenschlüssel
        raise ValueError("Wrong format of modify") # Ausnahmebehandlung
    if delrow['Index'] >= self.__current_index: # Plausiprüfung des Index
        raise ValueError("Wrong Index")   # Ausnahmebehandlung
    succesfull = False # Variable für OKAY initialisieren
    for i in range(0,len(self.__table)): # über die Tabelle loopen mit for
        if self.__table[i]['Index'] == delrow['Index']: # falls Index passend ist
            del(self.__table[i]) # Zeile löschen
            succesfull = True # Erfolg merken
            break # Loop abbrechen
    return succesfull # Rückgabe des Erfolgs

def modify(self,row): # Definition der 'modify'-Methode
    newrow = row # abzuändernde Zeile merken
    if newrow.keys() != self.__header.keys(): # Plausiprüfung wie bei 'delete'
        raise ValueError("Wrong format of modify") # Plausiprüfung wie bei 'delete'
    if newrow['Index'] >= self.__current_index: # Plausiprüfung wie bei 'delete'
        raise ValueError("Wrong Index") # Plausiprüfung wie bei 'delete'
    succesfull = False # Variable initialisieren
    for i in range(0,len(self.__table)): # über Tabelle loopen mit for
```

Abb. 5.71 (Fortsetzung)

```
            if self.__table[i]['Index'] == newrow['Index']: # falls Index passt
                self.__table[i] = newrow # abzuändernde Zeile setzen
                succesfull = True # Erfolg merken
                break # loopen abbrechen
        return succesfull # Erfolg rückmelden

    def show(self): # Definition der 'show'-Methode
        print(self.__header.keys()) # Ausgabe der Schlüsselwerte
        for row in self.__table: # for-Schleife für Ausgabe der Werte zu den Schlüsseln
            print(list(row.values())) # Ausgabe per print-Befehl

    def load(self,name,path): # Definition der Methode 'load'
        with open(os.path.join(path,name+".csv"),"r") as f: # Datei aus Verzeichnis laden
            lines = [line.rstrip() for line in f] # unnötige Daten löschen


        #Read header # Kommentar
        newheader = OrderedDict() # Typ setzen
        newheader["Index"] = "" # Index initialisieren
        for column in lines[0].split(";"): # Kopfzeile setzen
            newheader[column] = "" # Initialisieren


        #Check if header is compatible # Kommentar
        if len(self.__header) > 1: # Plausiprüfung
            unmatched = set(header.keys()) ^ set(newheader.keys()) # symmetrische Mengendifferenz
            if len(unmatched) > 0: # Plausiprüfung
                raise ValueError("Data not compatible") # Ausnahmebehandlung
        else: # else-Zweig der Plausiprüfung
            self.__header = newheader # Kopfzeile setzen


        #Insert the lines of csv file # Kommentar
        for line in lines[1:]: # über die Wertezeilen in Datei loopen mit for
            #Get row and add index column # Kommentar
            row = [""] + line.split(";") # Werte in Zeile konkatenieren
            if len(row) < len(self.__header): # Plausiprüfung
```

Abb. 5.71 (Fortsetzung)

5.28 Klasse Table

```
        raise ValueError("Too few values in line:" + line) # Ausnahmebehandlung
        new_row = {x:y for x,y in zip(self.__header,row)} # Werte als Dictionary zippen
        self.insert(new_row) # Zeile anfügen

def clear(self): # Definition der 'clear'-Methode
    self.__table = [] # Tabelleninhalt wird gelöscht
    self.__current_index = 1 # Index der Tabelle wird auf 1 gesetzt

def save(self,name,path): # Definition der 'save'-Methode
    filename = name + ".csv" # Filename ermitteln
    f = open(os.path.join(path,filename),"w+") # Datei öffnen
    #Writer Header to file, omit Index # Kommentar
    for column in list(self.__header.keys())[1:-1]: # über Keys loopen
        f.write(str(column)) # Datei schreiben
        f.write(";") # CSV-Style mit Semikolon getrennt
    #deal with the last line # Kommentar
    column = list(self.__header.keys())[-1] # last line bearbeiten
    f.write(str(column)) # Daten schreiben
    f.write("\n") # Zeilenumbruch

    for line in self.__table: # analog für die Werte schreiben ...
        for v in list(line.values())[1:-1]: # ...
            f.write(str(v)) # ...
            f.write(";") # ...
        #deal with the last line # ...
        v = list(line.values())[-1] # ...
        f.write(str(v)) # ...
        f.write("\n") # ... analog für die Werte schreiben

    f.close() # Datei schliessen
```

Abb. 5.71 (Fortsetzung)

```python
#-----------------------------------------------------
# Tabellenklasse definieren und Aktionen auf Tabellen
#-----------------------------------------------------
from collections import OrderedDict

class Table():
    
    """
    Keep it simple and short!
    """
    def __init__(self,columns = []):
        self.__header = OrderedDict()
        self.__current_index = 1
        self.__header['Index'] = ""
        for column in columns:
            self.__header[column] = ""
        
        self.__table = []
    
    def set_header(self,columns):
        self.__header = OrderedDict()
        self.__header['Index'] = ""
        for column in columns:
            self.__header[column] = ""
    
    
    def select(self,selection):
        #Have to check if all selections make sense
        result = []
        compare = set(selection.items())
        length_ok = len(self.__header.keys()) - len(selection.keys())
        for row in self.__table:
            #This gets a set of all items that do not fit
            unmatched_item = set(row.items()) ^ compare
            #If the non-fitting items are more than the length wihich is ok -> bad
            if len(unmatched_item) <= length_ok:
                result.append(row)
        return result
```

Abb. 5.72 Table-Klasse – Coding im Spyder – Teil II

5.28 Klasse Table

```python
58            return result
59
60     #rename that?
61     def get_empty(self):
62         return self.__header.copy()
63
64     def insert(self,row):
65         newrow = row.copy()
66         if newrow.keys() != self.__header.keys():
67             raise ValueError("Wrong format of insert")
68
69         if newrow['Index'] == "":
70             newrow['Index'] = self.__current_index
71         elif newrow['Index'] != self.__current_index:
72             raise ValueError("Wrong Index, please use modify")
73
74         self.__table.append(newrow)
75         self.__current_index += 1
76         return
77
78     def delete(self,row):
79         delrow = row
80         if delrow.keys() != self.__header.keys():
81             raise ValueError("Wrong format of modify")
82         if delrow['Index'] >= self.__current_index:
83             raise ValueError("Wrong Index")
84
85
86         #Of course stupid because it scales with the table
87
88         succesfull = False
89         for i in range(0,len(self.__table)):
90             if self.__table[i]['Index'] == delrow['Index']:
91                 del(self.__table[i])
92                 succesfull = True
93                 break
94
95         return succesfull
96
```

Abb. 5.73 Table-Klasse – Coding im Spyder – Teil III

```python
 98     def modify(self,row):
 99         newrow = row
100         if newrow.keys() != self.__header.keys():
101             raise ValueError("Wrong format of modify")
102         if newrow['Index'] >= self.__current_index:
103             raise ValueError("Wrong Index")
104
105
106         #Of course stupid because it scales with the table
107         succesfull = False
108         for i in range(0,len(self.__table)):
109             if self.__table[i]['Index'] == newrow['Index']:
110                 self.__table[i] = newrow
111                 succesfull = True
112                 break
113
114         return succesfull
115         """
116         Use the index to modify things, you can directly replace it in the list
117         """
118
119
120     def show(self):
121         print(self.__header.keys())
122         for row in self.__table:
123             print(list(row.values()))
124
125     def load(self,name,path):
126
127         with open(os.path.join(path,name+".csv"),"r") as f:
128             lines = [line.rstrip() for line in f]
129
130             #Read header
131             newheader = OrderedDict()
132             newheader["Index"] = ""
133             for column in lines[0].split(";"):
134                 newheader[column] = ""
```

Abb. 5.74 Table-Klasse – Coding im Spyder – Teil IV

5.28 Klasse Table

```
136         #Check if header is compatible
137         if len(self.__header) > 1:
138             unmatched = set(header.keys()) ^ set(newheader.keys())
139             if len(unmatched) > 0:
140                 raise ValueError("Data not compatible")
141         else:
142             self.__header = newheader
143
144         #Insert the lines of csv file
145         for line in lines[1:]:
146             #Get row and add index column
147             row = [""] + line.split(";")
148             if len(row) < len(self.__header):
149                 raise ValueError("Too few values in line:" + line)
150             new_row = {x:y for x,y in zip(self.__header,row)}
151             self.insert(new_row)
152
153
154     def clear(self):
155         self.__table = []
156         self.__current_index = 1
157
158
159     def save(self,name,path):
160         filename = name + ".csv"
161         f = open(os.path.join(path,filename),"w+")
162         #Writer Header to file, omit Index
163         for column in list(self.__header.keys())[1:-1]:
164             f.write(str(column))
165             f.write(";")
166         #deal with the last line
167         column = list(self.__header.keys())[-1]
168         f.write(str(column))
169         f.write("\n")
170
```

Abb. 5.75 Table-Klasse – Coding im Spyder – Teil V

Tab. 5.28 Table-Klasse – Python-Grundlagen

Befehl	Bedeutung
#	Kommentar
==	logischer Ausdruck für gleich
!=	logischer Ausdruck für ungleich
""	leerer Text
>	logischer Ausdruck für grösser
>=	logischer Ausdruck für grösser gleich
<	logischer Ausdruck für kleiner
<=	logischer Ausdruck für kleiner gleich
+	Addition bei Zahlen, Konkatenation bei Strings
^	Symmetrische Differenz zweier Mengen
[]	leere Liste
[1:], [1:-1] etc.	String-Slicing

(Fortsetzung)

Tab. 5.28 (Fortsetzung)

Befehl	Bedeutung
\n	Zeilenumbruch
__init__	Initialisierungsmethode eines Klassenobjektes
anzahl[i]	Umgang mit Listen, erste Stelle (fängt intern bei 0 an)
.append	Liste erweitern
break	Schleife abbrechen
class	Klassendefinition
close	Datei schliessen
.copy	Liste kopieren
del	Paar aus Dictionary entfernen
def Beispiel(...)	Unterprogramm bzw. Klassen-Methode definieren
for ... in ...	for-Schleife
from ... import ...	Importieren von Funktionen, Paketen etc.
if	wenn-dann-Operator
If...elif	logischer if-Operator
If...elif...else	logischer if-Operator
.insert()	insert ist eine Methode zum Einfügen von Daten in eine Liste
.items()	Paare eines Dictionarys
.keys()	Schlüssel eines Dictionarys
len	Länge eines Strings
list	Erzeugung von Listen
not	logische Bedingung für ‚nicht'
open. as ...	Datei öffnen
or	logischer Ausdruck für oder
OrderedDict()	Datentyp für Dictionarys
os.path.join	Umgang mit Verzeichnissen
print	Ausgabe auf der Konsole
raise	Ausnahmebehandlung
range	Liste von Zahlen
result=...	Umgang mit Variablen
return a,b,...	Datenrückgabe aus einem Unterprogramm oder Klassenmethode
rstrip	Zeichen aus String entfernen
row['Index']=	Umgang mit Python-Dictionary Wert des Feldes ‚Index' in Zeile row
self.__current	Umgang mit Klassenattributen
set	Mengendefinition
.split	Zeichenkette splitten
str(var)	Umwandlung eines Wertes einer Variablen in einen String
.values()	Werte eines Dictionarys
with open ... as	Datei öffnen
write	Datei schreiben
zip	aus zwei Listen eine Liste von Paaren erzeugen

5.29 Klasse Datenbank

Das Klasse ‚*Datenbank*' dient zum Laden und Speichern der Stamm- und Bewegungsdaten, die in CSV-Dateien abgelegt sind (siehe 5.3) (Abb. 5.76):

Im ‚*Spyder-Editor*' hat das Coding folgende Gestalt (Abb. 5.77 und 5.78):

‚*Python-Befehle*', die bei dieser Klasse Verwendung finden, sind (Tab.5.29):

```
169            f.write("\n")
170
171        for line in self._table:
172            for v in list(line.values())[1:-1]:
173                f.write(str(v))
174                f.write(";")
175            #deal with the last line
176            v = list(line.values())[-1]
177            f.write(str(v))
178            f.write("\n")
179
180        f.close()
181  #-------------------------------------------------
182  # Ende Tabellenklasse definieren und Aktionen auf Tabellen
183  #-------------------------------------------------
184
185  class Datenbank(dict):
186
187
188      __getattr__ = dict.__getitem__
189      __setattr__ = dict.__setitem__
190      __delattr__ = dict.__delitem__
191
192      def laden(self):
193          file_path = os.path.dirname(os.path.realpath("__file__"))
194          folder = os.path.join(file_path,"Datenbank")
195          if not os.path.isdir(folder):
196              raise ValueError("Directory " + folder + " does not exist")
197
198          all_files = [f for f in os.listdir(folder) if os.path.isfile(os.path.join(folder, f))]
199          #Get all files in the current directory
200          for file in all_files:
201              #load csv
202              name = file[:-4]
203              current = Table()
204              current.load(name,folder)
205              self[name] = current
206
```

Abb. 5.76 Klasse Datenbank – kommentiertes Coding

```
class Datenbank(dict): # Klassendefinition von ‚Datenbank'
    __getattr__ = dict.__getitem__ # bisher ungenutzt
    __setattr__ = dict.__setitem__ # bisher ungenutzt
    __delattr__ = dict.__delitem__ # bisher ungenutzt


    def laden(self): # Definition der ‚laden'-Methode
        file_path = os.path.dirname(os.path.realpath("__file__")) # Definition Pfad der Dateien
        folder = os.path.join(file_path,"Datenbank") # Definition Ordner der Dateien
        if not os.path.isdir(folder): # Plausiprüfung zum Pfad
            raise ValueError("Directory " + folder + " does not exist") # Ausnahmebehandlung

        all_files = [f for f in os.listdir(folder) if os.path.isfile(os.path.join(folder, f))]
        # alle Files aus dem Verzeichnis in eine Liste schreiben
        #Get all files in the current directory # Kommentar
        for file in all_files: # über die Files loopen
            #load csv # Kommentar
            name = file[:-4] # Filename ermitteln
            current = Table() # Klasse 'Table' für Initialisierung Tabellenobjekt
            current.load(name,folder) # Methode 'load' aus Klasse 'Table' nutzen
            self[name] = current # Name umsetzen


    def sichern(self): # Methode 'sichern' definieren
        #Define folders to be used # Kommentar
        file_path = os.path.dirname(os.path.realpath("__file__")) # Definition Pfad der Dateien
        folder = os.path.join(file_path,"Datenbank") # Definition Verzeichnis der Dateien
        previous_folder = os.path.join(folder,"Previous") # Definition ehemaliges Verzeichnis der Dateien

        #Check if they exist and create them if necessary # Kommentar
        if not os.path.isdir(folder): # Prüfung, das Verzeichnis vorhanden ist
            try: # try-except für Ausnahmebehandlung
                os.mkdir(folder) # Verzeichnis ggfs. anlegen
            except OSError: # Ausnahmebehandlung
                sys.exit('Fatal: output directory "' + folder + '" does not exist and cannot be created')
                # Ausnahmebehandlung
```

Abb. 5.77 Table-Datenbank – Coding im Spyder – Teil I

```
if not os.path.isdir(previous_folder): # Prüfung, das ehemalige Verzeichnis vorhanden ist
    try: # try-except für Ausnahmebehandlung
        os.mkdir(previous_folder) # ehemaliges Verzeichnis ggfs. anlegen
    except OSError: # Ausnahmebehandlung
        sys.exit('Fatal: output directory "' + previous_folder + '" does not exist
            and cannot be created') # Ausnahmebehandlung

#Clean the previous directory # Kommentar
all_prev = [f for f in os.listdir(previous_folder) if os.path.isfile(os.path.join(previous_folder, f))]
# alle Files aus dem ehemaligen Verzeichnis in eine Liste schreiben
for file in all_prev: # über ehemalige Files loopen
    os.remove(os.path.join(previous_folder,file)) # alle Files entfernen

#Move all files to subdirectory # Kommentar
all_files = [f for f in os.listdir(folder) if os.path.isfile(os.path.join(folder, f))]
# alle Files aus dem Verzeichnis in eine Liste schreiben
for file in all_files: # über Files loopen
    os.rename(os.path.join(folder,file), os.path.join(previous_folder,file))
    # alle Files ins ehemalige Verzeichnis verschieben

#Save all new files # Kommentar
for name,item in self.items(): # über die aktuellen Files loopen
    if isinstance(item,Table): # Plausiprüfung der Dateien bzgl. Tabellenklasse
        print(name + " saved to file") # Print-Ausgabe
        item.save(name,folder) # aktuelle Files mit Methode ‚save' der Klasse ‚Table' speichern
```

Abb. 5.77 (Fortsetzung)

5.30 Liste aller benutzten Befehle

Es folgt eine Liste aller benutzten ‚Python-Befehle' im gesamten SMILE-LVS-Coding (Tab. 5.30):

```
                f.write("\n")

        for line in self.__table:
            for v in list(line.values())[1:-1]:
                f.write(str(v))
                f.write(";")
            #deal with the last line
            v = list(line.values())[-1]
            f.write(str(v))
            f.write("\n")

        f.close()
#-------------------------------------------------------------
# Ende Tabellenklasse definieren und Aktionen auf Tabellen
#-------------------------------------------------------------

class Datenbank(dict):


    __getattr__ = dict.__getitem__
    __setattr__ = dict.__setitem__
    __delattr__ = dict.__delitem__

    def laden(self):
        file_path = os.path.dirname(os.path.realpath("__file__"))
        folder = os.path.join(file_path,"Datenbank")
        if not os.path.isdir(folder):
            raise ValueError("Directory " + folder + " does not exist")

        all_files = [f for f in os.listdir(folder) if os.path.isfile(os.path.join(folder, f))]
        #Get all files in the current directory
        for file in all_files:
            #load csv
            name = file[:-4]
            current = Table()
            current.load(name,folder)
            self[name] = current
```

Abb. 5.78 Table-Datenbank – Coding im Spyder – Teil II

```
    def sichern(self):

        #Define folders to be used
        file_path = os.path.dirname(os.path.realpath("__file__"))
        folder = os.path.join(file_path,"Datenbank")
        previous_folder = os.path.join(folder,"Previous")

        #Check if they exist and create them if necessary
        if not os.path.isdir(folder):
            try:
                os.mkdir(folder)
            except OSError:
                sys.exit('Fatal: output directory "' + folder + '" does not exist and cannot be created')

        if not os.path.isdir(previous_folder):
            try:
                os.mkdir(previous_folder)
            except OSError:
                sys.exit('Fatal: output directory "' + previous_folder + '" does not exist and cannot be created')

        #Clean the previous directory
        all_prev = [f for f in os.listdir(previous_folder) if os.path.isfile(os.path.join(previous_folder, f))]
        for file in all_prev:
            os.remove(os.path.join(previous_folder,file))

        #Move all files to subdirectory
        all_files = [f for f in os.listdir(folder) if os.path.isfile(os.path.join(folder, f))]
        for file in all_files:
            os.rename(os.path.join(folder,file), os.path.join(previous_folder,file))

        #Save all new files
        for name,item in self.items():
            if isinstance(item,Table):
                print(name + " saved to file")
                item.save(name,folder)

    #Destructor should trigger sichern
```

Abb. 5.79 Table-Datenbank – Coding im Spyder – Teil II

Tab. 5.29 Datenbank-Klasse – Python-Grundlagen

Befehl	Bedeutung
#	Kommentar
+	Addition bei Zahlen, Konkatenation bei Strings
[:-4] etc.	String-Slicing
[f for…]	implizite Listendefinition
__file__	Systemvariable von Python
class	Klassendefinition
def Beispiel(…)	Unterprogramm bzw. Klassen-Methode definieren
for … in …	for-Schleife
if	wenn-dann-Operator
If…elif	logischer if-Operator
If…elif…else	logischer if-Operator
is instance	Objekt ist Instanz einer Klasse
.items()	Paare eines Dictionarys
load	Methode aus Klasse ‚Table'
not	logische Bedingung für ‚nicht'
os.path.dirname	Umgang mit Verzeichnissen
os.path.isdir	Umgang mit Verzeichnissen
os.path.isfile	Umgang mit Verzeichnissen
os.path.join	Umgang mit Verzeichnissen
os.path.mkdir	Umgang mit Verzeichnissen
os.remove	Umgang mit Verzeichnissen
os.rename	Umgang mit Verzeichnissen
print	Ausgabe auf der Konsole
raise	Ausnahmebehandlung
save	Methode aus Klasse ‚Table'
sys.exit	Programmabbruch
Table()	Definition Klassenobjekt aus Klasse ‚Table'
try … except	Ausnahmebehandlung

Tab. 5.30 Liste verwendeter Python-Befehle

Befehl	Bedeutung
#	Kommentar
==	logischer Ausdruck für gleich
!=	Logischer Ausdruck für ungleich
''	leerer Text
>	logischer Ausdruck für grösser
>=	logischer Ausdruck für grösser gleich
<	logischer Ausdruck für kleiner
<=	logischer Ausdruck für kleiner gleich
+	Addition bei Zahlen, Konkatenation bei Strings
-	Subtraktion von Zahlen
**	Potenzieren von Zahlen
*	Multiplizieren von Zahlen
^	Symmetrische Differenz zweier Mengen
[]	leere Liste
[1:], [1:-1] etc.	String-Slicing
[f for...]	implizite Listendefinition
//	Divisor beim Teilen mit Rest
%	Rest beim Teilen mit Rest
\n	Zeilenumbruch
'Text'	das Wort Text als String
__file__	Systemvariable von Python
__init__	Initialisierungsmethode eines Klassenobjektes
__name__	Systemvariable von Python
__main__	Wert der Systemvariablen ‚__name__' als Hauptprogramm-Indikator

(Fortsetzung)

Tab. 5.30 (Fortsetzung)

Befehl	Bedeutung
aktuell.insert(0,mod)	mod wird in die Liste ‚aktuell' an erster Stelle eingefügt insert ist dabei eine Methode
.append	Liste erweitern
answer=	Umgang mit Variablen
anzahl[0]	Umgang mit Listen, erste Stelle (fängt intern bei 0 an)
as	Alias-Erzeugung
bestmat	Unterprogramm aufrufen
bestplatz	Unterprogramm aufrufen
bew['HU']=	Umgang mit Python-Dictionary Wert des Feldes ‚HU' in Zeile bew
bewegungen_schreiben(...)	Unterprogramm aufrufen
break	Schleife abbrechen
chargstamminfo	Unterprogramm aufrufen
class	Klassendefinition
close	Datei schliessen
.copy	Liste kopieren
Datenbank()	Klasse ‚Datenbank'
db=	Umgang mit Variablen
def Beispiel(...)	Unterprogramm oder Klassenmethode definieren
del	Paar aus Dictionary entfernen
delete	eigene Methode aus Klasse ‚***Table***'
einlagern	Unterprogramm aufrufen
FALSE	Boolesche Variable für FALSCH

(Fortsetzung)

Tab. 5.30 (Fortsetzung)

Befehl	Bedeutung
float(var)	Umwandlung von ‚var' in Fliesskommazahl
for … in …	For-Schleife
FPDF()	Modul FPDF
from … import …	Importieren von Funktionen, Paketen etc.
Gebindeavis	Unterprogramm aufrufen
gebindeinfo	Unterprogramm aufrufen
Gebindewe	Unterprogramm aufrufen
gebindlabel	Aufruf Unterprogramm
get_empty	eigene Methode aus Klasse ‚***Table***'
h['nummer']=	Umgang mit Python-Dictionary, Wert des Feldes ‚nummer' in Zeile h
huweauto	Unterprogramm-Aufruf zur automatischen WE-Buchung
If	wenn-dann-Operator
If…elif	logischer if-Operator
If…elif…else	logischer if-Operator
img.show(text)	Python-Methode zum Speichern eines Images
img.save(text)	Python-Methode zum Anzeigen eines Images
import	Python-Paketimport
in	logischer Operator
init()	Aufruf Unterprogramm
initial=	Umgang mit Variablen
input	Dateneingabe auf der Konsole
insert	Eigene Methode aus Klasse ‚***Table***'
int(var)	Umwandlung von ‚var' in Integerzahl

(Fortsetzung)

Tab. 5.30 (Fortsetzung)

Befehl	Bedeutung
ipunktdialog	Unterprogramm aufrufen
is instance	Objekt ist Instanz einer Klasse
.items()	Paare eines Dictionarys
.keys()	Schlüssel eines Dictionarys
kpunktdialog	Unterprogramm aufrufen
kuehlgut	Unterprogramm aufrufen
laden	Eigene Methode aus Klasse ‚*Datenbank*'
len	Länge eines Strings
lieferantenret	Unterprogramm aufrufen
list	Erzeugung von Listen
load	Methode aus Klasse ‚Table'
matstamminfo	Unterprogramm aufrufen
mainloop()	Aufruf Unterprogramm
modify	eigene Methode aus Klasse ‚*Table*'
not	logische Bedingung für ‚nicht'
not in	logischer Operator
np.random.randint(0,19,1), np.random.randint(1,19,1)	Umgang mit Zufallszahlen aus dem Modul numpy (hier abgekürzt mit np durch import)
nummernkreise	Unterprogramm aufrufen
open. as.	Datei öffnen
or	logischer Ausdruck für oder
OrderedDict()	Datentyp für Dictionarys
os.path.dirname	Umgang mit Verzeichnissen

(Fortsetzung)

Tab. 5.30 (Fortsetzung)

Befehl	Bedeutung
os.path.isdir	Umgang mit Verzeichnissen
os.path.isfile	Umgang mit Verzeichnissen
os.path.join	Umgang mit Verzeichnissen
os.path.mkdir	Umgang mit Verzeichnissen
os.remove	Umgang mit Verzeichnissen
os.rename	Umgang mit Verzeichnissen
pdf.add_page	Seite hinzufügen
pdf.cell	Zelle hinzufügen
pdf.output	PDF speichern
pdf.set_font	Schriftart setzen
platzaendern	Unterprogramm aufrufen
platzfindung	Unterprogramm zum Finden eines Lagerplatzes zur Einlagerung
print	Ausgabe auf der Konsole
protokoll.append	Anhängen an eine Liste mit append-Methode
pruefchargeneu(…)	Aufruf Unterprogramm
qrcode.make(qr)	Python-Methode zur Erzeugung eines QR-Codes
raise	Ausnahmebehandlung
range	Liste von Zahlen
return a,b,…	Datenrückgabe aus einem Unterprogramm oder einer Klassenmethode
reversed(badisch)	String ‚badisch' wird vom Wert gespiegelt
row['Charge']	Umgang mit Python-Dictionary Wert des Feldes ‚Charge' in Zeile row

(Fortsetzung)

5.30 Liste aller benutzten Befehle

Tab. 5.30 (Fortsetzung)

Befehl	Bedeutung
rstrip	Zeichen aus String entfernen
save	Methode aus Klasse ‚Table'
select	eigene Methode aus Klasse ‚***Table***'
s in alphabet	Prüft, ob Wert s in Menge alphabet vorkommt und gibt TRUE oder FALSE zurück
self.__current	Umgang mit Klassenattributen
set	Mengendefinition
show	eigene Methode aus Klasse ‚***Table***'
sichern	eigene Methode aus Klasse ‚***Datenbank***'
sorted(liste, key=itemgetter(1)) sorted(liste, key=itemgetter(1), reverse=True)	absteigende und aufsteigende Sortierung einer Liste mit der sorted-Methode
split=	Umgang mit Variablen (analog lieferant=etc.)
.split	Zeichenkette splitten
stichdialog	Unterprogramm aufrufen
str(var)	Umwandlung eines Wertes einer Variablen in einen String
sys.exit	Programmabbruch
Table()	Definition Klassenobjekt aus Klasse ‚Table'
time.localtime()	Zeitstempel ermitteln mit Python-Methode
TRUE	Boolesche Variable für WAHR
try … except	Ausnahmebehandlung
.values()	Werte eines Dictionarys
verschrotten	Unterprogramm aufrufen

(Fortsetzung)

Tab. 5.30 (Fortsetzung)

Befehl	Bedeutung
while	while-Schleife
with open … as.	Datei öffnen
write	Datei schreiben
zahltobadisch	Unterprogramm Umwandlung Zahl in Binärzahl
zip	aus zwei Listen eine Liste von Paaren erzeugen

Literatur[1]

1. https://www.hs-rm.de/de/studium/studienorganisation/wiesbaden-business-school (Link zur WBS, letzter Seitenaufruf: 14.04.2023).
2. https://tk-tools.readthedocs.io/en/latest/canvas_widgets.html (Tachometer etc., letzter Seitenaufruf: 14.04.2023).
3. http://www.lagerwiki.de/index.php/Einlagerung (Logistik im Wiki, letzter Seitenaufruf: 14.04.2023).
4. https://www.hs-mainz.de/studium/studiengaenge/wirtschaft/it-management-berufsintegrierend-msc/uebersicht/ (Link zur Hochschule Mainz, letzter Seitenaufruf: 14.04.2023).
5. https://www.th-bingen.de/home/ (Link zur TH Bingen , letzter Seitenaufruf: 14.04.2023).
6. https://www.learnopencv.com/opencv-qr-code-scanner-c-and-python/ (Camera Scan, letzter Seitenaufruf: 14.04.2023).
7. https://datatofish.com/export-dataframe-to-excel/ (Excel in Python, letzter Seitenaufruf: 14.04.2023).
8. https://datatofish.com/export-dataframe-to-excel/ (Bug zur Listendarstellung, letzter Seitenaufruf: 14.04.2023).
9. https://core.tcl-lang.org/tk/tktview?name=509cafafae (Bug zur Listendarstellung, letzter Seitenaufruf: 14.04.2023).
10. https://www.epal-pallets.org/eu-de/ (Link zur EPAL, letzter Seitenaufruf: 14.04.2023).
11. https://www.trilogiqa.de/ (Link zu trilogIQa, letzter Seitenaufruf: 14.04.2023).
12. https://www.python.org/ (Link zu Python, letzter Seitenaufruf: 14.04.2023).
13. https://www.mobilog.ch/ (Link zu mobilog, letzter Seitenaufruf: 14.04.2023).
14. https://www.optitool.de/ (Link zu optitool, letzter Seitenaufruf: 14.04.2023).
15. https://www.grieshaberlog.com/ (Link zu Grieshaber, letzter Seitenaufruf: 14.04.2023).
16. https://stackoverflow.com/questions/13411486/send-email-via-hotmail-in-python. (Hotmail-Versand in Python, letzter Seitenaufruf: 14.04.2023).
17. https://www.adobe.com/de/acrobat/pdf-reader.html#:~:text=Ja%2C%20Adobe%20Acrobat%20Reader%20ist,Adobe%20Acrobat%20Reader%20kostenlos%20herunterladen. (Link zu Adobe Acrobat Reader, letzter Seitenaufruf: 14.04.2023).

---

[1]Im Literaturverzeichnis sind Hyperlinks aufgeführt, die in dieser technischen Dokumentation und im SMILE-Prototypen benutzt werden.

18. https://www.videolan.org/vlc/index.de.html (Link zu VLC, letzter Seitenaufruf: 14.04.2023).
19. https://outlook.live.com/owa/ (Link zu Hotmail, letzter Seitenaufruf: 14.04.2023).
20. https://www.youtube.com/watch?v=2depJI0Z2tE (Video zur Hotmail-Account-Anlage, letzter Seitenaufruf: 14.04.2023).
21. https://www.anaconda.com/ (Link zur Anaconda Distribution, letzter Seitenaufruf: 14.04.2023)p.
22. https://www.youtube.com/watch?v=Swx0-fE_R9w (Video zur Anaconda-Installation und zu Spyder, letzter Seitenaufruf: 14.04.2023).
23. https://pypi.org/project/qrcode/ (Link zum Python-Modul qrcode inkl. Tutorial, letzter Seitenaufruf: 13.05.2023).
24. https://pillow.readthedocs.io/en/stable/handbook/tutorial.html (Link zum Python-Modul pillow inkl. Tutorial, letzter Seitenaufruf: 13.05.2023).
25. https://pillow.readthedocs.io/en/stable/ (Link zum Python-Modul pillow inkl. Tutorial, letzter Seitenaufruf: 13.05.2023).
26. https://www.programiz.com/python-programming/methods/built-in/set (Umgang mit dem set-Befehl, letzter Seitenaufruf: 14.05.2023).
27. Python Sets (w3schools.com) (Umgang mit Mengen, letzter Seitenaufruf: 14.05.2023).
28. http://www.fpdf.org/ (Informationen zum PDF-Modul FPDF, letzter Seitenaufruf: 14.05.2023).
29. https://pyfpdf.readthedocs.io/en/latest/ (Informationen zum PDF-Modul FPDF, letzter Seitenaufruf: 14.05.2023).
30. http://www.fpdf.org/en/doc/cell.htm (Informationen zum PDF-Modul FPDF, letzter Seitenaufruf: 14.05.2023).
31. https://pyfpdf.readthedocs.io/en/latest/reference/image/index.html (Informationen zum PDF-Modul FPDF, letzter Seitenaufruf: 14.05.2023).
32. Hans-Bernhard Woyand, Python für Ingenieure und Naturwissenschaftler, Hanser-Verlag, 3. Auflage, 2019.
33. Einstieg in Python, Thomas Theis, Einstieg in Python, Rheinwerk Computing, 5. Auflage, Bonn, 2019.
34. vi) Zeitschrift Python Experte – Python für Einsteiger, Python Experte, Python für Einsteiger, Black Dog Media Ltd, Nr 1/2020 (Zeitschrift).
35. Numerisches Python, Bernd Klein, Numerisches Python, Hanser-Verlag, 2019.
36. Schrödinger programmiert, Stephan Elter, Schrödinger programmiert Python: Das etwas andere Fachbuch. Durchstarten mit Python!, Rheinwerk, 2021.
37. https://www.python-lernen.de/ (Python-Kurs, letzter Seitenaufruf: 14.05.2023).
38. https://www.w3schools.com/python/ (Python-Kurs, letzter Seitenaufruf: 14.05.2023).
39. https://www.python-kurs.eu (Python-Kurs, letzter Seitenaufruf: 14.05.2023).
40. https://de.wikipedia.org/wiki/CSV_(Dateiformat) (grundlegende CSV-Thematiken, letzter Seitenaufruf: 19.05.2023).
41. https://docs.python.org/3/library/csv.html (csv-Dateien in Python, letzter Seitenaufruf: 19.05.2023).
42. https://docs.python.org/3/library/ (englische Python-Dokumentation, letzter Seitenaufruf: 19.05.2023).
43. https://pythonprogramming.net/ (englische Python-Videos, letzter Seitenaufruf: 19.05.2023).
44. https://hellocoding.de/blog/coding-language/python/ (Python-Kurs, letzter Seitenaufruf: 19.05.2023).
45. https://www.youtube.com/@codingcrashkurse6429 (englische Python-Videos, letzter Seitenaufruf: 19.05.2023).

46. https://proglang.informatik.uni-freiburg.de/teaching/info1/2022/lecture/infoI11-handout.pdf (Prof. Dr. Peter Thiemann, Testen und Debuggen, letzter Seitenaufruf: 20.05.2023).
47. https://realpython.com/ (Python-Kurs auf Englisch, letzter Seitenaufruf: 20.05.2023).
48. http://www.informatikdidaktik.de/HyFISCH/Informieren/Programmiersprachen/OOistDoof.pdf (Objektorientierung, , letzter Seitenaufruf: 10.06.2023).
49. https://link.springer.com/ (Plattform des Verlages Springer Nature, letzter Seitenaufruf: 26.06.2023).
50. Katja Tränker, SMILE-Logo, @eStudioCalamar.

   springer.com

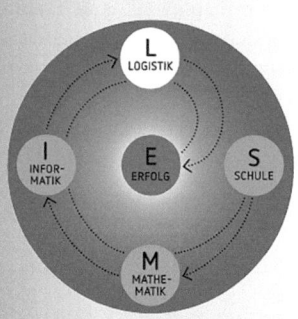

Sven Wirsing

SMILE - Übungs- und Lösungsbuch zum Kompaktband Logistik

Jetzt bestellen:
link.springer.com/978-3-662-68373-6

MIX
Papier aus verantwortungsvollen Quellen
Paper from responsible sources
FSC® C105338

If you have any concerns about our products,
you can contact us on
ProductSafety@springernature.com

In case Publisher is established outside the EU,
the EU authorized representative is:
**Springer Nature Customer Service Center GmbH
Europaplatz 3, 69115 Heidelberg, Germany**

Printed by Libri Plureos GmbH
in Hamburg, Germany